達人が教える

Web パフォーマンス チューニング

ISUCON から学ぶ 高速化の実践

藤原俊一郎

馬場俊彰

中西建登

長野雅広

金子達哉

草野翔 著

技術評論社

本書執筆にあたり、以下の環境を利用しました。環境や時期により、手順・画面・動作結果などが異なる可能性があります。

- ・Ubuntu 20.04 LTS
- ・nginx 1.20
- ・MySQL 8.0
- ・Redis 6.2
- ・memcached 1.5.22
- ・Prometheus 2.34.0
- ・Go 1.18
- ・Ruby 3.1
- ・k6 v0.36.0
- ・pt-query-digest 3.1.0

はじめに

　本書では、Webサービスを高速化するための手法を解説します。私たちが毎日利用しているWeb上のサービスを提供するために、サーバー上ではWebアプリケーションが動作しています。動的なWebサービスを提供するために、Webアプリケーションは利用者からのリクエストを解釈し、必要に応じてデータベースを読み書きしたり、コンテンツを生成してレスポンスを返却したりする動作を日夜繰り返しています。

　Webサービスの反応に時間が掛かる状態を、俗に「重い」ということがあります。恒常的に重い状態では利用者が不便を感じて去ってしまうこともあるでしょう。そのようなサービスで利用者が増加した場合にはレスポンスを返せず、実質的に停止してしまうこともあります。これも俗に「落ちた」ということがあります。

　Webサービスはできるだけ軽快に動作し続けることが求められます。高速なWebサービスであれば、利用者が速度に不満を持って離れてしまう可能性は少ないでしょう。重いWebサービスに比較して同一のサーバーリソースでも多くのリクエストを処理できるため、より多くの利用者が殺到した場合でも、落ちにくくなるでしょう。利用者が不満を持って離れてしまったり、サービスが落ちてしまうと逸失利益が発生するため、高速で落ちにくいWebサービスであることは運営者にも大きなメリットがあります。少ないサーバーリソースで動作できれば、サーバー費用などのコスト面でもメリットがあります。そのような「高速な」Webサービスを作るためには、どうしたらいいでしょうか。

　本書では、LINE株式会社が主催するWebサービスのパフォーマンスチューニングコンテスト「ISUCON」[注1]で実際に出題されるものと同様のWebサービスを例にして、「重い」Webサービスを高速化する手法を解説します[注2]。ISUCONは「Iikanjini Speed Up Contest」の略です。この競技では最初にWebサービスが動作しているサーバーが与えられます。競技者はそのサーバー上で動作しているWebサービスを、外形的な仕様を維持したまま高速にレスポンスを返すよう改修することが求められます。

　ISUCONは「なんでもあり」のコンテストといわれることがあります。Webサービスを高速化するために必要なことは多岐にわたります。Webアプリケーションのコードを書き換えたり、ミドルウェアやOSの設定を修正したりすることが基本的な内容ですが、ISUCONで可能なことはそれに留まりません。レギュレーションで許可されている範囲では、高速化のために何をやってもよいのです。初期状態で提供されているミドルウェアを別のソフトウェアに変更してもよいですし、参加者によってはWebアプリケーションの実装を別の言語で書き直すことすらあります。あらゆる手段をもって高速

注1　「ISUCON」は、LINE株式会社の商標または登録商標です。https://isucon.net

注2　本書の6〜8章を執筆している金子達哉氏が中心となって2016年にピクシブ株式会社で開催された社内ISUCONのために作成し、一般に公開されているものを使用し解説します。2021年には修正が行われ、株式会社PR TIMESでの社内ISUCONでも使用されました。https://github.com/catatsuy/private-isu

化するために、極めて総合的な技術が必要とされるコンテストです。

　ISUCONは技術のコンテストですが、そこで題材として提供されるWebサービスは、通常のWebサービスと同様の技術で作られています。つまりISUCONでの高速化手法は、業務で作成されるような通常のWebサービスにも適用できるのです。本書は、次のような方にお勧めします。

- Webサービスを開発、運用しているが動作が重くて困っている
- これまでWebサービスの速度について深く考えたことがなかった
- ISUCONにこれから出場してみたい
- ISUCONに出場したことはあるが、よい成績を収められなかった

　前提として、基本的なWebサービスの概念は理解している方、なんらかのWebサービスを自分で作成できる知識を持っている方を対象にしています。

　本書は、6名の執筆者で共著しています。執筆者陣は、多くの利用者に使われてるWebサービスを開発、運用してきた、現場でパフォーマンスチューニングを実践してきたエンジニアです。ISUCONで何度も優勝したり、出題に携わった経験が豊富なエンジニアもいます。実際の現場やISUCONでの知見を元にした、Webサービスを高速化するためのエッセンスが本書には詰まっています。

謝辞

　本書は、著者陣がこれまでエンジニアとして活動する中で得た、パフォーマンスチューニングについての知見をまとめたものです。これらの知見は個人的な経験から得られたものだけではなく、多くの公開されている書籍、資料、オープンソースソフトウェアが礎となっています。これらの著作物を公開して頂いた皆様に感謝します。

　本書をレビューし、フィードバックを頂いた次の皆様に感謝いたします（順不同）。

　takonomuraさん、沖本祐典（@ockie1729）さん、石田絢一（@uzulla）さん、十場裕さん、神尾皓さん、kcz146さん、古川陽介（@yosuke_furukawa）さん、田籠聡（@tagomoris）さん、松木雅幸（@songmu）さん、うたがわきき（@utgwkk）さん、temmaさん、岸本崇志さん、下田雄大（@kavo0608）さん、大橋滉也（@to_hutohu）さん、今利仁さん、曽根壮大（@soudai1025）さん、吉川竜太（@rrreeeyyy）さん、與島孝忠（@shiimaxx）さん、高村成道（@nari_ex）さん、田渕義宗（@buchy__）さん、服部夢二（@kinmemodoki）さん。

　本書の執筆の元になったISUCONという競技を立ち上げ、10年以上継続して運営されている櫛井優介（@941）さんをはじめとしたLINE株式会社の皆様、出題や運営協力、参加者としてこれまでのISUCONに関わった全ての皆様に感謝いたします。

本書の構成と読み方

本書は全9章と付録で構成されています。

1章ではまず最初に、高速なWebサービスとは何かを概説します。「高速なWebサービス」という漠然としたイメージから、高速とは具体的にどのような状態のことを指すのかを高い解像度で理解します（著者：馬場俊彰）。

2章ではWebサービスのモニタリングについて学びます。高速であることを確認するためには、実際のパフォーマンスを観測可能にする必要があります（著者：中西建登。9章も担当）。

3章ではISUCONで実際に出題されるものと同様のWebサービスを例にして、1ステップずつ手を動かして高速化の第一歩を踏み出す手順を説明します（著者：藤原俊一郎。4章、付録Aも担当）。

4章ではWebサービスに負荷を与えるためのツールの使い方を学びます。Webサービスに対して、実際のアクセスパターンに近いシナリオを持った負荷を与えることで、実用的な負荷試験が可能になります。

5章ではWebサービスには必須の存在であるデータベースのパフォーマンスについて、主にMySQLを例にして解説します。データベースの速度は、Webサービスの性能に密接に関わります（著者：長野雅広）。

6章ではリバースプロキシについて、nginxを例にして学びます。ある程度以上の規模のWebサービスを高速に配信するためには、リバースプロキシを適切に扱うことが重要です（著者：金子達哉。7、8章も担当）。

7章ではWebサービスにおけるキャッシュ戦略について説明します。キャッシュを適切に利用すると大きな高速化の効果がありますが、不適切な使い方をすると深刻な問題が発生することもあります。適切なキャッシュの使い方を学びましょう。

8章ではWebアプリケーションの実装について、特にISUCONや実務において問題が発生しがちな、パフォーマンス上重要なポイントを解説します。

9章ではWebサービスを動作させる基盤となる、OSのチューニングについて学びます。普段Webアプリケーションを運用しているだけでは意識しづらいOSのレイヤーにも、パフォーマンスに重要なポイントは多くあります。

付録Aでは、本書内で例として取り上げたWebサービスに対して、本書内で紹介したテクニックを適用してパフォーマンスチューニングを行い、性能がどのように改善したのかを順を追って解説します。

付録Bでは、実際にISUCONで使用されるようなベンチマーカー（負荷を与えるプログラム）を作成するためには、どのような点を考慮する必要があるのかを解説します（著者：草野翔）。

Webサービスの高速化はひとつの技術で成り立つものではなく、複数の技術を組み合わせて行う総

合的なものです。そのため、本書でも2章以降の章では相互に参照したり、関連したりする内容が多くあります。実際に運用しているWebサービスが重くて困っているのであれば、1章の概論を理解した上で2章のモニタリングについて学び、原因を追及しましょう。5章以降の各章を参照して、原因を解決できるかもしれません。基本的な負荷試験のやり方については3章で、自分で複雑な負荷試験を行うための手法は4章で解説しています。

ISUCONにこれから出場してみたい方、出場したことがあるがスコアを伸ばせなかったという方は、1～3章を順に読み進め、実際にチューニングする手順を手を動かして体験するのがよいでしょう。付録Aでは実際のISUCONにおける攻略手順を再現しているため、手元で再現しながら、参考として示されている本書内の内容を理解していくことをお勧めします。

ISUCONに出場して予選を突破したことがある方であれば、本書で解説される内容の多くは既に理解しているかもしれません。付録Bを読んで自分でベンチマーカーを実装してみると、単にISUCONに競技者として参加するのとはまた違った視点が得られることでしょう。

■ サポート情報

本書内に掲載されているサンプルコードなどは、GitHub (https://github.com/tatsujin-web-performance/tatsujin-web-performance)、またはサポートページ (https://gihyo.jp/book/2022/978-4-297-12846-3) で公開しています。

著者プロフィール

藤原俊一郎 （ふじわらしゅんいちろう） **Twitter** @fujiwara

2011年より面白法人カヤック。SREチーム所属。ISUCON優勝4回、出題3回。最近の趣味はマネージドサービスの隙間を埋める隙間家具のようなツールを作ってOSSにすること。著書に『みんなのGo言語 [現場で使える実践テクニック]』（共著、技術評論社）。

馬場俊彰 （ばばとしあき） **Twitter** @netmarkjp

株式会社X-Tech 5取締役CTO、株式会社iCARE技術顧問。ISUCON第一回にプロジェクターを持ち込んで参加しSELinux=Enforcingで入賞。本選に進出したり、遠巻きに運営の手伝いをしたりしています。

中西建登 （なかにしけんと） **Twitter** @whywaita

株式会社サイバーエージェント2019年新卒入社。CloudMakerとしてプライベートクラウドの開発運用に従事。ISUCON8にて史上初の学生総合優勝、ISUCON10にて史上初のプライベートクラウドチームによるインフラ提供を主導。インターネットコミュニティだいすき。

長野雅広 （ながのまさひろ） **Twitter** @kazeburo

さくらインターネット株式会社所属。ミクシィ、livedoor、LINE、メルカリでWebサービスの運用に携わり2021年より現職。ISUCON1、ISUCON2、ISUCON9予選で問題作成。参加者として優勝も予選落ちも経験。

金子達哉 （かねこたつや） **Twitter** @catatsuy

株式会社PR TIMES開発本部長CTO。ピクシブ・メルカリを経て現職。ISUCON9予選・ISUCON6本選出題。ISUCON9予選では問題・ベンチマーカーを実装。高速なWebサービスの作り方に関する情報やISUCONのベンチマーカーに関する資料を複数公開している。

草野翔 （くさのしょう） **Twitter** @rosylilly

宇宙海賊合同会社代表、株式会社ハンマーキットCTO、株式会社 Tech Consiglie CTO、プロモータル株式会社相談役、IPTech特許業務法人技術顧問。ISUCON9優勝、ISUCON4とISUCON10出題。ISUCONベンチマーカーが大好き。

目次
contents

はじめに iii

本書の構成と読み方 v

著者プロフィール vii

Chapter **1** チューニングの基礎知識   1

1-1 "高速であること"は現代のWebサービスの必須要件 2

   "高速"はWebサービスの競争力を直接的に左右する 2

   "高速"はSEOに効果あり 2

   "高速"は高コスト効率を実現する 3

1-2 高速なWebサービスとは 4

   どうなっていると高速なWebサービスなのか 4

   Webサービスの速さの単位 5

   Webサービスの構造を把握する 6

1-3 Webサービスの負荷 8

   Webサービスの負荷が高い状態 8

   速さとキャパシティ 9

   パフォーマンスチューニング 10

1-4 必要十分なキャパシティを用意するには 10

   必要十分なキャパシティとは 11

   必要十分なキャパシティの見積りかた 12

1-5 パフォーマンスチューニング"きほんのき" 13

   推測せず計測する 13

   公平に比較する 13

   1つずつ比較する 14

1-6 パフォーマンスチューニング"きほんのほ" 15

ボトルネックだけにアプローチする 15

ボトルネックの特定は外側から順番に 16

ボトルネック対処の基本3パターン 17

1-7 パフォーマンスチューニング"きほんのん" 18

負荷試験の各工程の概要 18

1-8 まとめ 22

Chapter 2 モニタリング 23

2-1 モニタリングとは - インフラにおけるテスト 24

2-2 モニタリングに対する考え方 26

2-3 モニタリングの種類 27

外形監視 27

内部監視 28

2-4 手動でのモニタリング 29

2-5 モニタリングツール 31

2-6 モニタリングツールのアーキテクチャ 32

エージェント node_exporter 35

node_exporter で取得できるメトリクス 37

2-7 実際にモニタリングを行う 38

2-8 モニタリングの注意点 40

正しい計測結果の見極め 41

2つのグラフを比較するときは他の条件を合わせる 43

高負荷状態のモニタリング 44

モニタリングの解像度 45

2-9 ログに対するモニタリング 47

2-10 まとめ 48

3-1 本書で扱う Web サービス private-isu ···················· 51
　　　private-isu の仕様と動作環境 ························· 51
　　　手元で private-isu を動作させる ······················ 51
　　　Amazon EC2 で private-isu を起動する ················· 52
　　　Docker で private-isu を起動する ···················· 53
　　　実際に private-isu を触ってみる ····················· 55

3-2 負荷試験の準備 ···································· 57
　　　負荷試験環境を用意する ···························· 58
　　　nginx のアクセスログを集計する ······················ 58
　　　アクセスログを JSON 形式で出力する ··················· 59
　　　JSON 形式のアクセスログを集計する ··················· 62
　　　alp のインストール方法 ···························· 63
　　　alp を使ったログ解析方法 ·························· 63

3-3 ベンチマーカーによる負荷試験の実行 ··············· 65
　　　ab コマンドのインストール ························· 66
　　　ab コマンドの使用方法 ··························· 66
　　　ab の結果と alp の結果を比較する ··················· 67
　　　アクセスログのローテーション ······················· 68

3-4 パフォーマンスチューニング 最初の一歩 ············· 70
　　　負荷試験実行 - 最初の結果を把握する ··················· 70
　　　負荷試験中の負荷を観察する ························· 74
　　　MySQL のボトルネックを発見する準備 ·················· 75
　　　スロークエリログを解析する ························· 77
　　　チューニングの成果を確認する負荷試験 ··················· 82
　　　あらたなボトルネックを見つける ······················ 83

3-5 ベンチマーカーの並列度 ························· 85
　　　サーバーの処理能力を全て使えているか確認する ·············· 86
　　　なぜ CPU を使い切れていないのか ····················· 87
　　　複数の CPU を有効に利用するための設定 ················· 88
　　　サーバーの並列度を上げて負荷試験を実行する ··············· 90

3-6 まとめ ·· 92

Chapter **4** シナリオを持った負荷試験 　　93

4-1 負荷試験ツールk6 ··· 94
　　k6をインストールする ··· 95

4-2 k6による単純な負荷試験 ··· 96

4-3 k6でシナリオを記述する ··· 99
　　シナリオ内で共通で使用する関数を定義する ··················· 99
　　Webサービスの初期化処理シナリオを記述する ··············· 100
　　sleep()関数：一定時間待機する ··· 101
　　ユーザーがログインしてコメントを投稿するシナリオを記述する ··· 102
　　check()関数：レスポンスの内容をチェックする ··············· 104
　　parseHTML()関数：HTML内の要素を取得する ················· 105
　　ファイルアップロードを含むフォームを送信する ··············· 106
　　シナリオで使用する外部データを用意する ······················ 107

4-4 複数のシナリオを組み合わせた統合シナリオを実行する ··· 109
　　統合シナリオの実行結果の例 ·· 110

4-5 負荷試験で得られたアクセスログを解析する ··················· 111

4-6 まとめ ··· 113

Chapter **5** データベースのチューニング 　　115

5-1 データベースの種類と選択 ·· 116
　　一貫性を重視するRDBMS ··· 116
　　アプリケーションニーズに合わせたNoSQL ······················ 118
　　一貫性と分散を両立するNewSQL ······································ 119
　　データベースの選択 ·· 120

5-2 データベースの負荷を測る ·· 120
　　OSから負荷を観察する ··· 120
　　MySQLのプロセスリストを見てみる ································· 121
　　pt-query-digestによるスロークエリログの分析 ··············· 123
　　query-digesterを利用したプロファイリングの自動化 ········ 126
　　pt-query-digestの結果の見方 ··· 126

5-3　インデックスでデータベースを速くする ································ 130

　　データベースから結果を高速に得るには ································ 130
　　データベースにおけるインデックスの役割 ······························ 131
　　インデックスで検索が高速になる理由 ·································· 131
　　MySQL におけるインデックスの利用 ···································· 132
　　複合インデックス・並び替えにも使われるインデックス ·················· 135
　　クラスターインデックスの構成と
　　クラスターインデックスでのインデックスチューニング ·················· 136
　　多すぎるインデックスの作成によるアンチパターン ······················ 140
　　MySQL がサポートするその他のインデックス ·························· 141

5-4　N+1 とは ·· 143

　　クエリ数増大によりアプリケーションが遅くなる理由 ···················· 143
　　N+1 の見つけ方と解決方法 ·· 145
　　データベース以外にもある N+1 問題 ·································· 154

5-5　データベースとリソースを効率的に利用する ······················ 155

　　FORCE INDEX と STRAIGHT_JOIN ······································ 155
　　必要なカラムだけ取得しての効率化 ···································· 159
　　プリペアドステートメントと Go 言語における接続設定 ·················· 160
　　データベースとの接続の永続化と最大接続数 ··························· 161

5-6　まとめ ·· 164

Chapter 6 リバースプロキシの利用 165

6-1　アプリケーションとプロセス・スレッド ···························· 167

6-2　リバースプロキシを利用するメリット ···························· 169

6-3　nginx とは ·· 170

6-4　nginx のアーキテクチャ ·· 173

6-5　nginx による転送時のデータ圧縮 ···································· 174

6-6　nginx によるリクエスト・レスポンスのバッファリング ············ 178

6-7　nginx とアップストリームサーバーのコネクション管理 ············ 179

6-8　nginx の TLS 通信を高速にする ······································ 180

6-9　まとめ ·· 181

Chapter **7** キャッシュの活用 **183**

7-1 キャッシュデータ保存に利用されるミドルウェア ⋯⋯⋯⋯⋯ 184

7-2 キャッシュを KVS に保存する際の注意点 ⋯⋯⋯⋯⋯⋯⋯⋯⋯ 187

7-3 いつキャッシュを利用するか ⋯⋯⋯⋯⋯⋯⋯⋯⋯⋯⋯⋯⋯⋯⋯ 188

十分短い TTL を設定する ⋯⋯⋯⋯⋯⋯⋯⋯⋯⋯⋯⋯⋯⋯⋯⋯⋯⋯⋯⋯⋯ 189

7-4 具体的なキャッシュ実装方法 ⋯⋯⋯⋯⋯⋯⋯⋯⋯⋯⋯⋯⋯⋯⋯ 190

キャッシュにデータがなければキャッシュを生成して生成結果を保存する手法 ⋯⋯ 190
キャッシュがなければデフォルト値や古いキャッシュを返し、
非同期にキャッシュ更新処理を実行する ⋯⋯⋯⋯⋯⋯⋯⋯⋯⋯⋯⋯⋯⋯⋯ 194
バッチ処理などで定期的にキャッシュを更新する ⋯⋯⋯⋯⋯⋯⋯⋯⋯⋯⋯ 198
private-isu で実際にキャッシュを利用する ⋯⋯⋯⋯⋯⋯⋯⋯⋯⋯⋯⋯⋯ 199

7-5 キャッシュを監視する ⋯⋯⋯⋯⋯⋯⋯⋯⋯⋯⋯⋯⋯⋯⋯⋯⋯⋯ 201

7-6 まとめ ⋯⋯⋯⋯⋯⋯⋯⋯⋯⋯⋯⋯⋯⋯⋯⋯⋯⋯⋯⋯⋯⋯⋯⋯⋯ 202

Chapter **8** 押さえておきたい高速化手法 **203**

8-1 外部コマンド実行ではなく、ライブラリを利用する ⋯⋯⋯⋯ 204

8-2 開発用の設定で冗長なログを出力しない ⋯⋯⋯⋯⋯⋯⋯⋯⋯ 208

8-3 HTTP クライアントの使い方 ⋯⋯⋯⋯⋯⋯⋯⋯⋯⋯⋯⋯⋯⋯⋯ 209

同一ホストへのコネクションを使い回す ⋯⋯⋯⋯⋯⋯⋯⋯⋯⋯⋯⋯⋯⋯ 209
適切なタイムアウトを設定する ⋯⋯⋯⋯⋯⋯⋯⋯⋯⋯⋯⋯⋯⋯⋯⋯⋯⋯ 211
同一ホストに大量のリクエストを送る場合、
対象ホストへのコネクション数の制限を確認する ⋯⋯⋯⋯⋯⋯⋯⋯⋯⋯⋯ 212

8-4 静的ファイル配信をリバースプロキシから直接配信する ⋯⋯ 213

8-5 HTTP ヘッダーを活用してクライアント側にキャッシュさせる ⋯⋯ 215

8-6 CDN 上に HTTP レスポンスをキャッシュする ⋯⋯⋯⋯⋯⋯⋯ 218

CDN で世界中どこからアクセスしても高速なサービスを提供する ⋯⋯⋯⋯ 218
Cache-Control を活用して CDN や Proxy 上にキャッシュさせる ⋯⋯⋯⋯ 220

8-7 まとめ ⋯⋯⋯⋯⋯⋯⋯⋯⋯⋯⋯⋯⋯⋯⋯⋯⋯⋯⋯⋯⋯⋯⋯⋯⋯ 222

9-1 流れを見極める ………………………………………………………………… 224

9-2 Linux Kernelの基礎知識 ……………………………………………………… 224

9-3 Linuxのプロセス管理 ………………………………………………………… 228

9-4 Linuxのネットワーク ………………………………………………………… 230

ネットワークのメトリクス ……………………………………………………… 230

Linux Kernelにおけるパケット処理の効率化 ………………………………… 231

9-5 LinuxのディスクI/O …………………………………………………………… 234

ストレージの種類 ………………………………………………………………… 234

ストレージの性能とは - スループット、レイテンシ、IOPS ………………… 235

ストレージの性質を調査 ………………………………………………………… 237

ディスクマウントのオプション ………………………………………………… 239

I/Oスケジューラ ………………………………………………………………… 241

9-6 CPU利用率 …………………………………………………………………… 243

us - User：ユーザ空間におけるCPU利用率 ………………………………… 244

sy - System：カーネル空間におけるCPU利用率 …………………………… 245

ni - Nice：nice値（優先度）が変更されたプロセスのCPU利用率 ………… 245

id - Idle：利用されていないCPU ……………………………………………… 247

wa - Wait：I/O処理を待っているプロセスのCPU利用率 …………………… 247

hi - Hardware Interrupt：ハードウェア割り込みプロセスの利用率 ………… 247

si - Soft Interrupt：ソフト割り込みプロセスの利用率 ……………………… 247

st - Steal：ハイパーバイザによって利用されているCPU利用率 …………… 247

9-7 Linuxにおける効率的なシステム設定 …………………………………… 248

ulimit …………………………………………………………………………… 249

9-8 Linuxカーネルパラメータ …………………………………………………… 253

net.core.somaxconn …………………………………………………………… 253

net.ipv4.ip_local_port_range ………………………………………………… 255

9-9 MTU（Maximum Transmission Unit） …………………………………… 260

その他のカーネルパラメータ …………………………………………………… 263

9-10 まとめ ………………………………………………………………………… 263

付録

A private-isu の攻略実践 ········266

A-1 用意した競技用環境 ········266

A-2 ベンチマーカーの実行方法 ········267

A-3 各章の技法を適用する ········268

初期状態（約650点）········268
comments テーブルにインデックスを追加する（約7,000点）········269
unicorn worker プロセスを4にする（約15,000点）········270
静的ファイルを nginx で配信する（17,000点）········272
アップロード画像を静的ファイル化する（約22,000点）········273
GET / を解析する ········276
posts と users を JOIN して必要な行数だけ取得する（約90,000点）········277
ベンチマーカーが使用するファイルディスクリプタ上限を増加させる ········281
プリペアドステートメントを改善する（約110,000点）········282
comments テーブルへインデックスを追加する（約115,000点）········283
posts からの N+1 クエリ結果をキャッシュする（約180,000点）········284
適切なインデックスが使えないクエリを解決する（約200,000点）········287
外部コマンド呼び出しをやめる（約240,000点）········290
MySQL の設定を調整する（約255,000点）········291
memcached への N+1 を解消する（約300,000点）········293
Ruby の YJIT を有効にする（約320,000点）········294
最初に作成したインデックスを削除してみる（約10,000点）········295

A-4 まとめ ········296

B ベンチマーカーの実装 ········297

B-1 ISUCON のベンチマーカーは何をするのか ········297

負荷試験ツールとしてのベンチマーカー ········298
Web サービス実装の E2E テストとしてのベンチマーカー ········298
スコアとエラーを提供する情報源としてのベンチマーカー ········300
ベンチマーカーに求められる振る舞いに気をつける ········301

B-2 ベンチマーカーに頻出する実装パターン ········301

context.Context を知る ········301
time と context によるループのパターン ········306
sync パッケージの利用 ········310
sync/atomic パッケージの利用 ········315
Functional Option パターン ········316

B-3 private-isu を対象としたベンチマーカーの実装 ················· 316

入出力を設計する ··· 317

データを持つ ·· 321

初期化処理を実装する ··· 325

ログインする処理を作る ·· 331

画像投稿する処理を作る ·· 334

トップページを検証する ·· 335

得点を計算する ·· 336

実際に動かしてみる ·· 337

B-4 まとめ ··· 338

索引 ·· 339

chapter

1

チューニングの
基礎知識

まずは本書の主題である「Webサービスの高速化」を理解するために分解して掘り下げます。本章で「Webサービスの高速化」の基礎知識や考え方を習得し、次章からの具体的な知識を活用する土台を築きます。

1-1 "高速であること"は現代のWebサービスの必須要件

Webサービスにアクセスしたら画面がパッと表示されて、操作したらパッと画面が切り替わって、次の操作がサッとできると、使っていて気持ちいいですよね。**画面遷移・画面表示速度**は、かつて「達成できているとベターな要件」として扱われていましたが、現代のWebサービスでは「達成することがマストな要件」と扱われています。現代のWebサービスにおいて、速度はその価値を左右する重要な指標です。

▌"高速"はWebサービスの競争力を直接的に左右する

Googleの実験によると、検索結果が表示されるまでの所要時間が長くなると、利用者が減少しました（表示が100msec遅くなると0.2%減り、400msec遅くなると0.6%減りました）[注1]。Google規模の実験ですから、0.2%でもとてつもない量の変化です。Webサービスが高速だということは、かなり直接的にWebサービスの競争力を上げることだと言えます。

企業内で各種業務に利用するシステム（業務システム）に目を向けると、現代では業務システムの多くがWebサービスとして実装され、Webブラウザやスマートフォン・タブレットのアプリを通じて利用されています。デジタル化やDX（Digital Transformation）が進んだ現代において、業務システムは市場競争力を確保する上で重要な要素です。その業務システムの反応が高速であれば業務が快適に遂行でき、単位時間あたりの操作可能回数が増えることも相まって生産性の向上が期待できます。

▌"高速"はSEOに効果あり

Webサービスの利用者を獲得する上で、検索エンジンからの流入は重要な役割を果たします。Webサービスは利用者がいてこそ価値が発揮できるものですから、適切なSEO[注2]はWebサービスの存在意義に関わる重大事と言えます。

検索エンジンの雄であるGoogleは、**Core Web Vitals**という指標を検索順位に考慮しています[注3]。

注1　Speed Matters for Google Web Search Jake Brutlag Google, Inc.　June 22, 2009 https://services.google.com/fh/files/blogs/google_delayexp.pdf

注2　SEO：Search Engine Optimization＝検索エンジン最適化。ある言葉（例：都内 マンション）をGoogleなどの検索サービスで検索した結果がWebサイト運営者の意図した結果に近くなるよう、Webサイト運営者側が行う取り組み・手法のことです。多くの場合、意図した検索ワードにおいて自分たちのWebサイトを検索結果の該当とし、上位に表示させるための取り組みを指します。適切な検索ワードで検索結果上位に表示されると、Webサイトがターゲットとした利用者をWebサイトに誘導する効果が期待できます。

注3　2020年5月発表 Evaluating page experience for a better web https://developers.google.com/search/blog/2020/05/evaluating-page-experience

Core Web Vitalsでは、3つの主要な評価軸のうちの1つが読み込み時間です[注4]。読み込み時間が2.5秒を越えると要改善で、速ければ速いほどGoodです。

Core Web Vitals

検索サービス大手のGoogleでは、検索結果の順位付けにページエクスペリエンスを利用しています[注5]。詳細は非公開ですが、同じコンテンツであればページエクスペリエンスの優れたページが検索結果の上位に表示されるよう取り組んでいます。このページエクスペリエンスを計測する指標のひとつとして、Core Web Vitalsを利用しています。Core Web Vitalsの主要な3つの評価軸[注6]は、表1のとおりです。

表1　Core Web Vitalsの3つの評価軸

評価軸	概要
LCP (Largest Contentful Paint)	・ページロードのパフォーマンスを計測する指標 ・一番大きなコンテンツが表示されるまでの時間 ・良いユーザー体験のためには2.5秒以内にする
FID (First Input Delay)	・双方向性を計測する指標 ・ユーザーが最初にページを操作してから、ブラウザがその操作に対応した処理を開始するまでの時間 ・良いユーザー体験のためには100ミリ秒を下回るようにする
CLS (Cumulative Layout Shift)	・視覚的な安定性を計測する指標 ・累積レイアウトシフト（一度表示された内容のシフト＝移動） ・良いユーザー体験のためには0.1を下回るようにする

その他の計測指標としては、FCP（ブラウザがコンテンツ描画を開始するまでの時間）[注7]、TTFB（操作してからレスポンスの受信を開始するまでの時間）[注8] などがあります。

"高速"は高コスト効率を実現する

Webサービスが高速だと、ひとつの処理でサーバー側のシステムリソースを専有する時間が短くなります。サーバー側のシステムリソースを専有する時間が短いと、あるスペックのサーバーで単位時間あたりに処理できる要求数が多くなります。つまり高速なシステムはコスト対性能効率が良いのです。ということは、システムリソースの費用が少なく済みます。嬉しいですね。しかも必要な電力が少ないので地球に優しいですね。

注4　指標はLargest Contentful Paintなので、厳密には少しだけ複雑です。
注5　Understanding Google Page Experience｜Google Search Central ｜ Google Developers - https://developers.google.com/search/docs/advanced/experience/page-experience
注6　Largest Contentful Paint (LCP) - https://web.dev/lcp/
First Input Delay (FID) - https://web.dev/fid/#what-is-a-good-fid-score
Cumulative Layout Shift (CLS) - https://web.dev/cls/
注7　First Contentful Paint (FCP) - https://web.dev/fcp/
注8　Time to First Byte (TTFB) - https://web.dev/ttfb/

　あと、何と言っても、Webサービスを高速化できるエンジニアはかっこいいと思いませんか。高速なWebサービスを実現する、パフォーマンス問題をバシバシ解決する、パフォーマンス問題を起こさないシステムを実現できるエンジニアに筆者は憧れますし、尊敬します。

1-2　高速なWebサービスとは

　「高速」の価値がわかったので、「高速」を実現するためのアプローチについて学び始めます。まずは、高速なWebサービスは具体的にどのようなWebサービスなのかを明確化し、地に足のついた思考・行動ができるようにします。

どうなっていると高速なWebサービスなのか

　「高速なWebサービス」は、ユーザーが操作してから、次の動作ができるようになるまでの所要時間が短いことを指すことが多いと思います。動作とは、Webサービスの画面描画が完了し閲覧可能になる、APIレスポンスであればデータ受信が完了するなどを指します。本書では、Webサービスのパフォーマンス高速化コンテストであるISUCONを参考に「高速なWebサービス」を**Webサービス利用者（クライアント・ベンチマーカー）のリクエスト送信開始〜Webサービス利用者のレスポンス受信完了までの所要時間が短いWebサービス**とします（図1）。

　一般に、このような待機時間を**レイテンシ**（Latency）と呼びます。レイテンシの単位は時間で、近年はmsec（ミリ秒＝1/1,000秒）かμsec（マイクロ秒＝1/1,000,000秒）を使うことが多いです。つまり、「高速なWebサービス」は基本的にレイテンシが低いWebサービスを指し、Webサービスを高速化する取り組みは基本的にレイテンシを低くすることを目指します。

図1 Webサービス高速化は待機時間を短くすることを目指す

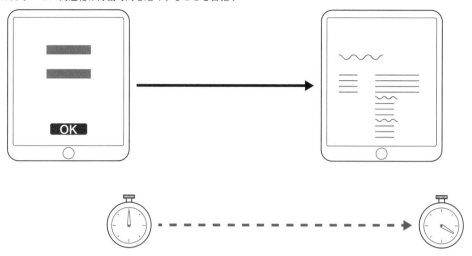

　また、このリクエスト送信開始〜レスポンス受信完了までの一周の所要時間の長さを一般に**RTT**（Round Trip Time）と呼びます。RTTの単位も時間です。

　Core Web Vitalsでは、LCPはブラウザ上での処理を含めて2.5秒でイエローカードで、速ければ速いほど良いとされます。Webサービスは、速ければ速いほど良いのです。LCPは、メインコンテンツの取得とパース・スタイルの取得とパース・レンダリングなどを含めた時間です。そのため、2.5秒に安定的に収めることを考えると、実際にWebサービスとして市場で戦うには、それぞれのリクエスト送信開始〜レスポンス受信完了は1秒以内に収めたいところです。

Webサービスの速さの単位

　前述のとおり、Webサービスの速さはリクエストのレイテンシで計測します。単位はmsecやμsecです。実際に「Webサービスの高速化」を行う場合、特定の1リクエストのレイテンシを短くするだけでWebサービスの高速化が達成できることは少ないです。

　他のURLへのリクエストやそれぞれのURLに対するリクエストパラメータのバリエーションなど、同システムで受け付ける多様なリクエストを俯瞰して、多様なリクエストを高速に処理することも求められます。さらに、同時並行で行われる大量のリクエストを少ないシステムリソースで処理することも求められます。この同時並行処理性能は、**スループット**と呼ばれます。スループットの単位は、単位時間あたりのリクエスト処理数 rps（requests per second）です。

Note 同時並行処理性能は、同時接続数と呼ぶこともある

　同時接続数は厳密には「ある瞬間に処理中のリクエスト数」ですが、大抵は単位時間（1分や1時間）の間に処理したリクエスト数を割り返して表します。システムの利用特性によるものの、定常状態を表すときは1時間など長めのデータをもとに割り返して分や秒単位を表現することもあります。特異点を表すときは、そのタイミングのデータを利用します。

・定常状態用のrps計算式⇒1時間のリクエスト数／3600秒
・特異点付近のrps計算式⇒1分間のリクエスト数／60秒
・特異点付近のrps計算式⇒1秒間のリクエスト数

　高速化・キャパシティ強化を実施していく中で真に「ある瞬間に処理中のリクエスト数」が重要なシーンもあるので使い分けましょう。

Webサービスの構造を把握する

　Webサービスを高速化するには、マクロ視点でWebサービスのアーキテクチャ全体を俯瞰する力・ミクロ視点で問題箇所を掘り下げる力が両方必要です。Webサービスを高速化するために、まずは対象のWebサービスのことをよく知らなくてはなりません。というわけで、最初にWebサービスの構造を把握・理解しましょう。

　観点としては、論理的な構造と物理的な構造の2つがあります。Webサービスの動作・仕組みを把握・理解するためには、論理的な構造を把握・理解することが重要です。律速要因を突き止め改善するためには、論理的な構造に加えて物理的な構造を把握・理解することが重要です。最初は粗い解像度での理解（おおまかで抽象的な理解）だったとしても、継続して深めていくと解像度を高く（細部まで具体的に理解）できます。解像度を高くしてから高速化アプローチする必要はなく、高速化アプローチの中で解像度を高くしていけば問題ありません（図2、図3）。

図2　低い解像度／高い解像度でのクライアント - サーバーの論理的構造

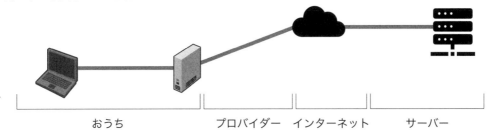

おうち　　　　　　　　プロバイダー　インターネット　　サーバー

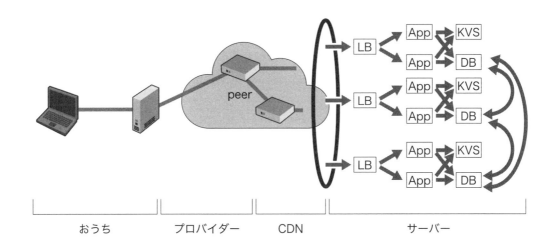

おうち　　　　　　プロバイダー　　　CDN　　　　　　サーバー

図3　低い解像度／高い解像度での、データベースへの問合せの論理的構造

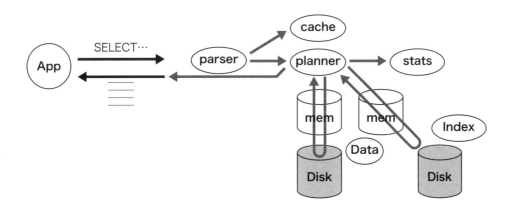

　構造がわかると、それぞれの要素で何をしているか、何が起きているかを理解しやすくなります。コンピュータの基本動作は、入力・計算・出力です（図4）。計算に際して、得た入力の他にデータソースを参照することが多々あります。現代のWebサービスでは、データソースは多岐に渡ります。たとえば、サーバー内のディスクデバイスやデータベース、マイクロサービスアーキテクチャでの他マイクロサービスの呼び出し、外部WebサービスのAPI呼び出しなどが挙げられます。

　構造がわかると、構造に登場するそれぞれの要素での入力・計算・出力を把握し、高速でない状態から高速な状態にするためにどうなったらいいのかを考えられるようになります。

図4　コンピュータの基本動作

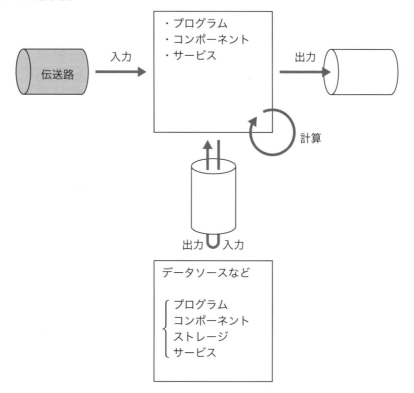

1-3 ┃ Webサービスの負荷

▌Webサービスの負荷が高い状態

　Webサービスの負荷が高いとは、Webサービスを提供するシステムのシステムリソース（利用可能

な計算機資源）のうち、短時間で利用量が大きく変わる、時間流動性が高いシステムリソースの利用率が高い状態を指します（図5）。

図5 システムリソースの利用率が高い状態のイメージ

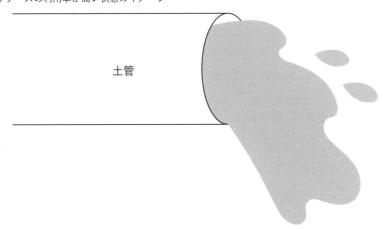

土管

Webサービスにおいて代表的な時間流動性が高いシステムリソースは、CPU時間、メモリ領域、メモリI/O帯域（I/O：Input Output＝入出力）、ネットワークI/O帯域、ストレージI/O帯域があります。システムリソースの需要が過多になると、処理要求が詰まって渋滞したり、処理が異常終了したりと大変な状態になります。

速さとキャパシティ

キャパシティは、一般に許容量（利用可能な量）のことです。リクエスト（Webサービスに対する処理要求）の文脈では処理可能なスループットや同時接続数を、システムリソースの文脈では利用可能なリソース量を指します。1リクエストのレイテンシが低くなるということは、リクエストがシステムリソースを専有する時間が短くなるということです。専有時間が短くなると、用意したシステムリソースで単位時間あたりに処理できるリクエストの数が増えます。

Webサービスは大量のリクエストをほぼ同時に受け付けるので、1リクエストあたりのレイテンシを低くすれば、低くなった分に掛けることのリクエスト数の分だけシステムリソースが空きます。Webサービスを高速化（リクエストのレイテンシを低く）すると、システムリソース観点でのキャパシティは同じまま、リクエスト観点でのキャパシティを増やすことができます。たとえば、1分あたり1,000リクエストを受けとるシステムで、1000msecだった処理時間が500msecになると、1000並列分必要だった処理性能が500並列分で済むようになります。

Note　高速と大規模

　大規模なWebサービスと言うと、基本的にキャパシティが大きいWebサービスを指します。たいていの文脈では、その大容量キャパシティにふさわしい大量の要求が来ており、その処理要求を適切に処理していることが期待されます（キャパシティが大きいが処理要求が少なく、スカスカというケースも稀にあります）。根本的には高速（レイテンシが低い）と大規模（キャパシティが大きい）は別物ですが、キャパシティが同じであれば高速なほうがスループットが増えるので、大量の要求をより少ないキャパシティで処理することができるようになります。

　大規模なWebサービスは小規模なWebサービスの延長線上にあるかというと、そう単純ではありません。共通する要因・知見はもちろんありますが、大規模ならではの課題も出て来ます。小規模と大規模は単純に比較できるものではありません。

　たとえば、世界中にユーザーが居る大規模なWebサービスは利用者が地理的・ネットワーク的に分散しているので、レイテンシを低くするにはシステムリソースの最適化だけでなくインターネット全体を俯瞰したデータ配置を考える必要があります。昨今のサーバー性能があれば、高速が実現できればかなりの量の要求に対処できます（ISUCON予選のスコアだけで言えば、トップとボトムで100倍・1,000倍の差が出ることは珍しくありません）。ISUCONでは、最終的に小規模ハイスループットが求められます。

　なお、会話の文脈によって大規模なWebサービスという表現が「機能の数が多い」「ソースコードの量が多い」「企画・開発・運用において関わる人数が多い」という意味で利用されることがあります。

パフォーマンスチューニング

　高速（ハイパフォーマンス）なWebサービスを実現するための取り組みをパフォーマンスチューニングと呼びます[注9]。チューニング＝調律です。多くの現場では「チューニング」は概ね「いい感じにする（目標とする状態に近づける。一般的な、あるいは関係者の期待を、満たして、超える）」という意味で利用されます。

1-4　必要十分なキャパシティを用意するには

　ここで言うWebサービスのキャパシティとは、端的にはそのWebサービスがその時に利用可能な計算機資源の量（CPU時間、メモリ容量、ネットワーク帯域など）のことで、単純化すると**個々の性能×数**で表せます。かつては性能・数を意識する単位がサーバーでしたが、現代ではコンテナ単位で考えることが多くなりました。とは言っても、基本的な考え方は同じです。

　キャパシティはWebサービス運営者側が用意するもので、用意するために時間・手間・費用がかか

注9　「ハイパフォーマンス」は文脈によっていろんな意味があるので要注意です。たとえば、サービス運営の文脈ではWebサービスの売上が良い様を指すこともあります。

ります。前述のとおり、キャパシティは**個々の性能×数**なので、キャパシティを調整するアプローチは個々の性能を変える**垂直スケーリング**、数を変える**水平スケーリング**の2種類があります。

- 垂直スケーリング（スケールアップ・スケールダウン）：それぞれのサーバーの性能を向上（スケールダウンの場合は低下）させてシステムリソースの総量を変える手法
- 水平スケーリング（スケールアウト・スケールイン）：サーバーの数を増やして（スケールインの場合は減らして）システムリソースの総量を変える手法

必要十分なキャパシティとは

　必要十分なキャパシティは、端的にはキャパシティが需要に対して不足せず・過剰でない量のことです。キャパシティ需要は、Webサービス利用者の数や取り扱うデータの量、処理内容・方法の変更などで変動します。たとえば、Webサービス利用者が増えれば必要なキャパシティは増え、処理アルゴリズムを高効率なものに変更すれば必要なキャパシティは減ります。

　必要十分なキャパシティが供給されていると（用意され利用可能であれば）、リクエスト数に関わらずレイテンシとスループットは維持され、エラーにならず、目に余る余剰がない状態になります。キャパシティ需要に対してキャパシティ供給が不足すると、システムは過負荷状態になり、レイテンシ増加・接続不可・データ破壊など、ひどい状態になる可能性が非常に高くなります。一方でキャパシティ需要に対してキャパシティ供給が過剰な場合は、利用しないリソースを確保し費用を支払っている状態になり、コストパフォーマンスを悪化させます。

　キャパシティの需要と供給をバランスさせる方法は、需要側を調整する手法、供給側を調整する手法、どちらもあります。キャパシティが不足するとエラーに繋がりやすいため、適切な余剰は確保しなければなりません。

　需要側を調整する場合の技術的手法としては、処理要求を順番待ちさせる手法（キューイング）、処理要求の受け付けを単位時間あたり一定数に絞る手法（レートリミット）、処理要求の発生にランダムな待ちを潜ませタイミングを分散させる手法などがあります。また、技術的以外の手法を用いることが多々あり、その場合は効果は高いもののユーザー影響が発生しがちです。たとえば、限定販売の申し込みを先着順でなく抽選販売にする、抽選受付申し込みのタイミング重複を避けるために応募券を時間差で配布するなどがあります。

　供給側を調整する手法はユーザーに影響なく実施する手法が多々あるため、供給側の調整を対応の軸にすることが多いと思います。主なシステムリソース供給量の調整手法は、前述のとおり垂直スケーリング（スケールアップ・スケールダウン）、水平スケーリング（スケールアウト・スケールイン）の2軸です。供給側の調整においては、従前から必要なシステムリソースの量を想定して変動を予測し事前にスケーリングする、プロアクティブな手法がとられてきました。

　クラウド時代になってシステムリソースの用意が柔軟（Elastic）に、即時・随時可能（OnDemand）

になり、スケール調整手法の選択肢が増えました。これらの変化は、クラウド事業者がシステムリソースをソフトウェアで操作可能なリソースとして提供することで実現されています。クラウド事業者がサーバーやネットワークをソフトウェアで実装・制御することで、システムリソースをソフトウェアで操作可能なリソースとして提供できるようになりました。うまく活用すると、システムリソース需要に対していい感じに必要十分なシステムリソースを供給する状況を実現できます。

　一例としてインフラにスケール変更を自動で行う機能（オートスケーリング）が導入されることが多くなっています。オートスケーリングは発生したシステムリソース需要をもとにリアクティブにシステムリソース供給を増やす手法です。ただ、今のところ、オートスケーリングだけでエラーなくシステムリソース需要を満足させられることはほとんどありません。

　代表的には、以下の課題があります。

- システムリソース需要が変化してからスケール変更が完了するまでにリードタイムがかかる（リードタイムの間はユーザーを待たせ、待たせ過ぎるとエラーになってしまう）
- いざシステムリソースを増やそうとしたら、インフラ基盤側のキャパシティが売り切れで増やせない

このように現実的な問題が多々あり、現時点ではプロアクティブ＋リアクティブな対応が必要です。

クラウドサービス側のキャパシティ売り切れ

　Amazon Web Services（以下、AWS）のAmazon Elastic Compute Cloud（以下、EC2）がキャパシティ売り切れになった場合、EC2インスタンス起動時にInsufficientInstanceCapacityというエラーが発生し、EC2インスタンスの起動に失敗します。このようなケースは決して稀ではなく、日常的にありえる出来事です。筆者の個人的な経験では、年に何度かクラウドサービスのキャパシティ売り切れに遭遇します。AWSの場合は、AWS自身がエラーの回避方法や対策を公開しているので、次のURLを参照してください。

- EC2インスタンスの開始または起動時に発生する、InsufficientInstanceCapacityエラーのトラブルシューティング
  https://aws.amazon.com/jp/premiumsupport/knowledge-center/ec2-insufficient-capacity-errors/

■ 必要十分なキャパシティの見積りかた

　必要十分なキャパシティの事前予測は不可能なので「試す」アプローチが必要です。そのために負荷試験をします。負荷試験をしても精緻な事前予測や必要十分量の保証は不可能です。しかし、負荷

試験をすると現実的なキャパシティについて検討する土台となるデータを獲得できます。このデータは負荷試験以外の手法では獲得できません。

　システム負荷起因のシステムトラブルは恐ろしいものです。サービス開始直後にシステム負荷起因のトラブルでサービスを中断し再開まで1ヶ月間かかったソーシャルゲーム、初売りの福袋を年内にまともに販売できなかったECサイトなど、残念な事例が多々あります。負荷試験とパフォーマンスチューニングを適切に行うことで、このような事態に至るリスクを低減できます。

1-5 ┃ パフォーマンスチューニング"きほんのき"

まずは落ち着いて以下を心がけてください。

- いきなり手を動かさない
- 勘で行動しない
- 「きほんのき」から「きほんのん」まで読んでから、考えて、行動する

　もしあなたが天才で豪運であれば、上記を守らなくても成果が出ます。筆者は自力でコンスタントに成果を出したいので、才能や運に頼らないアプローチを紹介します。パフォーマンスチューニングに取り組むための基礎知識をまず獲得しましょう。

▌推測せず計測する

　「推測するな計測せよ」という格言があります。データ（計測結果）を出発点とすることで、さまざまな理論や知識を適切に利用できる可能性が出てきます。計測すべき対象は、多岐に渡ります。典型的にはWebサービスを構成する要素それぞれの、システムリソース利用状況・レイテンシ・スループットを計測します。

　負荷試験などでシステムに対して意図的に負荷を与える場合、被負荷側（負荷を処理する＝チューニング対象）のシステムだけでなく、与負荷側（負荷を与える側）のシステムもモニタリングしておきます。与負荷側が計測上の律速要因になることもままあります。

　パフォーマンスチューニングの中では、負荷試験の結果とその時の計測結果が成果です。高速になったという結果だけでなく、高速にならなかったという結果も等しく重要です。

▌公平に比較する

　2つのデータを比較するときは、前提条件を揃えて比較しなければなりません。俗に、apple to

appleで比較すると言います。アプリケーションバージョン、スペック、設定値、ウォームアップ状況、与負荷状況など、意図的に変更したところ以外は同じ2つのデータを比較することで、変更箇所と結果の関係が推察できるようになります。

　多くの方はご家庭のインターネットの速さ（技術的には利用可能なネットワーク帯域）が曜日や時間帯によって大きく変わることを経験していると思います。この事象の主な原因はインターネット接続事業者などが提供している設備をわたしたちが他者と共有していること、他者の利用状況の影響を受けてわたしたちが利用可能な物理リソース量が変動することです。クラウドインフラも物理リソースを他者と共有するサービスなので、クラウドインフラを利用しているWebサービスの場合、結果データには共有サービスならではの誤差（結果データから見たノイズ）が含まれています。ある条件での計測を1回だけではなく複数回実施することで、ノイズの影響を軽減・判別できます（個人的には1セットあたり3〜5回実施することが多いです）。

　対策実施後の計測ではどうしても効果を期待してしまうため、効果があったと思いがちです。しかし、よく考えたら実はノイズでした（あるいは誤差でした）ということがままあります。ノイズの排除は統計的手法を用いることで的確に行うことができますが、統計的手法で検定しなくてもほとんどの場合はボトルネックにアプローチできれば結果があからさまに変わります。そのため、小さな差にこだわらない読解力を持つほうが効果的です。

■1つずつ比較する

　パフォーマンスチューニングをしていると、効果がありそうな対策を複数思いつき、それらをまとめて適用したくなることがよくあります。ISUCONのように時間的制約が非常に強い場合はさておき、基本的には可能な限り1項目ずつ対策を適用し、それぞれの効果を検証するのが良いです。実際、原理主義的にやるのはハードルが高いものの、試行ごとの差を少なくすると有意なデータが獲得できます。

制約理論

　　制約理論（TOC：Theory of Constraints）は、全体のスループットはボトルネックのスループットに律速するという考え方です（図6）。元々は経営系のSCM（Supply Chain Management）最適化などで活用されてきた理論ですが、Webサービスを高速化するときにも当てはまります。

・処理の連鎖をひとかたまりと捉え、全体最適を図る
・ボトルネックへの対処だけが意味がある
・ボトルネックがなくなる＝すべての処理のスループットが同じになる
・現実にボトルネックがなくなることはほぼなく、ボトルネックは移動し存在し続ける
・スループットが必要以上になったから「ボトルネックが事実上ない」という状況はありえる

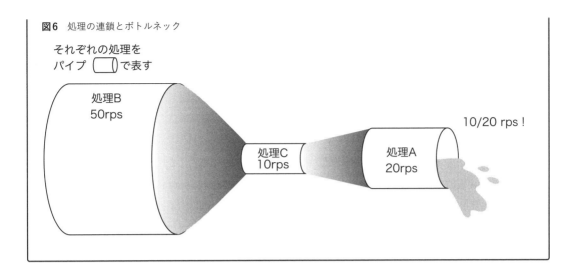

図6　処理の連鎖とボトルネック

それぞれの処理を
パイプ　　　で表す

処理B
50rps

10/20 rps！

処理C
10rps

処理A
20rps

1-6　パフォーマンスチューニング"きほんのほ"

　パフォーマンスチューニングというと、チューニング（調律）の語感からか、大枠や構成要素・処理内容・処理方法を変えず調整することをイメージしがちです。しかし、実際の制約条件は異なることが多々あります。また、ISUCONはレスポンス内容を維持することを要件としていますが、実務ではそうとも限りません。画面上に律速要因となる表示項目があり、その項目を画面から削除することで非常に大きな効果を見込め、かつ利用者が少ない場合、情報デザインを変更してその項目を削除する判断もありえます。

　速いWebサービスをつくるのと、Webサービスを速くするのは根本的に違うアプローチです。大枠や構成要素・処理内容・処理方法を変えずに、たとえばWebアプリケーションのロジックに手を入れずにできる高速化手法はありますが、これは遅いを遅くないにすることしかできません。ほとんどの場合、遅くないを速いにするにはWebアプリケーションに手を入れる必要があります。

ボトルネックだけにアプローチする

　パフォーマンスチューニングにおいて必要なことは、ボトルネックを解消することです。エンジニアは、ボトルネック解消のために必要なことをしなければなりません。ボトルネックが守備範囲外・得意領域外にあったとして、ボトルネックでない箇所に手を入れてもパフォーマンスチューニング的な効果はありません。あなたの今の守備範囲・得意領域・知識・経験がどのようなものであれ、成果につながるのはボトルネックを解消することだけです。「ボトルネックに」と繰り返しているのは、実はボトルネックでないところに手を入れると、効果がないばかりか逆効果になることがままあるのです。

- 例：コンビニでレジ待ちが行列状態なのに、入口と店内を広くしてお客さんを呼び込んでも、時間あたりの売上は増えない。レジ待ち行列が長くなるだけ

いわゆる「鉄板・定番のチューニング手法」は、1つ1つ分析・特定する手間を省いてくれることが多いので、あらかじめ意味や効果を理解し、影響を予測した上でさっと活用できると良いです。

ボトルネックの特定は外側から順番に

Webサービスの構造を理解し、適切にモニタリングできれば、ボトルネックを見つけることができます。ボトルネックが発生している原因やボトルネックの解決方法がわからなくても、問題箇所がどこかは切り分けできるのです。

まずはマクロ視点で全体を俯瞰し、データの流れを把握します。データの流れに沿ってそれぞれの要素の入口と出口で所要時間を計測し、また同時にそれぞれの要素のシステムリソースの利用状況を確認し、ボトルネックを見つけ出します（図7）。所要時間が長い（あるいは長くなっていく）要素や、システムリソースが不足している要素は怪しいポイントです。

システムリソース上限の問題がある場合、特徴的なシステムリソースの時系列推移になることがあります。たとえばCPU利用率が100%に張り付く、ネットワーク転送量が一定値あたりをウロウロするなどがあります。2021年の一般的なWebサービスにおいてボトルネックになりがちな箇所はCPU、メモリ、ディスクI/O、ネットワークI/Oです。

ボトルネックとなっている要素を切り分けていく時は、Webサービスに対するデータ入出力の流れの、一番外側から順番にやっていきます。

図7　システムリソース利用状況からボトルネックを見つける

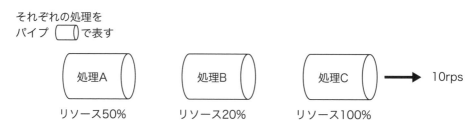

システムリソースを100%使い切っているのは、必ずしも悪いことではありません。システムリソースをちょうどよく使い切っている、一番コストパフォーマンスが良い状態かもしれません。

繰り返しになりますが、ボトルネックを解消すると、新たなボトルネックが必ず発生します。仕組み上、この繰り返しは永遠に続きます。しかし現実には想定される負荷や調達可能なシステムリソースは有限なので、想定される負荷を滞りなく処理できるようになるか、調達可能なシステムリソース

をこれ以上ないくらい使い切ったところが限界値です。

■ボトルネック対処の基本3パターン

　ボトルネックの箇所が特定できたら、原因の推定のためにマクロからミクロのアプローチに切り替えます。モニタリングの方針を切り分けから深堀に変更し、APMやプロファイリングを活用して原因を特定していきます。ボトルネックに限らず一般的に、課題の対処指針として解決／回避／緩和の3種類の考え方があります。

- 解決：課題になっている事象を根本から解決する
- 回避：課題になっている事象がボトルネックにならないよう迂回・省略する
- 緩和：課題になっている事象の影響を和らげる

　Webサービス高速化の文脈では、表2のようなアプローチが考えられます。

表2　課題へのアプローチ方法

考え方	アプローチ
解決	・該当箇所がボトルネックでなくなるよう処理方法を変更する
	・速いWebアプリケーションを書き直す
回避	・構造や仕組みなどを変えて、処理そのものを不要にする
	・処理結果をキャッシュし使い回す
緩和	・配置変更、設定変更、スケールアウト、スケールアップなどを行い、ボトルネックの程度を緩和する

　ほとんどの場合は課題を解決するのが望ましいものの、解決せずとも回避で済む場合は回避のほうが目先の対応コストが小さく済みます。ボトルネックを解決または回避できた場合、ボトルネックは新たな箇所に移動します。回避も解決もできない場合は、緩和を狙います。ボトルネックが別に移るほどの効果はなくとも、少しでも和らぐよう対処する方針でアプローチします。解決／回避／緩和は考え方の指針であり、分類するための指針ではありません。実装するときにはこれらの考え方を組み合わせて効果的なボトルネック対処方法を検討し実装します。

　対処に熱が入ってくるとより効果が高いアプローチに熱心になりがちですが、Webサービスの高速化に意味があるのは個々の要素の高速化ではなく一連の処理の全体最適化だと思い出してください。ある対処によりその要素がボトルネックでなくなっているのであれば、その要素をさらに高速化するよりも先にやることがあります。

1-7 ┃ パフォーマンスチューニング "きほんのん"

　Webサービス高速化は、簡単ではありません。再現性の高い理論と手法を獲得したとしても、一筋縄ではいかないケースが多くあります。手と頭を何度も何度も動かして試行錯誤しましょう。Webサービスを高速化すること（パフォーマンスチューニング）の具体的な活動は、負荷試験を実施→Webサービスを改善→負荷試験を実施→……を繰り返すことです。パフォーマンスチューニングの段取りは、以下のとおりです。

　1. 負荷試験計画
　2. 実施準備
　3. 負荷試行→結果確認→改善→負荷試行→結果確認→改善……

　パフォーマンスチューニングのゴールをどこに置くかは難しい問題です。負荷試験計画をたてる段階で決めておかなければなりません。Webサービスは高速であれば高速であるほど良いとは言うものの、現実的にはどこかで線を引かなければなりません。想定ユーザー数をもとにしたピーク時の利用状況を前提に算出することが多いものの、パフォーマンスチューニングに掛けられる期間や開発体制の規模によっても妥当なゴールは変わります。

　ハイパフォーマンスなWebサービスを実現することに目を向けると、利用可能なシステムリソースを増やすためには投資（単位：円やドル）が必要です。システムリソース増強のためのインフラ投資は慣れていないとためらいがちです。しかし、お金は等価交換可能なリソースです。時間や機会のような等価交換不可能なリソースを獲得するためにお金を局所的に投入することは、多くの場合、適切な・良い選択肢です。

　改善活動の所要時間・効果の予測やインフラ投資の判断は、経験を積んでも難しいものです。ISUCONのようなコンテストで自分の身の程を知り、同じ題材でトップレベルのエンジニアによる本気の取り組み方・考え方を学ぶのは自身の成長にとても有用です。ISUCONのお題となるアプリケーションは多くが典型的なアンチパターンを実装しています。事前学習・訓練になるので、改善活動の効果を大きくしたり、改善や投資判断の精度・速度を上げる役に立ちます。

▌負荷試験の各工程の概要

　負荷試験計画フェーズでは、何のために・どのように・どの程度まで負荷試験を実施するかを決定します（表3）。特に、目的の項目が重要です。目的は、負荷試験の取り組み・意思決定全ての基盤なので、よく考えて優先順位を明確にします。実施期間は有限です。あらかじめ優先順位を明確にして

おくことで、時間の使い方や意思決定がスムーズになります。

　パフォーマンスの改善が難航し、計画した負荷試験が実施期間内に完了できなくなることがあります。残念ながらよくあります。たとえば、既存システムのリプレースの場合は、想定ユーザー数をかなり正確に予測できるわけで「この試行負荷に対処できていない場合はWebサービスをローンチしない（できない）」という判断がありえます。工程が押して実施期間が少なくなった場合には「この試行負荷まで確認できている場合は大々的にPRする」「実施期間の関係でシナリオ・試行回数・試行時間を減らし、試行負荷の向上に注力する」といった判断がスムーズにできるようになります。

表3　負荷試験の概要

項目	内容
目的	何のために負荷試験を行うか決定する。 （どれを、どの優先順位で実施するか） 例：目標性能を達成できることを確認する 例：いまの構成での最高性能を確認する 例：長時間連続稼働しても問題なくサービス提供が継続できるか確認する
シナリオ	どのような負荷をかけるか決定する。 （どのような行動をとるユーザーを何％と想定するか） 複数シナリオを用意したり、同時並行で実施したりすることもある。 例：ログイン→カレンダー表示→予約枠選択→確認画面→予約実行という行動をとるユーして1回やりなおすユーザーが5%
試行負荷	負荷量観点での試行計画を決定する。 例：同時2000ユーザー
試行回数	回数観点での試行計画を決定する。 例：試行ごとに1セット3回
試行時間	時間観点での試行計画を決定する。 （短いと定常的な高負荷状態が確認できず、長いとたくさん試行しづらい） 例：1回あたりwarm up 1分・負荷3分。warm upの間は10秒あたり20%ずつ段階的に負荷を増やす 例：1回あたり4時間
実施期間	負荷試験全体の実施期間を決定する。 スケジュール・実施環境・予算を確保する。 レポーティングが必要な場合はその準備～実施期間も確保する。 実施期間中、アプリケーションやインフラ改善のために必要なエンジニアリソースの確保も忘れずに行う。

　実施準備フェーズでは、表4のような準備をします。

表4　実施準備フェーズでの準備

項目	内容
与負荷環境	負荷を与える側の環境を準備する。 （極力自動化・省力化し、手軽に気軽に何度も繰り返せるようにする） 例：与負荷環境構築、モニタリングをセットアップ、シナリオ実装 ※ DoS攻撃と間違われてトラブルが発生しないようインフラ事業者に確認・相談
被負荷環境	負荷を受け止める側の環境を準備する。 （利用中の本番環境でやらない！通常利用に影響が出る可能性大） 例：環境構築、モニタリングをセットアップ、データ用意、実施許可申請、リソース制限緩和申請　など 例：本番環境との環境差異がない／ほぼない／あるが影響を推定可能な環境に被負荷環境をつくる 例：データを本番と極力そろえる（データ量・値のばらつきやバランスは重要） ※ DoS攻撃と間違われてトラブルが発生しないようインフラ事業者に確認・相談

　負荷試行・結果確認フェーズのポイントは、以下のとおりです。

- 負荷をかけながら手動でも利用してみて使用感を確かめると良い
- 実施時間・実施結果・メトリクス・ログをセットで自動的に記録しておくと良い
  - ・例：ダッシュボードの日時指定機能を使ってURLを生成しておく
  - ・例：Slackにpostしておく、チケットを作成しておく
- 実施結果の内容を都度解釈する
  - ・パフォーマンス：X並列でYユーザーがN分間で操作完了
  - ・異常の有無：エラーレスポンス、システムエラー、不審な挙動、不安定なレスポンスタイム
  - ・ボトルネックは移動したか
  - ・それぞれの値、リソースメトリクスの値が想定通りに変化したか
- 与負荷環境側のメトリクスも同時に確認する（与負荷側がボトルネックになり、十分な負荷が生成できないケースもままある）

負荷試験のよくある誤解と小ネタ

・負荷試験をするとパフォーマンスが向上する？

　いいえ。負荷試験によってパフォーマンスやキャパシティが向上することはありません。負荷試験→改善試行を繰り返す「パフォーマンスチューニング活動」によって、パフォーマンスやキャパシティの改善を実現していきます。

・負荷試験をしたからもうこれで性能面は安心？

　いいえ。どれだけ負荷試験をしても「性能保証」にはなりません。何だかんだ言って、実際のトラフィックを負荷試験で予測・実現することはできません。どうしても負荷試験はある程度「きれいな」トラフィックになってしまいます。与負荷側の多様性は、リアルに再現しきれません。シミュレーション≠リアルですが、それでも、負荷試験は絶対に実施すべきです。負荷試験をすると、大丈夫かどうかはわからないけれど、ダメかどうかはわかります。負荷試験でダメなら本番はまず間違いなくダメです。また負荷試験をすると、負荷が高くなったときにどこから壊れそうか、Webサービス利用者が増えて差し迫った状況になる前に確認できます。

・負荷試験って時間かかりすぎじゃない？

　時間はかかります。かかりすぎかはわかりませんが、多くの場合、時間（とコスト）をかける価値があると思います。筆者の経験上、きちんとやろうと思うと最低3週間、長いと数ヶ月かかります。期間はテストの試行回数、負荷量、シナリオ数、シナリオの複雑さ、そして必要な改善の量と期間によって大きく変わります。特に短期間で実施する場合はシナリオ数を減らし、多くの場合はシナリオ1つ（最大10操作程度）で実施します。シナリオに含まれない他の機能や操作は、負荷をかけている間に手動目視で様子を見て代替することがあります。

・負荷試験ってどれだけやればよいの？

　やろうと思えば永遠にできます。ゴールがないのが玉に瑕。負荷試験計画の段階でゴールを明確にしてから始めましょう。

1-8 | まとめ

本章では、本書で目指す高速なWebサービスについて前提条件を学習しました。

- Webサービスが利用者の役に立つため・市場競争で優位に立ち存続可能性を高めるために、高速であることは重要な要素だということ
- 高速なWebサービスかを判断するために用いる指標はレイテンシであること
- 速さとキャパシティは別指標だが関連していること

また、高速化を実践するにあたり重要な基本事項を学習しました。

- Webサービスの高速化は感性でなく論理でアプローチできること
- 本書を通じて理論と実践手法を学び、実践を通じて習得すると、再現性のある手法で高速なWebサービスを実現できるようになること

本章では、Webサービス高速化の基礎理論について述べました。Webサービスの高速化に取り組んだときに何から手を付けてよいかわからない方や、成果が出たり出なかったりする方には本章が特に役に立ちます。

本章は抽象的な議論が多かったものの、次章からは内容が具体的になり読みやすくなります。本書を一通り読んでからまた第一章を読み直すと、新たな発見・納得があることでしょう。

Chapter

2 モニタリング

本章では、Webアプリケーションにおけるパフォーマンスを計測する技術であるモニタリングについて解説します。Webサービスを高速化するときに重要な作業がモニタリングです。高速化の対象がどのように遅くなっているのかを正しく把握できなければ、どのように高速化を行うべきなのかが分からず見当違いの部分を修正してしまうことになります。本章以降で実際に行う負荷試験や高速化の下地として、モニタリングとは何か、そしてどのようにモニタリングを行うべきかといった考え方について紹介します。

2-1 モニタリングとは - インフラにおけるテスト

モニタリング（Monitoring）とは何でしょうか。直訳すると監視、傍受、観察などの意味があります。Webサービスを提供する側にとってのモニタリングは、Webアプリケーションやそれらを提供する基盤となる部分の状態を計測するという意味合いで使われます。提供しているWebサービスが正しく動いているか、基盤におけるCPUリソースは想定した利用率になっているかなどの状態を計測します。提供しているサービスが想定している形に動作しているかどうかを確認するという性質を持つことから、**モニタリングは継続的なテストである**とも呼ばれています[注1]。

昨今のWebサービスは24時間365日提供されていることが多くなりましたが、提供している時間中、常に状態を確認することは人間にはとても難しい作業です。1分に1度、Webブラウザで自分のアプリケーションが正しく動作しているかを確認する作業を進んでやりたいと感じる人は少ないでしょう。そのため、人間が動作確認する際に行われる通信を摸倣した上で、機械的に状態を確認するソフトウェアが利用されています。

確認するだけではなく、正常状態でなくなった場合には人間に対して通知する機能もあります。これにより、通知を受け取ったときのみ人間が詳細に対応し最低限の労力でサービスを安定して提供できます。これらの通知は、**アラート**と呼ばれています。24時間動作しているアプリケーションの場合は、どの時間に誰がアラートを受け取って対応するかをチーム内で取り決めておくこともあります。自社で輪番を決めたり、タイムゾーンの異なる場所で生活している人と役割を分担したり、24時間モニタリングすることを生業としているMSP（マネージドサービスプロバイダ）企業に外注したりすることもあるでしょう。

サービスが正しく動いているというモニタリングをすることは、1章1節「"高速であること"は現代のWebサービスの必須要件」で述べた「高速であること」を保証し続けることでもあります。パフォーマンスをモニタリングし続けて、どのようにアプリケーションが動いているか、どのような場合にアプリケーションが遅くなってしまうかを観測することがアプリケーションの高速化に繋がります。

また、サービスの状態を機械的に取得して保存しておくことで、同じ正常状態であったとしても状

注1　奥一穂（kazuho）さんが提唱しています。http://developer.cybozu.co.jp/archives/kazuho/2010/01/cronlog-52f2.html

態の変化を捉えることができます。サービスを提供し続けるなかで、「高速でなくなった状態」を素早く検知できることは、人間が「修正が必要な状態である」ことを観測し、「高速な状態に戻す」作業が素早く行えることでもあります。機械的に取得することで、僅かな変化を見逃すことなく対応することができます。

さらに、メトリクスを長期的に保存しておくことで、どのように傾向が変わったのかを捉えられるようにもなります。たとえば、トップページが1秒以内に表示できること、つまりレイテンシが1秒以内であることを正常状態とします。もしレイテンシが1秒を超えてアラートを受け取ったとき、普段はレイテンシ0.1秒であったものが徐々に遅くなって1秒を超えたのか、少し前まではレイテンシ0.1秒だったものが突然1秒以上になったのかでは起きている事象が異なります。常に表示までに何秒かかっているかを確認し、この違いを判断できるようにしておくことは、アラートを受け取った後の行動の助けになります。

レイテンシなど、その時の状態を定量的に示した値を**メトリクス**と呼びます。メトリクスを時系列順に保存しておき、どの時間帯にどのような状態になっていたかを可視化しているものを**モニタリンググラフ**[注2]などと呼びます。図1のように可視化しておくことで、値の変動が徐々にであったのか、突発的であったのかをすぐに確認できます（レイテンシは、レスポンスタイムとも呼びます）。

図1 Webアプリケーションのレイテンシを時系列に並べたグラフの例

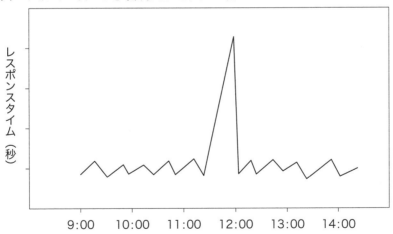

また、いくつかのグラフなどの有用な情報を1つの画面に並べ、俯瞰的に状態を把握する画面を作成することもあります。この画面を**モニタリングダッシュボード**と呼びます[注3]。

注2　単に、グラフと呼ぶこともあります。
注3　大きいディスプレイに全画面で表示し、状態を共有することもあります。

2-2 ┃ モニタリングに対する考え方

　Webアプリケーションは日々変化します。毎日デプロイすることで動作しているコードが変わったり、利用者の多い他のWebサービスに紹介されて突然アクセスが増加したりもします。ISUCONのように8時間後までに高速化しなければいけないということもあるでしょう。イベントではなくても、ある時点までに高速化をしておく必要のある場面はあります。

　日々変化するWebアプリケーションにおいて重要なのは、一貫した変わらない視点でモニタリングすることです。モニタリングを行う際にはモニタリングする目的を確実に定めて、チーム内で共有しておきましょう。

　Webサービスによってこれらの目的は異なります。

　たとえば、ユーザーからのリクエストに対してとにかく高速に返答することが目的の場合もあれば、返答はゆっくりでも良いのでリクエストした順番通りにレスポンスを行うことが目的の場合もあるでしょう。これらの目的には、全員に共通する正解はありません。モニタリングする対象のWebサービスがどのようなアプリケーションであるのか、また組織の状況などによっても異なります。状況によって目的が変化するということは、同じ組織の同じアプリケーションであっても時間が経過すれば目的が変わることもあるということです。現状に即していないと感じ始めた段階で、柔軟に変化させることも必要でしょう。

　1章3節「Webサービスの負荷」でも述べたとおり、Webアプリケーションを改善して高速化するという目的で取り組む際に、正しいボトルネックを発見することは非常に重要です。もしあなたがCPU利用率はどのぐらいだろうかと確認したいとなった時に、同時にメモリの使用容量も確認できるでしょうか。2つならなんとか確認できるかもしれませんが、Webサービスを提供する時にチェックしておくパラメータは他にも存在するでしょう。実際に目視で確認することで大まかなチェックはできますが、後からもう一度確認したいという需要もあるでしょう。

　このときにダッシュボードが役立ちます。どのようなタイミングでどのように状態が変化したのかを定量的に見比べることができます。同じ時間帯の複数のリソース状態を見比べるのはもちろんのこと、昨日の同じ時間帯はどうだったのか、先月はどうだったのか、去年はどうだったのかなどの視点を持つことで、将来をある程度予測することが可能になります。お昼時に負荷が上がるようなWebサービスを提供している場合は日中帯はリソースを増やし、夜間帯は減らすといった対応を取れるようになります。そして、Webアプリケーションに対して行った変更がパフォーマンスにおいてどのような変化を起こしたのかも可視化できます。

　Webアプリケーションの変化と共に、問題点も変化し続けます。俯瞰して見比べることで、その時々の問題を正しく認識し、正しく処理し続けることが可能になるでしょう。

2-3 ┃ モニタリングの種類

モニタリングは、大きく2つに分けることができます。外形監視と内部監視です。

▍外形監視

外形監視はその名のとおり、実際に動作しているアプリケーションを外側の視点からモニタリングする手法です（図2）。実際に提供しているサービスを利用しているユーザーとほぼ同じ経路を用いてアクセスを行い、サービスが正しく動作しているかを確かめることが主な目的です。近年では**Synthetic Montoring**とも呼ばれます。Webサービスにおいては、主にユーザーに提供しているHTTPエンドポイントに対して実際にHTTPリクエストを行い、レスポンスコードが意図したものであるか、レスポンスボディに想定している文字列が入っているなど意図した状態になっているかを確かめます。定期的にモニタリングすることで、HTTPレスポンスにかかった時間に大きな乱れがないかを確認したり、エラーが発生した割合を計測したりします。

図2　外形監視の一例

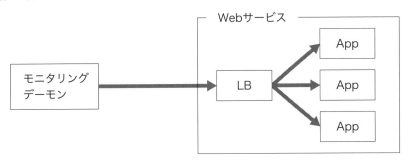

具体的には、Webサービスが動作しているところとは別にモニタリング用のデーモン[注4]を起動させておき、そのデーモンから外形監視を行います。できるだけユーザーの近くから行うことでネットワーク的な接続トラブルが発見できるという利点がありますが、多くの場合ではユーザーが不特定多数であることから完全な再現は現実的ではないため、ある程度コストと天秤にかけて決定します。また、複数の独立した組織が管理する拠点から同時にモニタリングすることが理想的ですが、一組織が自作するにはコストが大きくなってしまうためSaaSとして外形監視を提供している企業も存在します[注5]。これらのサービスでは、前述のように特定の時間軸におけるレイテンシを可視化したり、どのような

注4　バックグラウンドで常駐稼働するアプリケーションをデーモンと呼びます。
注5　株式会社はてなが提供するモニタリングサービスのMackerel (https://mackerel.io/) や、パブリッククラウドのAmazon Web Servicesが提供するAmazon CloudWatch Syntheticsなど。

エラーがどの程度出ていたかをブラウザ上で確認したりできるため有用です。

　シンプルなHTTPレスポンスをモニタリングする場合もありますが、よりユーザーの体験に近づけるために**シナリオテスト**を行う場合もあります。Webサービスにログインする、ユーザーのマイページを正しく表示する、Webサービスからログアウトするといったユーザーが行う動作をシナリオとして記述し、一連の操作全てが正しく行えるかをモニタリングするテストです。ISUCONにおけるベンチマーカーも「正しくDOMが生成されているか」、「一定時間で正しくタイムアウトされているか」を確認するシナリオテストを行う外形監視です。

▌内部監視

　内部監視もその名のとおり、動作しているアプリケーションの内側からモニタリングする手法です（図3）。外形監視がユーザーから見える部分をモニタリングしていたのに対し、内部監視ではユーザーが見えない部分の状態をモニタリングし、それらが意図しない状態になっていないかを確かめることが主な目的です。Webサービスにおいては主に動作しているWebアプリケーションやOS、ミドルウェアなどのメトリクスを取得し、リソースが過不足なく存在しているかや減少傾向になっていないかを確認します。

図3　内部監視の一例

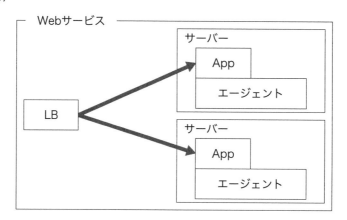

　具体的には、Webサービスが動作している環境でモニタリング用のデーモンを立ち上げておき、そのデーモンがメトリクスの収集とモニタリングを行います。このデーモンは**エージェント**と呼ばれています。複数のサーバーを用いてWebアプリケーションを動かしている場合は、それぞれのメトリクスを取得するためにエージェントを各マシンごとに起動させることが多いです。また、Webアプリケーションやミドルウェアごとに取得するメトリクスは違うため、それぞれのエージェントを起動しておいたりします。1つのWebサービスを提供する際には、複数のエージェントを起動することが多くなります。

2-4 手動でのモニタリング

ではここから、実際にモニタリングを行っていきます。まずは、Linuxサーバーにおける単純なモニタリングを行ってみましょう。前述した定義に当てはめると、Linuxコマンドを用いた手動での内部監視です。

CPU利用率やメモリ使用容量などのリソースがどのぐらい搭載されていて、どのぐらい利用されているかを表示するコマンドが提供されています。LinuxにおいてはCPU利用率であればtop、メモリならfreeコマンドがこれらに当たります。以下に示すのは、Linuxサーバー上でtopコマンドを実行した際の出力例です。

```
$ top
top - 00:00:00 up 1 min,  1 user,  load average: 0.51, 0.29, 0.11
Tasks: 107 total,   1 running, 106 sleeping,   0 stopped,   0 zombie
%Cpu(s):  0.5 us,   0.0 sy,  0.0 ni, 99.5 id,  0.0 wa,  0.0 hi,  0.0 si,  0.0 st
MiB Mem :   3496.5 total,   3003.6 free,    143.5 used,    349.5 buff/cache
MiB Swap:      0.0 total,      0.0 free,      0.0 used.   3192.8 avail Mem

   PID USER      PR  NI    VIRT    RES    SHR S  %CPU  %MEM     TIME+ COMMAND
     1 root      20   0  103016  12656   8348 S   0.0   0.4   0:01.78 /sbin/init
     2 root      20   0       0      0      0 S   0.0   0.0   0:00.00 [kthreadd]
     3 root       0 -20       0      0      0 I   0.0   0.0   0:00.00 [rcu_gp]
     4 root       0 -20       0      0      0 I   0.0   0.0   0:00.00 [rcu_par_gp]

(以下略)
```

%Cpu(s)という列にCPU利用率が表示されています。各項目の詳細は後ほど紹介するとして、idと書かれているものがidle、つまり利用されていないCPU利用率を指し、それ以外の項目の合計値が利用されているCPU利用率を指します。CPUが一定間隔の中でどのぐらいの時間idleであったかを算出している値であるため、**CPUのアイドル時間**とも呼ばれます。現在は、idの値が99.5となっています。CPU利用率が100 - 99.5 = 0.5%であり、ほぼCPUが利用されていない状態になっています。

次に、freeコマンドの実行例を示します。--human (-h)オプションによってhumanreableに、つまり人間が読みやすいように単位を付けてメモリ使用量を表示します。

```
$ free --human
              total        used        free      shared  buff/cache   available
Mem:           3.4Gi       142Mi       2.9Gi       0.0Ki       352Mi       3.1Gi
Swap:            0B          0B          0B
```

Memという列に、メモリの総量とその中でどのぐらい利用されているかが表示されています。total か らこのマシンには3.4GiBメモリが搭載されており、usedから142MiB利用していることが分かります。

これらのコマンドを実行して目視で確認することで、CPUリソースとメモリリソースがどの程度 利用されているかを確認できます。

実際に、CPU利用率を疑似的に上昇させてみましょう。stressコマンドは、CPUに負荷をかけてサー バーの性能を試験できます。以下にstressコマンドの実行例を示します。

```
$ stress --cpu 2
stress: info: [8480] dispatching hogs: 2 cpu, 0 io, 0 vm, 0 hdd
```

このコマンドを実行したまま、別のターミナルを開き、topコマンドとfreeコマンドを実行してみ ましょう。

```
$ top -cd1
top - 12:37:37 up 46 min,  2 users,  load average: 1.52, 0.64, 0.25
Tasks: 104 total,   3 running, 101 sleeping,   0 stopped,   0 zombie
%Cpu(s):100.0 us,  0.0 sy,  0.0 ni,  0.0 id,  0.0 wa,  0.0 hi,  0.0 si,  0.0 st
MiB Mem :   3496.5 total,   2804.3 free,    140.3 used,    552.0 buff/cache
MiB Swap:      0.0 total,      0.0 free,      0.0 used.   3190.8 avail Mem

   PID USER      PR  NI    VIRT    RES    SHR S  %CPU  %MEM     TIME+ COMMAND
  8482 vagrant   20   0    3856    104      0 R  99.0   0.0   1:15.06 stress --cpu 2
  8481 vagrant   20   0    3856    104      0 R  98.0   0.0   1:14.89 stress --cpu 2
     1 root      20   0  168676  12684   8360 S   0.0   0.4   0:01.52 /sbin/init
     2 root      20   0       0      0      0 S   0.0   0.0   0:00.00 [kthreadd]

(以下略)
```

%Cpu(s)の項目を参照すると、先ほどは99.5となっていたidの値が0.0となり、代わりにusの値が 100.0になっていることが分かります。この場合、CPU利用率が100%でありリソースを使い切って いる状態であることが分かります。また、%CPUの項目を見ることにより、各プロセスがどの程度 CPUを利用しているかを確認できます。topコマンドの実行結果から3行抜粋します。

```
                                  ↓ 各プロセスのCPU利用率
   PID USER      PR  NI    VIRT    RES    SHR S  %CPU  %MEM     TIME+ COMMAND
  8482 vagrant   20   0    3856    104      0 R  99.0   0.0   1:15.06 stress --cpu 2
  8481 vagrant   20   0    3856    104      0 R  98.0   0.0   1:14.89 stress --cpu 2
```

stressコマンドによるCPU利用率は99.0%です。このプロセスが多くのCPUリソースを利用して いることが分かります。

次に、freeコマンドの結果を再度実行してみましょう。

```
$ free --human
              total        used        free      shared  buff/cache   available
Mem:          3.4Gi       140Mi       2.9Gi       0.0Ki       552Mi       3.1Gi
Swap:            0B          0B          0B
```

freeコマンドの結果を見てみると、大きく変化があったtopコマンドの結果と異なり、何も動いていなかったときとほぼメモリ利用量に変化がないことが分かります。これらの結果から、現在はメモリリソースがボトルネックにはなっておらず、CPUリソースがボトルネックになっている状態ということが分かりました。stressコマンドをWebアプリケーションに置き換えて考えると、このようなモニタリング結果であれば、WebアプリケーションのCPU利用率を下げるような変更を加えるべきであるという結論を導き出すことができます。

今回はtopとfreeを紹介しましたが、このようにLinuxのリソースを表示するコマンドはいくつも存在します。リソースの全体概要を確認できるvmstatやdstat、OS内に保存された情報を表示するsarなどが代表的です。「たった今どのようになっているかをすぐに知りたい」という場合では紹介したようなコマンドを用いて状況の把握を行います。しかし、Webサービスを提供している24時間365日の間、常にコマンドを手動で実行し結果を記録することはほぼ不可能です。そのため、自動的にメトリクスを収集するモニタリングツールを用います。

2-5 モニタリングツール

モニタリングツールは、次のような機能を持つソフトウェアおよびSaaSです。

- メトリクスを自動で収集し、保存する
- 保存したメトリクスをWebブラウザなどで時系列順に表示する
  - ・集計用のクエリなどで表示を切り替えられる
- メトリクスが特定の閾値に達すると通知を行う

ソフトウェアやSaaSによって特定の機能が存在していなかったり、他のソフトウェアと組み合わせる前提であったりする場合もありますが、概ねこれらの機能を持つものをモニタリングツールと呼びます。さまざまなツールが公開・販売されていますが、本書ではSoundCloud社のエンジニアが開発した後にOSSとして公開されたPrometheus[注6]と、Prometheus向けに開発されたLinuxにおけるリ

注6　https://prometheus.io/

ソース取得エージェントであるnode_exporter[注7]を用いて、以降の説明を行います。Prometheusはモニタリングツールの中では後発のソフトウェアですが、後発の分、過去のツールの良いところが組み込まれており、非常に利用しやすいソフトウェアになっています。執筆現在においてWebアプリケーションのモニタリングを行う場合、選択肢の1つには必ず挙がるソフトウェアでしょう。

2-6 ┃ モニタリングツールのアーキテクチャ

　モニタリングツールには、大きく分けてプル型（Pull）とプッシュ型（Push）の2つのアーキテクチャが存在します。内部監視をする場合は、どちらのアーキテクチャにおいてもモニタリング対象のアプリケーション動作環境内に、モニタリングを行うためのエージェントを動作させます。モニタリングアプリケーションから内部監視のようにアプリケーション動作環境固有の情報を取得したい場合、取得するたびにSSHなどのリモート通信用のプロセスを利用していると効率が悪いです。そのため、一定のタイミングで効率良く情報を収集し、モニタリングアプリケーションとメトリクスをやり取りすることがエージェントの責務です。

　プル型は、モニタリングアプリケーションがエージェントへメトリクスを取得するアーキテクチャです（図4）。モニタリングアプリケーションがクライアントとしてエージェントにメトリクス取得のリクエストを送信し、エージェントはリクエストを受け取ったときのみメトリクスを収集しモニタリングアプリケーションに送信します。

図4　プル型モニタリングの概要図

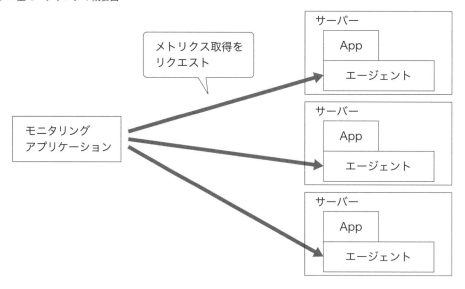

注7　https://github.com/prometheus/node_exporter

　このようなアーキテクチャにすることによって、メトリクスの取得間隔をモニタリングアプリケーション側から管理できたり、エージェント側の実装をシンプルにできたりするメリットがあります。今回、本書で取り上げるPrometheusもプル型に属します。エージェントの実装であるnode_exporterは、内部の実装としてはシンプルなWebサーバーです。PrometheusからHTTPリクエストを受け取ったタイミングでLinuxに関連するメトリクスを取得し、HTTPレスポンスとして応答します。

　プッシュ型は、エージェントがモニタリングアプリケーションへメトリクスを送信するアーキテクチャです（図5）。1分おきなど所定のタイミングでエージェントがメトリクスを収集し、収集したメトリクス情報をモニタリングアプリケーションに対して送信します。

図5　プッシュ型モニタリングの概要図

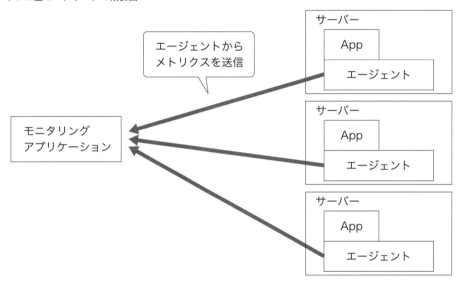

　このようなアーキテクチャにすることによって、エージェントが動作しているサーバーにおけるポートに対する接続を許可する必要がない点がメリットとして挙げられます。多くの場合、モニタリングアプリケーション1つに対してモニタリング対象のサーバーが複数存在する傾向にあります。また、多くのサーバーはサーバーの外から内へのアクセスは限られたポートのみが許可されており、逆に内から外へのアクセスは緩く設定されているパターンが多いです。プル型の場合は外から内へのアクセスとなるためモニタリングアプリケーションからエージェントにアクセスするためにポートへの接続許可を追加する作業が必要になりますが、プッシュ型であれば内から外へのアクセスとなるためモニタリングアプリケーションにアクセスできるよう1台のサーバーにおける接続許可設定を変更すれば良いため、管理が楽になります。

　プッシュ型のもう1つのメリットとして、モニタリングアプリケーション側の設定を変更せずともモニタリング対象の増減が可能になることが挙げられます（図6）。プル型の場合、モニタリングアプリケーションがモニタリング対象のサーバー全てのリストを保持しておく必要があります。そのため、

モニタリング対象の変動が激しい環境では、その都度モニタリングアプリケーションの設定の変更が必要になるため管理が煩雑になる場合があります。

図6 サーバが増えるときもモニタリングアプリケーションは設定変更不要

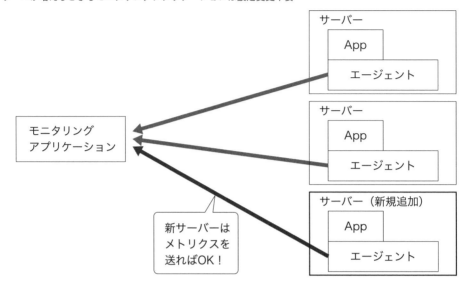

今回、例として用いるPrometheusはプル型のアーキテクチャが採用されています。しかし、前述した欠点を補うような機能やエコシステムが用意されています。Prometheusはモニタリング対象のリストをモニタリングアプリケーション側で保持していますが、APIなどを経由して動的にモニタリング対象のリストを変更できるService Discoveryという機能を有しています。これはパブリッククラウドのAPIからモニタリング対象のサーバーの一覧を取得してリストを更新したり、DNSレコードを参照してリストを更新する機能です。また、プッシュ型のようにPrometheusに対してメトリクス値を送信するための外部デーモンとしてPushgateway[注8]というソフトウェアも用意されています。

このようにプル型のデメリットがモニタリングアプリケーションの機能によって解消されていたり、その逆も行われています。そのため、プル型とプッシュ型のどちらが優れているアーキテクチャであるという決まりはなく、モニタリングアプリケーションの実装を選定する際の考慮に入れる程度で問題ないでしょう。

モニタリングツールの歴史的な変遷

今回はモニタリングツールの一例としてPrometheusを採用しましたが、その他にもモニタリングを用いるOSSやWebサービスが存在します。定期的なコマンド実行結果からアラートを発報するNagios[注9]や、

注8　https://github.com/prometheus/pushgateway
注9　https://www.nagios.org/

SNMP（Simple Network Management Protocol）と呼ばれるプロトコルを用いることでメトリクスを収集した結果をグラフ表示するRRDtool[注10]とCacti[注11]の組み合わせ、アラート発報機能とリソース収集機能の両方を組み合わせたZabbix[注12]などがWebサービスの黎明期から現在に至るまで利用されています。これらのアプリケーションの多くは、プル型で実装されていました。

　しかし、インターネットが一般的になりWebサービスに要求される性能の上昇に伴って、Webサービスが利用するサーバーの台数が増え、多くのサーバーに対して定期的にコマンドを実行するコストやサーバー台数の管理が懸念となってきました。これらの懸念を解決するため、プッシュ型を採用するソフトウェアが多くなりました。Sensu[注13]やStatsD[注14]がその一例として挙げられます。また、これらのモニタリングをSaaS型のWebサービスとして提供する事業者も出てきました。たとえば、Datadog, Inc.のDatadog[注15]や、株式会社はてなのMackerel[注16]などです。これらは顧客のサーバーにエージェントをインストールすることで、リソース情報をサービス側に送信するプッシュ型を採用しています。

　前述のとおり、Prometheusはベースがプル型でありながらその問題点を解消することに成功しているソフトウェアです。これは、Prometheusが行ったいくつかの発明によって成り立っています。Prometheusとexporterは、HTTPベース[注17]のプレーンテキストでやり取りします。本文で紹介したOpenMetricsは、元々Prometheusが利用していたフォーマットを標準化したものです。プレーンテキストかつリクエストを受け取った際にメトリクスの計測を行えば良いため、エージェントの実装が以前と比べて非常に楽になり、さまざまなミドルウェア向けのexporter開発が高速に進みました。さらには、Webアプリケーションに直接OpenMetricsフォーマットのモニタリング用エンドポイントを追加する例も見かけるようになりました[注18]。

　モニタリングアプリケーションであるPrometheusは、OpenMetricsに沿っていればどのようなメトリクスでも収集できるため、多くのexporterが開発され収集されています。Prometheus本体もよりスケールすることを可能にするために、Remote Storage[注19]やAgent mode[注20]などの開発が活発に進んでおり、プッシュやプルなどの境界は薄まってきています。

■ エージェント node_exporter

　内部監視の一例として、Prometheusにおけるエージェントの中で、Linuxにおけるシステムメトリクスを取得できるnode_exporter[注21]を紹介します。node_exporterは正確にはUNIXライクなカーネル

注10　https://oss.oetiker.ch/rrdtool/

注11　https://www.cacti.net/

注12　https://www.zabbix.com

注13　https://sensu.io/

注14　https://github.com/statsd/statsd

注15　https://www.datadoghq.com

注16　https://mackerel.io

注17　プレーンなHTTP(S)の他にgRPC/Protobufを用いることも可能です。

注18　kubeletやkube-apiserverなどのKubernetes用コンポーネントには標準で搭載されています。https://kubernetes.io/docs/concepts/cluster-administration/system-metrics/

注19　Prometheusの動作するサーバー上ではなく、外部ストレージにメトリクス情報を保存する機能です。https://prometheus.io/docs/prometheus/2.32/storage/#remote-storage-integrations

注20　Remote Storageを活用するために、ダッシュボード機能などをオフにし、メトリクスを収集することに特化した機能です。https://prometheus.io/docs/prometheus/2.32/feature_flags/#prometheus-agent

注21　https://github.com/prometheus/node_exporter

向けのソフトウェアですが、今回はLinux上で利用する想定で進めます。

　node_exporterは、Linuxホスト1台につき1つインストールされます。モニタリングアプリケーションであるPrometheusからメトリクスを取得するためのリクエストを受け取ると、現在の状態を収集しHTTPレスポンスとして返却します。node_exporterにHTTPリクエストを実際に送ることで、Prometheusが収集する値を確認することができます。node_exporterへ手動でcurlコマンドを実行し、そのレスポンスを確認してみましょう。詳細な環境構築方法については割愛するため、公式ドキュメント（https://prometheus.io/）を参照してください。

　curlコマンドを用いて実行を確認するコマンドを次に示します。

```
# curlコマンドを用いてnode_exporterにHTTP GETリクエストを行う
$ curl localhost:9100/metrics
```

　HTTPレスポンスとして、以下のような出力が得られます。以下はレスポンスを一部抜粋したものです。

```
# HELP go_goroutines Number of goroutines that currently exist.
# TYPE go_goroutines gauge
go_goroutines 7
# HELP go_info Information about the Go environment.
# TYPE go_info gauge
go_info{version="go1.16.7"} 1

# HELP node_cpu_seconds_total Seconds the CPUs spent in each mode.
# TYPE node_cpu_seconds_total counter
node_cpu_seconds_total{cpu="0",mode="idle"} 202.35
node_cpu_seconds_total{cpu="0",mode="iowait"} 0.76
node_cpu_seconds_total{cpu="0",mode="irq"} 0
node_cpu_seconds_total{cpu="0",mode="nice"} 0
node_cpu_seconds_total{cpu="0",mode="softirq"} 0.35
node_cpu_seconds_total{cpu="0",mode="steal"} 0
node_cpu_seconds_total{cpu="0",mode="system"} 5.41
node_cpu_seconds_total{cpu="0",mode="user"} 5.04
```

　node_exporterを始めとするPrometheus向けに作られたエージェント（Prometheusではデータを出力することからexporterと呼ばれています）のHTTPレスポンスにはフォーマットが定められており、このプロトコルに則っていればPrometheusが収集可能な値として取り扱います。HELPやTYPEはそのメトリクスがどのようなものかを示すメタデータであり、その直後にメトリクス値を示します。このフォーマットは、**OpenMetrics**[注22]という標準化されたフォーマットです。これらの値をもとに

注22　https://openmetrics.io/

Prometheusが値の収集と保存を行い、それらを集計することによって有意な情報を取得することがモニタリングの目的です。

　node_cpu_seconds_total というメトリクスを参照すれば、リクエストを送った時点でどの程度CPUが利用されているかを確認できます。Prometheusはこの結果を記録して表示を行います。この項目は、2-4の節でtopコマンドを用いた際に表示された値と同じであり、機械的に処理しやすい形として表示されています。

node_exporterで取得できるメトリクス

　node_exporterは、多くのメトリクスを取得するアプリケーションです。CPU、メモリ、ディスクI/O、ネットワークなどの情報を取得できます。その他にも、標準設定で多くのメトリクスを取得できます。標準設定で取得できるメトリクスのリストは、ドキュメント（https://github.com/prometheus/node_exporter#enabled-by-default）を参照してください。

　また、node_exporterでは標準では無効化されているものの、起動時のオプションで取得できるようになるメトリクスも存在します。以下は、標準では無効化されているwifiメトリクスが取得できるようになるコマンドです。

```
# --collector.wifiオプションによって標準では無効化されている wifiモジュールのメトリクスが取得できるようになる
$ ./node_exporter --collector.wifi
```

　これらのオプションを有効化することでより多くの情報を受け取ることができますが、メトリクス保存先であるPrometheusへの負荷は増え、メトリクスを保存しているディスク容量の逼迫を進めることになります。当初策定したモニタリングする目的から、どのメトリクスが必要であるかを取捨選択することを筆者は推奨します。どのようなメトリクスなのか理解されないまま収集されているメトリクスは、実際に取得されていたとしても使われることはほぼありません。そのため、最初はnode_exporterなどのソフトウェアをデフォルト設定で起動しておき、必要になったタイミングでオプションを有効化すると良いでしょう。

　今回はnode_exporterにおけるメトリクスについて説明しましたが、これらのメトリクスは他のソフトウェアを利用する場合でも類似のメトリクスが存在することが多く、参考にできます。重要なのは**何を対象として**モニタリングを行うかであり、**何を用いて**モニタリングを行うかは大きな問題ではありません。「Linux上で動作しているWebアプリケーション」に対してモニタリングを行うことが変わらなければ、node_exporter以外のツールを用いる場合でも類似のメトリクスを利用します。

2-7 | 実際にモニタリングを行う

　概念を理解したところで、モニタリングツールを利用した際にどのようなグラフが表示されるかについて紹介します。今節も説明のため、Prometheusを利用します。Prometheusは、Webブラウザ経由でダッシュボードを表示できます。

　起動しているPrometheusにアクセスします。デフォルトであれば、*http://<Prometheusをインストールしたホストの IP アドレス>:9000* にアクセスします。図7のテキストボックスにPromQL（Prometheus Query Language）と呼ばれる計算式を入力することで、収集したメトリクスの情報を集計してグラフとして表示します。

図7　アクセス直後のPrometheusの画面

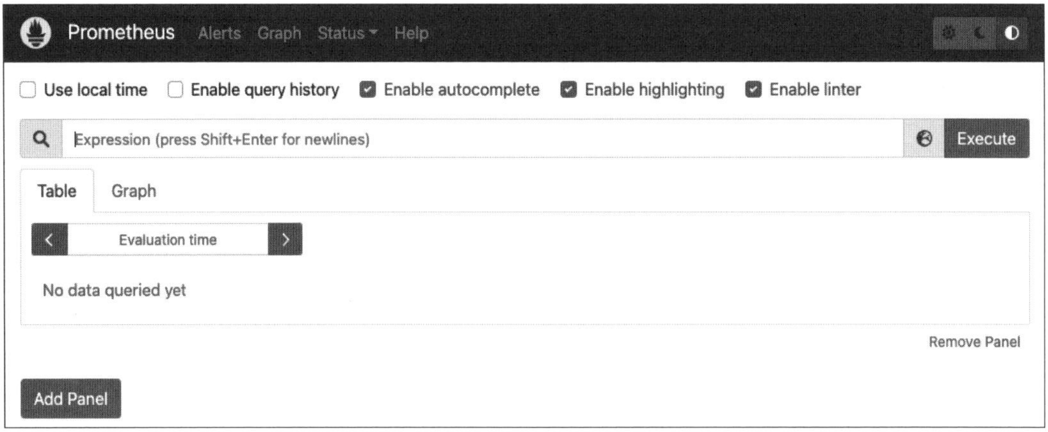

　今回は例として、CPU利用時間を表示するクエリを入力します。CPUが1コアあるサーバーにおいて、`node_cpu_seconds_total`という項目名で保存されているCPU利用時間のメトリクスの、1分ごとの変動値を表示するクエリをリスト1に示します。

リスト1　CPU利用時間を表示するクエリ

```
avg without(cpu) (rate(node_cpu_seconds_total{mode!="idle"}[1m]))
```

　正しく構築されていれば、時間が経つにつれてメトリクスの収集が行われるためグラフが表示されます（図8）。横軸は時間、縦軸はCPU利用時間で、それぞれのデータを積み上げたグラフが表示されます。

図8 CPU利用時間を積み上げたメトリクスを表示したグラフ

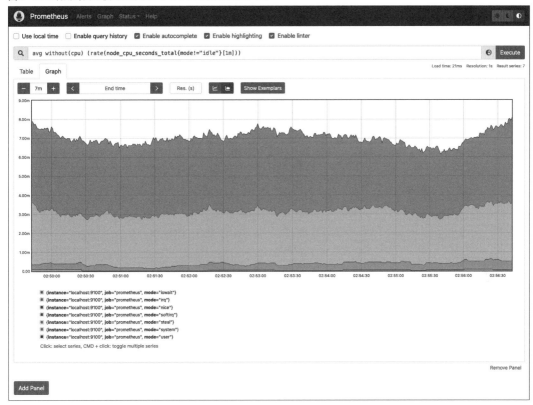

　現在、Webアプリケーションが動作しておらずサーバー上ではPrometheusとnode_exporterが起動しているのみであるため、大きくグラフの値に変動は見受けられません。サーバーに負荷をかけることで、表示されるグラフが変動します。以下のコマンドはCPUに対して負荷をかけるコマンドです。

```
# CPUに対して負荷をかける
$ stress -c 1
stress: info: [76785] dispatching hogs: 1 cpu, 0 io, 0 vm, 0 hdd
```

　コマンドの実行後、グラフの値が増加しており、負荷が上昇したことがわかります（図9）。このようにサーバー内部に手動でログインすることなく、負荷が上昇していることを可視化できるようにするのがモニタリングツールです。

図9　CPU負荷が上昇すると同時にグラフの値も増加する

　今回はCPU負荷について紹介しましたが、前述したようにさまざまなメトリクスにおいてこのようなグラフを表示できます。さらに、複数のグラフを縦に並べて比較できる、ダッシュボード機能を持つモニタリングツールも存在します。

2-8　モニタリングの注意点

　前節まででモニタリングツールを用いたモニタリングの概要について紹介しました。しかし、実際の運用を進める上ではいくつかの落とし穴があります。本節では陥りがちなポイントを紹介します。

正しい計測結果の見極め

　モニタリング向けのソフトウェアにおいて、グラフを集計する際にはその数字にも注目する必要があります。次にグラフを1つ例示します（図10）。表示している値は横軸が時間、縦軸がCPU利用率です。

図10　値が上昇しているように見えるグラフ

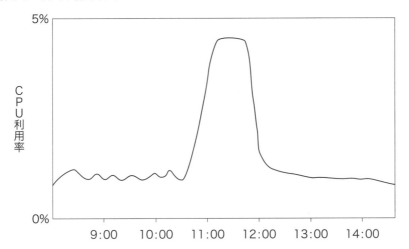

　大きく線が変動しているため、CPU負荷が上昇しているように見えますが、正しくはCPU負荷の上昇はわずかです。縦軸に注目しましょう。

図11　正しくはわずかな負荷上昇しか起きていない

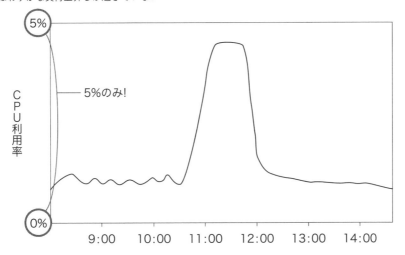

　グラフが描いている線は激しい変動が起きているように見えますが、実際には縦軸の上限は5%し
か変動しておらず、大きく変動していません（図11）。正しい情報を収集するためには、集計作業や
表示が正しく行われていることが必要です。具体的には、表示されているグラフの縦軸と横軸をしっ
かりと認識しておくことが見極めの足がかりとなるでしょう。

　今回はCPU利用率のみがグラフとして描写されていますが、実際にWebサービスを高速化する際
には、さまざまなメトリクスを元に集計したグラフを見比べた上でボトルネックを特定します。大き
な線の動きが見えるとついその部分に注目してしまいますが、グラフに表示されている情報に惑わさ
れないことが重要です。似たようなグラフを見ているつもりでも1つのグラフだけ表示する桁が異なっ
ていたり、非常に高い頻度で線が動いていると思っていたらグラフが1年間分のデータを表示してい
たため、実際にはごくまれに発生する問題だったという取り違えが発生したりします。

　図11においては、縦軸は0%から5%までの5%分が表示されています。取り違えを防ぐためには、
縦横軸両方の上限値・下限値がどうなっているかを確かめるのを欠かさないようにしましょう。2つ
のグラフを比較するときは線の動きを比較することになりますが、この際にグラフの上限値・下限値
が異なっていると正しくグラフを比較できなくなってしまいます。

　多くの場合では、縦軸の値を固定して表示するように設定するのが良いでしょう。たとえば、割合
であれば下限を0%かつ上限を100%と固定するように設定します（図12）。このようにすることでグ
ラフ間で値を取り違えるようなことも防げますし、50%ならちょうど真ん中に描かれるようになるの
で全体に対しての割合を正しく認識することが可能になります。

図12　縦軸を固定することで割合の変化が正しく捉えられる

　よく遭遇する事例としては、マルチコア環境におけるCPU利用率のグラフが挙げられます。各コア

ごとにCPU利用率が存在するため、1コアあたり100%となってしまい、10コア搭載されている場合は1000%が最大値になることがあります。その場合は、Prometheusであればavgを用いて全てのCPUコアにおける平均値を算出するといった加工をしたり、最大値を1000%として取り扱ったりします。

　また、収集したデータに対してどのような処理を行った結果がグラフとして見えているのかも気をつける必要があります。今回のPrometheusのように、計算用クエリを入力してグラフを描写するソフトウェアを利用する場合に顕著に発生する問題です。先ほど例示したCPU利用率を表示するクエリにはrate()という関数が使われていますが、この関数は瞬間的な値の変動を丸めてしまうため、グラフとして現れにくいという特徴があります。自分が利用しているグラフのクエリがどのような特徴を持っているかを把握しておくことで、わずかな変化を捉えられるようになります。

2つのグラフを比較するときは他の条件を合わせる

　前項ではグラフのスケールについての注意点を書きましたが、もし2つのグラフを並べて比較する場合、見極めるデータ以外の値に関しては全て同じ値やスケールを利用することが重要です。データを取得する際にも比較したい情報を合わせ、取得したデータをグラフ化する際にもその条件を合わせることで正しく比較できます。よくあるミスとして、**異なる原点を定めたグラフを比較する**ということがあります。実験条件を比較したグラフを複数作っている際に、似たようなグラフと思い込み比較すると、前提が間違っているグラフ比較になります。

　2つのグラフを見てみましょう（図13）。手法Aと手法Bがあり、その適用前後のグラフを比較すると手法Aのほうが上昇率が高いように見えます。

図13　似ているグラフだが、比較できないグラフ

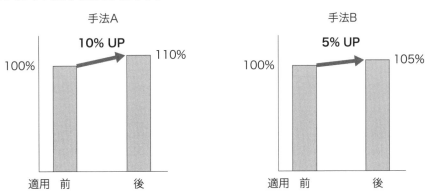

しかし、それぞれの手法における「適用前における100%」が必ずしも同じ値であるとは限りません。正しく2つの手法を見比べるためには、本来比較したい「手法の適用後」以外の要素を合わせて比較します。今回は「適用前の状態」という異なる原点を定めてしまっており正しい比較になりません。正し

く比較するためには、割合ではなく、絶対値でグラフに描き条件を合わせます。単純な比較であればあまり起こりえないように感じるかもしれませんが、似たようなグラフをいくつも取り扱っていたり、長期間でさまざまなグラフを扱っていたりすると意外と気づかずに発生してしまうことがあります。

▌高負荷状態のモニタリング

次の注意点は、モニタリングアプリケーションやエージェントも、CPUやメモリなどのリソースを利用して動いているということです。特に、エージェントはWebアプリケーションなどと同じサーバー上で動作することが多いため注意が必要です。

Webサービスを運用する過程や、もしくは何らかの負荷試験を行う場合、Webアプリケーションの負荷が上昇し、Webアプリケーションが稼働しているサーバー上でリソースが不足することも多く発生します。このときに、エージェント用のアプリケーションもリソースを利用して動いていることには注意が必要です。高負荷状態ではエージェントの動作が不調になるなどの問題が発生することがあります。多くのエージェント実装ではこのような問題を解決するため、少ないリソースで動作するように実装されていますが、完全に問題がゼロにはなりません。

また、負荷試験などで計測する際には**負荷試験のために発生する負荷**についても考慮します。Webサービスの負荷試験を行う場合、**Webアプリケーション**、**モニタリングするエージェント**、**負荷試験を行うHTTPクライアント**が必要になりますが、これらを同じサーバーに設置することは避けます。特に負荷試験を行うHTTPクライアントは、Webアプリケーションの性能限界を測るために非常に多くのHTTPリクエストを送信するので、多くのリソースを利用します。1台のサーバー上で動作するWebアプリケーションの性能を検証するための負荷試験において、負荷試験を行うHTTPクライアントのリソースは考慮しなくても良いように、外部からHTTPリクエストを送信するアーキテクチャを採用することを推奨します（図14）。多くのユーザーからアクセスがあった場合にできるだけ負荷試験時のアーキテクチャを近づけることで、正しい負荷試験を行うことが可能になります。

図14 正しい負荷試験のためには正しいアーキテクチャが必要

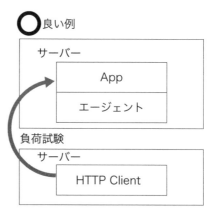

　このように考えると、モニタリングするエージェントも1台のサーバー上に設置されていると不正確な負荷試験が発生してしまうかのように思えます。しかし、多くの場合同じサーバー上で設置して負荷試験を行います。なぜなら、負荷試験を行う環境は**実際に本番環境で運用する環境にできるだけ近づけるべき**であるからです。負荷試験の環境と本番環境に乖離が出てしまう場合、負荷試験時では耐えられたHTTPリクエストに本番環境では耐えられない状況が発生してしまうためです。

　負荷試験が終わった後は、その結果をもとに実際のWebサービスを提供する環境にデプロイを行います。その際には日々の運用として同じサーバー上に、モニタリングするエージェントを起動しておくことで日々のモニタリング結果を収集できます。さらに負荷試験を正しく行いたい場合は、「RFC 2544 Benchmarking Methodology for Network Interconnect Devices」も参考になります。本RFCはネットワーク機器に対する負荷試験時の考え方についてのものですが、Webサービスを運用する上でも参考になる考え方が記載されています。

モニタリングの解像度

　メトリクスは、状態を切り取ってその結果を保存した結果です。グラフにするためには一定間隔でメトリクスを取得することが必要ですが、この**一定間隔**には適切な値が存在します。

　たとえば、1分おきにメトリクスを収集するとします。5分間高負荷な状況が続いていた場合は、最大で5回メトリクスが収集されるため、負荷が高かった状態を記録できるでしょう。30秒間、高負荷な状況が続いていた場合はどうでしょうか。1分おきにメトリクスを収集している場合、メトリクスを収集する間隔の中に30秒間が収まってしまうと、負荷が高かった状態を素早く補足できません。これは負荷が上がるという事象に対して、**解像度が低い、足りていない状態**と言えます。Webサービスのメトリクスを取得する場合、できるだけリアルタイムに解像度が高くなるようにしておくことで、**隠れていた異常を見つける**ことが可能になります。

　リクエスト送信開始〜レスポンス受信完了までは1秒以内に収めると考えた場合では、1リクエストが処理されている間に起きたことに関しては取得できません。そのため、断続的にリクエストがくるような環境では見逃してしまう危険性があります。もちろん、解像度を高めることで扱うメトリクスの量が増えるため、PrometheusなどのモニタリングアプリケーションのCPU負荷が上昇したり、利用するディスクサイズが大きく増加したりします。たとえば、ISUCONのベンチマーカーのように1分間の負荷試験を行う場合は、数秒単位の短い間隔でメトリクスを取得し、Webサービスの平常運用中など長期的に取得し保存しておく場合は、それよりも長い間隔でモニタリングを行うといった調整をすると良いでしょう。

アプリケーションに対するモニタリング

　本文ではCPU利用率を例に取ってモニタリングを紹介しましたが、もちろんそれだけではなくOS上で動作するWebアプリケーション内部についてもモニタリングを行うことは有用です。アプリケーションが意図した状態で動作しているかを確認することで、意図しないエラーや性能低下を避けることができます。

　アプリケーションの内部でどのようにリソースを利用しているのかを調査するツールを**プロファイラ**と呼び、言語に問わずさまざまなものが用意されています。特に、ソースコードのどの行でどの程度時間がかかっていたかを可視化するツールを**ラインプロファイラ**と呼びます。WebアプリケーションプロセスにおけるCPU利用率が増えている場合は、ラインプロファイラを用いて、どの関数が特にCPU時間を利用しているのかを確かめる手法を採ります。また、ラインプロファイラによってそれぞれの関数におけるCPU実行時間を階層状に積み上げたグラフとして可視化する**Flame Graphs**[注23]も多く利用されています（図15）。

図15　Flame Graphsの一例

		DB_New Conn	DB_SELECT	⋯	
render	⋯	DB_Get User			⋯
handle_Get Index		handle_Get User			⋯

　近年は、**Microservices（マイクロサービス）アーキテクチャ**が多く採用されるようになってきました。Webサービス1つにつき1つの大きなWebアプリケーション[注24]ではなく、Webサービスの機能ごとに小さな（マイクロな）Webアプリケーションを作り、複数のWebアプリケーションで1つのWebサービスを提供するアーキテクチャです。このアーキテクチャを採用する場合、1リクエストの処理に複数のWebアプリケーションが介することになります。そのため、1つのWebアプリケーション上で動作するラインプロファイラだけでは、1リクエストにかかったリソースを捉えることができません。

　この問題を解決するために、**分散トレーシング**と呼ばれる手法が提唱されています。これを実現するためにプログラミング言語、OSS、クラウドベンダーなどから多くのソリューションが提供されています。Perlアプリケーションにおける分散トレーシングをAmazon Web Services社が提供する「AWS X-Ray」を用いて行う事例が公開されているため、詳細については『WEB+DB PRESS Vol.111 Perl Hackers Hub』を参考にしてください[注25]。分散トレーシングを含めた、Tracing、Logging、Metricsの3つを主要素としたモニタリングの考え方を**Observability（可観測性）**とも呼びます。また、紹介したWebアプリケーションに対するモニタリングは**APM（Application Performance Management）**と呼ばれており、こちらも管理するソフトウェアやSaaSが存在します。

注23　https://www.brendangregg.com/flamegraphs.html
注24　Microservicesと対比して、Monolithic（モノリシック）と呼ばれたりします。
注25　Webでも収録内容が公開されています。第56回　AWS X-Rayによる分散トレーシング—マイクロサービスのボトルネック，障害箇所の特定（1）：Perl Hackers Hub｜gihyo.jp … 技術評論社（https://gihyo.jp/dev/serial/01/perl-hackers-hub/005601）

2-9　ログに対するモニタリング

　ここまではサーバー上の状態におけるメトリクスのモニタリングについて説明しましたが、この他にもWebサービスを提供する上でモニタリングを行うことはあります。その1つがログに対するモニタリングです。Webアプリケーションやミドルウェアが出力するログをリアルタイムでモニタリングし、その結果をもとに処理を行います。

　たとえば、nginxやApache HTTP ServerなどのWebサーバーが出力するアクセスログなどがあります。アクセスログは、概ね1アクセスに対して1行のログが出力されます。Webサーバーのアクセスログで用いられるCombined Log Formatでのアクセスログの例をリスト2に示します。

リスト2　Combined Log Formatでのアクセスログの例

```
192.0.2.1 - - [01/Jan/20XX:01:00:00 +0900] "GET / HTTP/1.1" 200 4 "" "Mozilla/5.0 (Windows NT 6.1) 
AppleWebKit/535.1 (KHTML, like Gecko) Chrome/13.0.782.112 Safari/535.1"
192.0.2.1 - - [01/Jan/20XX:01:01:00 +0900] "GET / HTTP/1.1" 200 4 "" "Mozilla/5.0 (Windows NT 6.1) 
AppleWebKit/535.1 (KHTML, like Gecko) Chrome/13.0.782.112 Safari/535.1"
192.0.2.1 - - [01/Jan/20XX:01:01:00 +0900] "GET / HTTP/1.1" 200 4 "" "Mozilla/5.0 (Windows NT 6.1) 
AppleWebKit/535.1 (KHTML, like Gecko) Chrome/13.0.782.112 Safari/535.1"
```

　1アクセスに対して1行のログ出力がなされるため、一定時間ごとの行数を数えることで、どの時間帯にどのぐらいアクセスが来ているかについてモニタリングできます。この例では、01:00に1アクセス、01:01に2アクセスされたことが分かります。これらの結果を集計した上でモニタリングツールに記録することにより、時間あたりのアクセス数の推移をモニタリングできます。

　ログを集計し、Prometheusに送信するツールの一例としてはmtail[注26]があります。ログファイルを監視し特定のパターンがマッチした場合、Prometheusにその行数などを記録します。HTTPアクセスログに適用することで、リクエスト数やレイテンシを集計し可視化することが可能になります。Prometheus以外にも、Mackerelであればmackerel-plugin-axslog[注27]が存在していますし、同様の目的でアクセスログではなく、Webサーバーが提供する統計情報を用いて処理するものも存在しています[注28]。

　パフォーマンスチューニングの文脈においては、アクセスログに記録されるリクエストごとのレイテンシを記録しておくことで、どのエンドポイントがどのぐらい遅いかを可視化することが多くあります。これを可視化することにより、どのエンドポイントを高速化するべきであるかについても即座に可視化し取り組むことができます。実際に可視化する例については、3章4節「パフォーマンスチュー

注26　https://github.com/google/mtail
注27　https://github.com/kazeburo/mackerel-plugin-axslog
注28　https://prometheus.io/docs/instrumenting/exporters/#http

ニング 最初の一歩」以降に後述します。その他にも、エラーログをモニタリングした上でのアラートなども考えられます。たとえば、リスト3に示すような、ログの先頭にエラーの緊急度が記載されているようなエラーログを考えます。

リスト3　エラーの緊急度が記載されているエラーログ

```
[INFO] AAA
[WARN] BBB
[ERROR] EEE!!!
```

この場合でも、HTTPにおけるステータスコードと同様にそれぞれのエラーがどのぐらいの頻度で発生しているのかをモニタリングツールで記録しておくことが有用でしょう。構造的にモニタリングしておくことで、ERRORは1行でも発生すればすぐに対応、WARNは1分に10件以上発生していれば対応が必要などのルールを柔軟に実装することが可能になります。

2-10 まとめ

本章では、以下のことについて学びました。

- モニタリング（Monitoing）とは何であるか、行う意義
- モニタリングの種類
- 実際のモニタリング手法
- モニタリングの際に考慮する点

第3章では本章で紹介したモニタリングを参照しながら、実際に負荷試験を行う方法について学びます。さまざまな試験を継続的に行い、モニタリング対象や参照するメトリクスについても継続的に更新しましょう。

Chapter 3 基礎的な負荷試験

本章では、性能を改善したいWebサービスに対して負荷試験を行う方法を紹介します。負荷試験によって性能上の問題を明らかにし、その問題を修正した上で再度試験を行い、実際に性能が改善されているかを確認するという、一連の作業の流れを解説します。Webサービスの性能を改善するためには、まず現状の性能を数値化して評価する必要があります。ここでは性能を数値化するための負荷試験を実行するソフトウェアを、ベンチマーカーと呼びます。

ベンチマーカーはWebサービスに対して機械的に多数のリクエストを送信して負荷を与え、レスポンスを得るために掛かった時間などの結果を数値として出力します。パフォーマンスチューニングを行ったあとに再度ベンチマーカーを実行し、数値が向上しているかどうかを確認することで、パフォーマンスが改善されたという確証を得ることができます。性能を数値化しない状態で何らかの変更をしたとしても、その変更に効果があったのかなかったのかは確認できません。確実に性能を改善したい場合は、闇雲に性能が向上するであろうと見込んだ変更をするのではなく、計測可能な数値によって評価することが必要です（図1）。

図1 チューニングのサイクル

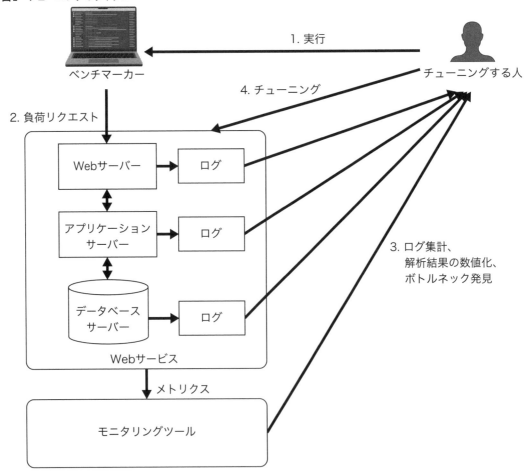

3-1 ‖ 本書で扱うWebサービス private-isu

本書では以降の章で、あるWebサービスを題材にしてパフォーマンスチューニングや負荷試験の方法を学んでいきます。まず、題材となるWebサービスについて説明します。

https://github.com/catatsuy/private-isu

このWebサービスは、本書の第6〜8章を執筆している金子達哉氏（catatsuy）が中心となって2016年にピクシブ株式会社で開催された社内ISUCONのために作成し、一般に公開しているものです[注1]。2021年には修正が行われ、株式会社PR TIMESでの社内ISUCONでも使用されました[注2]。このリポジトリには、Go、Ruby、PHPの各言語によるWebアプリケーションの実装と、Goによるベンチマーカーの実装が含まれています。本書では、パフォーマンスチューニングを行う対象のWebアプリケーションとして、private-isuのGoとRubyの各実装を使用します。

‖ private-isu の仕様と動作環境

private-isuで提供されるWebサービスは、Iscogramという名前の画像投稿サイトです。ユーザー登録機能とログイン機能があり、ログインしたユーザーが画像を投稿したり、投稿された画像に対してコメントを書き込めたりする機能があります。このWebサービスには各言語実装によるWebアプリケーションの他に、動作させるために次のOSやミドルウェアが必要です。

- OSとして Ubuntu Linux（20.04LTSを想定）
- データを保存するRDBMSとして MySQL
- セッション管理のストレージとして memcached
- Webサーバー兼リバースプロキシとして nginx

‖ 手元でprivate-isuを動作させる

読者の環境でprivate-isuを動作させるために、次の3つの方法が提供されています。

1. Amazon Web Services（以下、AWS）のAmazon Elastic Compute Cloud（以下、EC2）でアプリケーションが構築済のマシンイメージからインスタンスを起動する方法

2. Dockerで動作させる方法

注1　https://devpixiv.hatenablog.com/entry/2016/05/18/115206
注2　https://developers.prtimes.jp/2021/06/04/times-isucon-1/

3. Vagrantで動作させる方法

　ここではEC2で動作させる方法と、Dockerで動作させる方法を説明します。

　なお、本章ではこの後のパフォーマンスチューニングを、Amazon EC2上で動作させたWebサービスに対して行う前提で解説します。DockerやVagrantで動作させる場合は、実行しているローカルマシンの使用状況や他に動作しているアプリケーションの影響で、実行ごとのパフォーマンスの変動が大きくなります。マシン上で動作しているWebサービス以外の要因によるパフォーマンスの変動が大きい場合、結果の変動がチューニングの成果なのか、それ以外なのかを判断するのが難しくなります。そのため、EC2を前提に説明します。

█ Amazon EC2でprivate-isuを起動する

　AWSのリージョン「Asia Pacific ap-northeast-1 (Tokyo)」で、README (https://github.com/catatsuy/private-isu#ami) に記載されているAMI[注3] IDを使用してインスタンスを起動します。起動するインスタンスタイプはC5.largeなど、コンピューティング最適化インスタンスでCPU2コアのインスタンスタイプの使用が推奨されています。バーストパフォーマンス (T系) インスタンスは負荷試験実行中に安定した性能を発揮できない可能性があるため、推奨されません。

　ネットワークの設定ではPublic IPありに設定し、VPC外からの接続を受け付けられるようにします。HTTPでのアクセスを受け付けるため、セキュリティーグループの設定でTCPのポート80への接続を許可します。接続元に0.0.0.0/0を設定して全世界からのアクセスを許可すると、昨今は無差別にTCP/80へアクセスしてくるボット類がすぐにやってきます。仮にセキュリティ的に問題がないとしても、負荷試験中にベンチマーカー以外の余計なアクセスが発生すると、意図しないパフォーマンス変動の原因となります。会社や自宅など、特定のIPアドレスのみに限定して許可するのが望ましいでしょう。

　EC2インスタンス上で実行されているアプリケーションやミドルウェア、OSを操作するため、リモートログインを行う必要があります。IAMポリシーのAmazonEC2RoleforSSMをアタッチしたEC2インスタンスプロファイルを付与すると、AWS Systems Manager (以下、SSM) によるコンソールログインが可能になります。SSHの接続を外部から許可しなくても接続できるため、この方法をお勧めします。詳しくはAWSのドキュメント[注4]を参照してください。

　SSMを利用しない場合は、外部からTCPポート22への接続を許可し、sshによって接続することになります。その場合、特定のIPアドレスのみを接続元に許可することをお勧めします。AMIから起動した初期状態ではsshdの設定は公開鍵認証のみを受け付けるため、外部から不正にアクセスされても攻撃が成功する可能性はほぼありません。ただし、パスワード認証を有効に設定した場合は不正

注3　Amazon Machine Image
注4　https://docs.aws.amazon.com/ja_jp/systems-manager/latest/userguide/systems-manager-setting-up.html

アクセスの可能性が高まるため、特定のIPアドレスからの接続のみを受け付けることを強く推奨します。

EC2インスタンスが起動したら、インスタンスのPublic IPに対してブラウザで接続してみましょう。仮にPublic IPが203.0.113.1だった場合は、`http://203.0.113.1/`へアクセスします。正常に設定と起動ができていれば、Iscogramのトップページが表示されます。

Dockerでprivate-isuを起動する

Docker[注5]とDocker Compose[注6]によって、private-isuのWebサービスを起動できます。private-isuのGitリポジトリをcloneして、その中のwebappディレクトリに移動し、`docker compose up`を実行することで簡単に起動できます。WindowsとmacOS用のDocker Desktopを使用している場合は、Docker Composeは既に含まれているため、別途インストールする必要はありません。Linuxを使用している場合は、Docker Compose v2[注7]の指示に従ってインストールを行ってください。

MySQLデータベースの初期データはリポジトリに含まれていないため、初回起動時の前にはデータファイルをGitHub Releaseから取得して、`webapp/sql`ディレクトリに保存する必要があります。その後、`docker compose up`で起動すると、初期データをMySQLにインポートする処理が自動で実行されます。初期データのサイズは1GB以上あるため、インポートが完了するまで数分間待つ必要があります。

```
$ cd webapp/sql
$ curl -L -O https://github.com/catatsuy/private-isu/releases/download/img/dump.sql.bz2
$ bunzip2 dump.sql.bz2

$ cd ..
$ docker compose up
(略)
webapp-mysql-1    | [Entrypoint] running /docker-entrypoint-initdb.d/dump.sql   # <- 初期データ取り込み
(略)
webapp-mysql-1    | 2022-01-10T02:31:14.579477Z 0 [System] [MY-010931] [Server] /usr/sbin/mysqld: ready
for connections. Version: '8.0.27'  socket: '/var/lib/mysql/mysql.sock'  port: 3306 MySQL Community
Server - GPL.
```

起動が終わったら、Dockerを起動しているホストにブラウザで接続することで、Iscogramのトップページが表示されます。初期状態では、Ruby実装が起動しています。

このDocker Composeによる環境では、TCPのポート80と3306をホストにマッピングする設定になっ

注5　https://www.docker.com/
注6　https://docs.docker.jp/compose/toc.html
注7　https://github.com/docker/compose

ています。ホスト側で別のプロセスがポート80と3306を使用していると起動できないため、それら
のプロセスがある場合は一旦停止するか、docker-compose.ymlを編集してマッピングするポートを変
更する必要があります。ポートを変更する場合は、docker-compose.yml内のservices以下、nginxと
mysqlのセクションに定義されているportsの定義を変更してください (リスト1)。

リスト1 リポジトリで提供されているdocker-compose.yml

```
services:
  nginx:
    # 略
    ports:
      - "80:80"
  mysql:
    # 略
    ports:
      - "3306:3306"
```

ホスト側のポート80,3306をそれぞれ8080,13306に変更する場合は、リスト2のように修正します。

リスト2 nginxとmysqlのポートを変更する例

```
services:
  nginx:
    # 略
    ports:
      - "8080:80" # nginxがホストに開くポートを8080に変更
  mysql:
    # 略
    ports:
      - "13306:3306"  # mysqlがホストに開くポートを13306に変更
```

実際にprivate-isuを触ってみる

private-isuのWebサービスが起動できたら、挙動を確認するためにブラウザで実際に操作してみましょう。

図2　Iscogramのトップページ

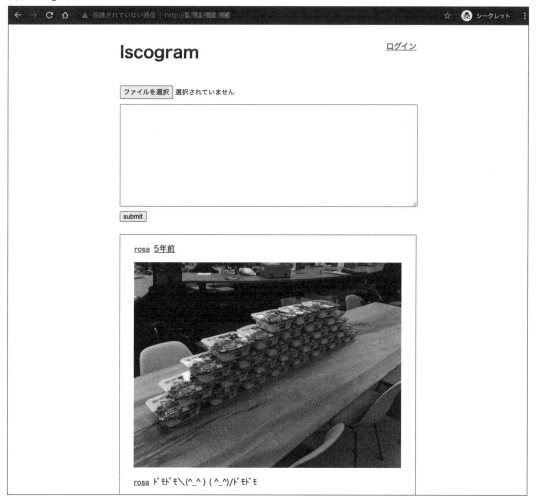

　右上のナビゲーションから［ログイン］をクリックし、［ユーザー登録］に遷移し、アカウント名とパスワードを入力して登録してください（図2、図3）。登録完了後はログインした状態になるので、その状態で画像の投稿やコメントの投稿をしてみましょう（図4）。

図3 ユーザー登録

図4 画像投稿

この一連の操作で、Webサービスに対してブラウザから発行されたHTTPリクエストの流れを一覧にすると次のようになります。インライン画像やCSS、JavaScriptなどの取得は除外しています。

1	GET /	トップページの表示
2	GET /login	ログイン画面の表示
3	GET /register	ユーザー登録画面の表示
4	POST /register	ユーザー登録（その後、HTTPリダイレクトでトップページへ遷移）
5	GET /	トップページの表示
6	POST /	画像投稿（その後、HTTPリダイレクトで投稿された投稿個別ページへ遷移）
7	GET /posts/{post_id}	投稿個別ページの表示

これらのHTTPリクエストを人間が手動で発生させるのではなく、ベンチマーカーから機械的に発行することで、実際の利用状況に近い負荷をWebサービスに与えることができます。

実際にブラウザで操作してみて、体感速度はどうだったでしょうか。提供されている初期状態ではチューニングがされていないためにパフォーマンスが低い状態になっているので、体感でも遅く感じる場面があったのではないでしょうか。しかし、体感速度は数値化できません。ここからは機械的に負荷試験を実行して、現状の性能を数値化していきます。

3-2 　負荷試験の準備

ここからはWebサービスに対して、機械的にリクエストを送信することで負荷を与え、それによって得られた性能を数値化する方法を学んでいきます。ここで数値化する性能とは、具体的にはWebサービスがリクエストに対して処理を行い、レスポンスを返却するまでに要した時間（レイテンシ）や、一定の時間内にレスポンスを返却できた回数（スループット）のことです。

これらの値を求めるには、Webサービスに負荷を与えるベンチマーカー側で計測する方法と、負荷を与えられるWebサービス側で計測する方法があります。ベンチマーカーに備わっている機能で計測する方法は簡単ですが、実運用時にはベンチマーカーで負荷を与え続けるわけではないので、運用中の性能は計測できません。また、ベンチマーカーによって発生するトラフィックはあくまでシミュレーションに過ぎないため、実際に利用者のアクセスによって発生するものとは食い違う場合があります。Webサービス側で性能を計測する方法を用意しておけば、負荷試験中だけではなく実運用中にも計測できます。さらに、この数値をグラフ化することで、運用中に性能が劣化していないかを継続的にモニタリングできるようにもなります。

実行しているアプリケーションに変更が加わった場合にどの時点から性能が変化しているかを観察できれば、仮に性能が劣化するような変更であった場合でも、利用者に大きな影響が出る前に対処で

きる可能性があります。早く問題に気付くことで、Webサービスの安定的な運用が可能になるでしょう。したがって、負荷試験中以外でもWebサービスの性能をサーバー側で計測できるようにしておくことは、大変重要です。

　ここではまずWebサービス側で出力したログによって、性能を計測可能にする方法を紹介します。その後にベンチマーカーによって負荷を与え、ベンチマーカーによる計測とWebサービス側での計測に齟齬がないことを確認します。Webサービスとベンチマーカーでそれぞれ計測した性能値が一致していれば、負荷試験中にはベンチマーカーの出力によって簡単に得られる性能値を信頼できます。

負荷試験環境を用意する

　private-isuは、先に説明したとおり複数の方法で起動できますが、ここからはAmazon EC2で動作させた場合を例に解説します。ベンチマーカーを実行するホストは、本来はWebサービスを実行しているものとは別のホストにするべきですが、本章では簡易的に、Webサービスを実行しているホスト上から`localhost`に対して負荷試験を実行します。

　本章の範囲内で行うパフォーマンスチューニングでは、Webサービスが一定時間内に処理できるリクエスト数はそれほど多くないため、負荷を与えるリクエストを送信する行為自体の負荷（消費するCPU時間やネットワーク帯域）はあまり高くなりません。この状態ではWebサービスが使えるリソースにあまり影響しないため、計測結果に対する影響は軽微です。

　しかし、本章の範囲を超えてチューニングを進めていくと（具体的なチューニングの例は付録Aを参照してください）、Webサービスはさらに低い負荷で高速に大量のレスポンスを返却できるようになります。それに対応してベンチマーカーはより多数のリクエストを送受信することになるため、ベンチマーカーの消費するリソース量が大きくなっていきます。ベンチマーカーがホストに与える負荷が無視できない程度になった場合は、ベンチマーカーをWebサービスとは別のホストで実行する必要があります。そうしないとWebサービスが使用するためのCPUなどがベンチマーカーによって消費されてしまい、実際のパフォーマンスを正確に計測できなくなるためです。

nginxのアクセスログを集計する

　Webサービスの性能を計る数値は多数ありますが、まず最初の指標として、各URLのレスポンスタイム（レイテンシ）を集計して数値化することにします。Webサーバーのアクセスログにアクセスを受けたURLと、リクエストを受信してからレスポンスを返却するまでに経過した時間を記録することで、レスポンスタイムを集計しましょう。

　private-isuで使用されているWebサーバーはnginxです。初期状態のアクセスログのフォーマットはnginxのデフォルトのcombinedと呼ばれる形式で、リスト3のように定義されています。

リスト3　nginx combinedアクセスログ形式の定義

```
log_format combined '$remote_addr - $remote_user [$time_local] '
                    '"$request" $status $body_bytes_sent '
                    '"$http_referer" "$http_user_agent"';
```

　`$`で始まる名前は、nginxで使用できる変数です。それぞれ処理したリクエストやレスポンスの内容に応じた値が出力されます。各変数の意味は、表1の通りです。

表1　nginxで使用できる変数

変数名	意味
`$remote_addr`	リクエストの送信元IPアドレス
`$remote_user`	HTTPで認証した場合のユーザー名
`$time_local`	リクエストの処理完了時刻
`$request`	リクエストのHTTPメソッド、パス、HTTPバージョン
`$status`	レスポンスとして返却したHTTPステータスコード
`$body_bytes_sent`	レスポンスとして返却したHTTPレスポンスボディのバイト数
`$http_referer`	リクエストに含まれるRefererヘッダの値
`$http_user_agent`	リクエストに含まれるUser-Agentヘッダの値

　この定義によって出力される実際のアクセスログは、次のようになります。

```
172.18.0.1 - - [25/Jul/2021:05:04:47 +0000] "GET / HTTP/1.1" 200 34184 "-" "curl/7.77.0"
```

　このcombined形式は、Webサーバーが出力するログの形式としては一般的です。しかし、複数の値がまとめてダブルクォートで括られていたり、ダブルクォートで括られた中には空白が入る可能性があったりするなど、機械的に値を抜き出すために処理するには多少面倒なことがあります。また、リクエストの処理に掛かった時間（レスポンスタイム）が含まれていないため、このままではレスポンスタイムを把握できません。そのため、レスポンスタイムをログに含め、かつ処理しやすいJSON形式で出力するようにnginxの設定を修正します。

■ アクセスログをJSON形式で出力する

　nginxのアクセスログをJSON形式で出力するには、nginxの設定ファイルで`log_format`ディレクティブによってフォーマットを定義します。定義されたJSON形式用のフォーマットを`access_log`ディレクティブに指定してログを出力します。

　設定例は、リスト4の通りです。`log_format`ディレクティブに`escape=json`を指定することで、出力される変数の値にJSON文字列として許されない文字（ダブルクォートやバックスラッシュなど）

が含まれている場合には適切にエスケープし、JSONとして不正な形式にならないよう出力します。

リスト4 nginxでJSON形式のアクセスログを出力する設定例

```
log_format json escape=json '{"time":"$time_iso8601",'
                            '"host":"$remote_addr",'
                            '"port":$remote_port,'
                            '"method":"$request_method",'
                            '"uri":"$request_uri",'
                            '"status":"$status",'
                            '"body_bytes":$body_bytes_sent,'
                            '"referer":"$http_referer",'
                            '"ua":"$http_user_agent",'
                            '"request_time":"$request_time",'
                            '"response_time":"$upstream_response_time"}';

access_log /var/log/nginx/access.log json;
```

EC2インスタンスでは、/etc/nginx/nginx.confに設定します。Dockerで動作している場合は、リポジトリ内のwebapp/etc/nginx/conf.d/default.confの冒頭（server {の前）にlog_formatを記述し、server {の中にaccess_logを記述してください。この例では、デフォルトのcombined形式に存在しない変数がいくつか含まれています。それぞれの変数の意味は、表2の通りです。

表2 利用できる変数

変数名	意味
$time_iso8601	リクエストの終了時刻（ISO 8601形式　例:2021-01-02T15:04:05+09:00）
$remote_port	リクエスト送信元のポート番号
$request_method	リクエストのHTTPメソッド
$request_uri	リクエストのURI
$request_time	リクエスト処理に要した時間（秒）
$upstream_response_time	リバースプロキシとして動作する場合に，プロキシ先からのレスポンスを得るまでの時間（秒）

この例ではWebサービスのレスポンスタイムに相当する値として、$request_timeと$upstream_response_timeの2つの値を出力しています。nginxがWebアプリケーションに対するリバースプロキシとして動作している場合、Webアプリケーションが処理を終えてnginxにレスポンスを返すまでの時間が$upstream_response_timeです。nginxに対してリクエストをしてきたクライアントに、nginxがレスポンスを返すまでの時間が$request_timeです（図5）。

図5　$request\_time$ と $upstream\_response\_time$

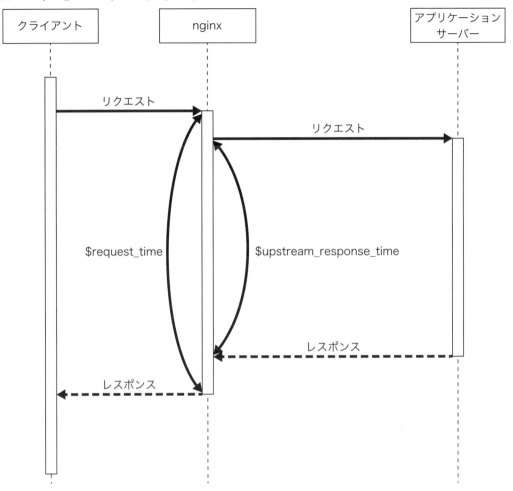

　クライアントからnginxまでのネットワークが十分低レイテンシで帯域が広い場合には、通常この2つの値はほぼ等しくなります。しかし、ネットワークのトラブル時やクライアント側の回線にボトルネックがある場合などは、$request\_time$ と $upstream\_response\_time$ の差が大きくなることがあります。パフォーマンスチューニングをする目的であってもボトルネックの発見に役立つため、両方の値を記録しておくことをお勧めします。

　なお、Dockerで動作している場合はログファイルがコンテナ内の `/var/log/nginx/access.log` に出力されます。しかし、その状態ではこの後で説明するログの集計がやりづらいため、`docker-compose.yml` の `volume` に設定を追加し、ログ出力ディレクトリをホスト側にマウントできます（リスト5）。ただし、Docker Desktop for Macの場合は、ログ出力をホスト側にマウントするとパフォーマンスが大きく劣化する場合があります。

リスト5　コンテナ内の /var/log/nginx をホスト側にマウントする docker-compose.yml の設定例

```
services:
  nginx:
    image: nginx:1.20
    volumes:
      - ./etc/nginx/conf.d:/etc/nginx/conf.d
      - ./public:/public
      - ./logs/nginx:/var/log/nginx  # <- この設定を追加する
```

　nginxの設定を変更した場合、設定に文法的な誤りがないかどうかを検証してから、変更を適用するために再起動を行います。rootユーザーでコマンドとして nginx -t を実行すると nginx は設定ファイルを解釈し、文法的な問題がなければコマンドが正常終了します。最後に test failed と表示された場合は、表示されたメッセージに従って設定を修正してください。

```
nginx -tで設定に問題がなかった実行例
# nginx -t
nginx: the configuration file /etc/nginx/nginx.conf syntax is ok
nginx: configuration file /etc/nginx/nginx.conf test is successful
```

　変更した設定を反映させるためには、nginxの再起動（restart もしくは reload）が必要です。EC2で起動している場合は、rootユーザーで systemctl reload nginx を実行してください。Dockerで起動している場合は、docker compose down して一旦停止した後に docker compose up で起動し直してください。これで nginx のアクセスログにレスポンスタイムを含めて、JSON形式で出力できました。

JSON形式のアクセスログを集計する

　JSON形式のアクセスログを集計する方法を紹介します。もちろん自分でスクリプトを書いたり、jqコマンド[注8]などで集計したりもできますが、ここでは便利な alp[注9] というツールを紹介します。

　alpは、JSON形式やLTSV形式[注10]で保存されたアクセスログを解析するツールです。Go言語で実装されていて、GitHubで配布されている1つのバイナリファイルを配置するだけで動作するため、インストールは容易です。alpはアクセスログをURIとリクエストメソッドごとに集計し、次のような集計値を見やすい表形式で出力します。

- ステータスコードごとのレスポンス回数
- レスポンスタイムの最小、最大、平均、合計、パーセンタイル値 (1,50,99)

注8　https://stedolan.github.io/jq/
注9　https://github.com/tkuchiki/alp
注10　http://ltsv.org/

- 返却したレスポンスサイズ（byte）の最小、最大、平均、合計

アクセスログをalpで処理することで、どのURIにアクセスが多いのか、処理に時間が掛かっているURIや返却するサイズが大きいURIはどこか、などを容易に把握できます。「ベンチマーカーで負荷を掛けて出力されたログを集計し、処理に時間が掛かっているところを把握し、改善する。また負荷を掛けてログを集計する」という流れを繰り返すことで、Webサービスの性能を改善するサイクルを回すことができます。

実運用中のログ解析

　alpは、短期間（多くても数万行～数十万行程度）のアクセスログの解析には便利ですが、長期間のログを継続的に解析するのには向いていません。これは、ひとかたまりのログをファイルとして与えて解析し、テキストで結果を表示するというalpのアーキテクチャによる制約です。つまり、ISUCON競技や本章で説明しているパフォーマンスチューニングの目的には合致していますが、実運用中の継続的なログ解析には向きません。

　実運用では、可用性を保つために複数のWebサーバーが稼働していることが多く、ログもそれぞれ個別に生成されます。これらの複数のログを、何らかの方法で一カ所に集めてから解析する必要があります。ログの継続的な集約と解析については、本書の範囲を超えるため割愛します。Fluentd[注11]のようなOSSや各種クラウドサービスのエージェントを用いてログをクラウド上に集約し、BigQuery[注12]やAmazon Redshift[注13]のようなデータウェアハウス上で解析したり、Elasticsearch[注14]のような検索／分析エンジンで解析する手法が一般的です。

alpのインストール方法

　GitHubのリリースページ（https://github.com/tkuchiki/alp/releases）から環境に応じたファイルをダウンロードしてPATHの通ったところに配置します。macOSやLinuxでHomebrewが利用できる場合は、brew install alpでインストールできます。

alpを使ったログ解析方法

　alpでJSON形式のログを解析するためには、alp jsonコマンドを使用し、標準入力からJSON形式のログを与えるか、--fileオプションでファイル名を指定します。

注11　https://fluentd.org
注12　https://cloud.google.com/bigquery
注13　https://aws.amazon.com/jp/redshift/
注14　https://www.elastic.co/jp/elasticsearch/

```
$ cat access.log | alp json
$ alp json --file access.log
```

　何もオプションを指定しない場合、alpはデフォルトで表3のJSONのキーの値を集計に使用します。

表3　集計に使用するJSONのキーの値

キー名	説明
method	リクエストのHTTP Method
uri	リクエストのURI
status	レスポンスのHTTP Status Code
body_bytes	レスポンスのサイズ（bytes）
response_time	レスポンスタイム

　ログの各行に表3のキー名が含まれていない場合、alpは集計を行えません。もしこれらに対応する値が異なる名前で記録されている場合は、--(デフォルトのキー名)-key=(ログに記録されているキー名)というオプションを指定することで、読み替えが可能です。たとえば、レスポンスのサイズを意味するキーがbody_bytesではなくsizeとしてログに記録されている場合は、--body-bytes-key=sizeというオプションを指定して、読み替えを指示します。

```
alpの出力結果例
+-------+-----+-----+-----+-----+-----+--------+----------------+---------+---------+--------+--------+
+-------+-----+-----+-----+-----+-----+--------+----------------+---------+---------+--------+--------+
| COUNT | 1XX | 2XX | 3XX | 4XX | 5XX | METHOD |      URI       |   MIN   |   MAX   |  SUM   |  AVG   |
   P1   | P50 | P99 | STDDEV | MIN(BODY) | MAX(BODY) | SUM(BODY) | AVG(BODY) |
+-------+-----+-----+-----+-----+-----+--------+----------------+---------+---------+--------+--------+
|     1 |   0 |   1 |   0 |   0 |   0 | GET    | /req           |   0.321 |   0.321 |  0.321 |  0.321 |
  0.321 | 0.321 | 0.321 | 0.000 |  15.000 |  15.000 |  15.000 |  15.000 |
|     1 |   0 |   1 |   0 |   0 |   0 | POST   | /hoge/piyo     |   0.234 |   0.234 |  0.234 |  0.234 |
  0.234 | 0.234 | 0.234 | 0.000 |  34.000 |  34.000 |  34.000 |  34.000 |
|     1 |   0 |   1 |   0 |   0 |   0 | GET    | /diary/entry/1234 | 0.135 |  0.135 |  0.135 |  0.135 |
  0.135 | 0.135 | 0.135 | 0.000 |  15.000 |  15.000 |  15.000 |  15.000 |
|     1 |   0 |   1 |   0 |   0 |   0 | GET    | /diary/entry/5678 | 0.432 |  0.432 |  0.432 |  0.432 |
  0.432 | 0.432 | 0.432 | 0.000 |  30.000 |  30.000 |  30.000 |  30.000 |
|     1 |   0 |   0 |   0 |   0 |   1 | GET    | /foo/bar/5xx   |  60.000 |  60.000 | 60.000 | 60.000 |
 60.000 | 60.000 | 60.000 | 0.000 |  15.000 |  15.000 |  15.000 |  15.000 |
|     2 |   0 |   2 |   0 |   0 |   0 | GET    | /foo/bar       |   0.123 |   0.123 |  0.246 |  0.123 |
  0.123 | 0.123 | 0.123 | 0.000 |  56.000 |  56.000 | 112.000 |  56.000 |
|     5 |   0 |   5 |   0 |   0 |   0 | POST   | /foo/bar       |   0.057 |   0.234 |  0.548 |  0.110 |
  0.057 | 0.100 | 0.057 | 0.065 |  12.000 |  34.000 | 126.000 |  25.200 |
+-------+-----+-----+-----+-----+-----+--------+----------------+---------+---------+--------+--------+
+-------+-----+-----+-----+-----+-----+--------+----------------+---------+---------+--------+--------+
```

alpのデフォルトの出力結果は、ログのURIごとの行数（count）の昇順でソートされていますが、--sortオプションを指定することで他の要素でソートできます。また、-r, --reverseオプションを指定することで、降順でソートできます。よく使う並べ替えの例としては、表4のようなものがあります。

表4　よく使う並べ替えのオプション

オプション名	説明
-r	アクセスされたURIの多い順
--sort=sum -r	URI別のレスポンスタイムの合計が多い順
--sort=avg -r	URI別のレスポンスタイムの平均が大きい順

alpは、デフォルトではURIのクエリ文字列（?以降）は無視して集計します。無視したくない場合は-q, --query-stringオプションを指定します。クエリ文字列の値だけを同一視したい場合は、-qと同時に--qs-ignore-valuesを指定します。たとえば、/user?id=1234というログと/user?id=2345というログが存在する場合に、このクエリ文字列のidの値（1234と2345）をひとつにまとめて集計したい場合に利用できます。

URIに /diary/entry/1234 と /diary/entry/5678のように、パスの一部としてパラメーターが入っている場合、デフォルトでは別々のURIとして集計されます。これを同一視したい場合には、-m, --matching-groups=PATTERNオプションを指定します。PATTERNには、URIを同一視するための正規表現を指定します。たとえば、-m "/diary/entry/[0-9]+" と指定すると、この正規表現にマッチするURIである /diary/entry/1234 と /diary/entry/5678 は同一URIとして集計されます。-mオプションの正規表現は、「,」区切りで複数指定できます。

3-3 ベンチマーカーによる負荷試験の実行

ここまでの作業で、WebサーバーからJSON形式でアクセスログを出力し、そのログを集計する準備ができました。ここからは実際にベンチマーカーを使ってHTTPのリクエストを送信し、負荷を掛けていきます。

HTTPのベンチマーカーは多数ありますが、まず最初に、有名なWebサーバーソフトウェアであるApache HTTP Server[注15]に付属するabコマンド（Apache Bench）を使ってみましょう[注16]。abは単一のURLに対してリクエストを送信し、Webサーバーの処理速度をベンチマークするためのコマンドです。

注15　https://httpd.apache.org/
注16　https://httpd.apache.org/docs/2.4/programs/ab.html

abコマンドのインストール

Debian/Ubuntu Linux の場合、aptを利用して apache2-utils パッケージをインストールしてください。

```
# apt update
# apt install apache2-utils
```

Red Hat Enterprise Linux や CentOS、Amazon Linux の場合は yum コマンドを利用して httpd-tools パッケージをインストールしてください。macOS の場合は、標準でab コマンドがインストールされています（/usr/sbin/ab）。

abコマンドの使用方法

abコマンドはコマンドライン引数で指定した URL へ、指定した多重度でリクエストを送信します。次の例では、http://localhost/ に対して1並列（直列）で、合計10回のリクエストを送信します。

```
$ ab -c 1 -n 10 http://localhost/
```

代表的なオプションは、表5の通りです。

表5　abコマンドのオプション

オプション名	説明
-c	クライアント数（並列度）
-k	HTTP KeepAlive を有効にする[1]
-n	試行回数
-t	試行時間
-C	Cookie ヘッダを指定
-H	任意のHTTP ヘッダを指定
-T	リクエストのContent-Type を指定（POST,PUT 時に必要）
-p	POST する body のファイルを指定（-Tが必要）
-l	レスポンスのサイズがリクエストごとに異なる場合でも失敗にしない[2]

[1]　デフォルトでは無効なので、1リクエストごとにTCPの接続を切断します。有効にすると各クライアントが連続してリクエストを送る際に Keep-Alive を有効にするため、TCP接続を維持した状態でHTTPリクエストを繰り返し送受信します。

[2]　デフォルトでは、レスポンスのサイズ（Content-Length）が異なる場合には失敗扱いとなります。動的な URLの場合には、アクセスごとにサイズが異なっていても正常なことがあるため、オプションを指定するのが良いでしょう。

指定した回数や時間でHTTP リクエストを送信した後、abコマンドは結果を標準出力に出力します。

abコマンドの出力結果例
```
This is ApacheBench, Version 2.3 <$Revision: 1843412 $>
```

```
Copyright 1996 Adam Twiss, Zeus Technology Ltd, http://www.zeustech.net/
Licensed to The Apache Software Foundation, http://www.apache.org/

Benchmarking localhost (be patient)

Server Software:        nginx/1.18.0
Server Hostname:        localhost
Server Port:            80

Document Path:          /
Document Length:        25551 bytes

Concurrency Level:      1                      指定した並列度
Time taken for tests:   11.746 seconds         完了までの経過時間
Complete requests:      10                     成功したリクエスト数
Failed requests:        0                      失敗したリクエスト数
Total transferred:      259280 bytes                サーバーから転送されたバイト数の合計
HTML transferred:       255510 bytes
Requests per second:    0.85 [#/sec] (mean)    1秒間あたりに処理できたリクエスト数
Time per request:       1174.580 [ms] (mean)       1リクエストを処理するために掛かった経過時間（ミリ秒）の平均値
Time per request:       1174.580 [ms] (mean, across all concurrent requests)
Transfer rate:          21.56 [Kbytes/sec] received

Connection Times (ms)
              min  mean[+/-sd] median   max
Connect:        0     0   0.0      0       0
Processing:  1168  1175   6.2   1174    1186
Waiting:     1168  1175   6.2   1174    1186
Total:       1168  1175   6.2   1174    1186
```

　結果には、指定した並列度（Concurrency Level）、完了までの経過時間（Time taken for tests）、成功／失敗したリクエスト数（Complete/Failed requests）、サーバーから転送されたバイト数の合計（Total transferred）などが含まれています。Requests per secondは、1秒間あたりに処理できたリクエスト数です。この例からは秒間0.85リクエストを処理できたことが読み取れます。Time per requestは、1リクエストを処理するために掛かった経過時間（ミリ秒）の平均値です。この例では約1174ミリ秒（1.174秒）となっています。

　この節では性能指標として、1リクエストの処理時間（レスポンスタイム、レイテンシ）を採用しました。それに相当する値はTime per requestの1.174（秒）です。この値を基準にして性能を上げるということは、つまり1リクエストあたりの処理時間を短縮することになります。

abの結果とalpの結果を比較する

　abで10リクエストした結果、レスポンスタイムの平均値として1.174が得られました。この値と

nginxのアクセスログを集計した結果を比較してみましょう。10リクエスト分のアクセスログを得るために、アクセスログの末尾10行をtailコマンドで抽出し、alpで解析します。見やすくするために結果にはcount、method、uri、min、avg、maxのみを出力します。

```
(10リクエスト分のログをalpで解析した結果)
$ tail -n 10 /var/log/nginx/access.log | alp json -o count,method,uri,min,avg,max
+-------+--------+-----+-------+-------+-------+
| COUNT | METHOD | URI |  MIN  |  AVG  |  MAX  |
+-------+--------+-----+-------+-------+-------+
|    10 | GET    | /   | 1.168 | 1.172 | 1.184 |
+-------+--------+-----+-------+-------+-------+
```

　レスポンスタイムの平均として1.172（秒）という結果が得られました。abでの計測値は1.174のため、ほぼ同一の結果が得られたことになります。

　アクセスログから得られたレスポンスタイムとabでの計測値が大きく異なる場合は、nginxを実行しているサーバーとabを実行しているホストの間のネットワークに影響を受けていることがあります。特にモバイル回線など、ネットワークのレイテンシが高い場合や帯域が十分にない場合には、サーバーで処理を終えても結果がクライアントに届くまでに時間が掛かります。そのため、サーバー側の計測値よりabでの計測値は遅く見えることがあります。

　また、ネットワークの帯域が小さい場合には、サーバーから返されるレスポンスによって帯域の上限まで消費してしまうことがあります。このような場合は、サーバーをいくら高速化したとしてもクライアントとの通信回線がボトルネックになってしまい、高速化の効果が計測できないことになります。

　負荷試験を実行する場合は、サーバーへの十分な帯域と低レイテンシが確保された回線から行う必要があります。たとえば、サーバーが起動している場所がクラウドサービスであれば同一地域（リージョン）内から行うのが良いでしょう。

アクセスログのローテーション

　alpでアクセスログを解析する場合には、負荷試験の実行ごとにログがひとつのファイルに記録されるようにして、1回の試験に対応するログファイル全体をalpで処理します。複数回の試行結果が記録されたアクセスログをalpで処理すると、どの試行に対しての結果を集計しているかが読み取れなくなるためです。具体的には、アクセスログをファイルシステム上で別名に変更します。この操作をログの**ローテート**（rotate）といいます。

　EC2で動作している場合は、/var/log/nginx/access.logを別ファイル名に変更します。Dockerで動作している場合も同様にコンテナ内の/var/log/nginx/access.logを別名に変更します（ログ出力ディレクトリをホスト側にマウントしている場合は、ホスト側からlogs/nginx/access.logを対象に操作

しても問題ありません）。

```
# mv /var/log/nginx/access.log /var/log/nginx/access.log.old
```

　ただし、nginxが動作中の場合は、単に出力中のログファイルを別の名前に変更してもログは新ファイルに出力されず、別名に変更された後のファイルの末尾に追記されてしまいます。そのため、動作中のnginxに出力先のログファイルが切り替わったことを知らせる必要があります。nginxのログファイルをローテートした後、実際にログが出力されるファイルを切り替えるためには、次の方法があります。

1.nginxを再起動もしくはリロードする

　systemdからnginxが起動されている場合は、`systemctl restart nginx`を実行してnginxを再起動するか、`systemctl reload nginx`を実行してリロードをすれば、新しいファイルにログが出力されます。

　再起動には僅かながらダウンタイムが伴うため、本番で運用中のnginxに対しては気軽には実行できません。負荷試験専用の環境などで、ダウンタイムが問題にならないのであれば一番手軽な方法です。リロードにはダウンタイムは伴いません。

2.nginxのmasterプロセスにシグナルを送信する

　nginxは、masterプロセスと呼ばれる最初に起動する親プロセスから、実際にリクエストを処理する複数のworkerプロセスが起動するアーキテクチャになっています。このmasterプロセスに対して`kill -USR1 {masterプロセスのPID}`として、USR1シグナルを送信することで、ログの出力先を新ファイルに切り替えることができます[注17]。

　直接killコマンドでUSR1シグナルを送信する他に、nginxをコマンドとして実行することでも、ログファイルを開き直すためのシグナルを送信できます。

```
# /usr/sbin/nginx -s reopen
```

　負荷試験の試行中は、試行ごとにアクセスログをローテートするのを忘れないようにしましょう。ログファイルをローテートしてからnginxにシグナルを送信するシェルスクリプトなどを用意して、試行前に都度実行するのがお勧めです（リスト6）。

注17　https://www.nginx.com/resources/wiki/start/topics/examples/logrotation/

リスト6　ログファイルのローテートを行うシェルスクリプトの例

```sh
#!/bin/sh

# 実行時点の日時を YYYYMMDD-HHMMSS 形式で付与したファイル名にローテートする
mv /var/log/nginx/access.log /var/log/nginx/access.log.`date +%Y%m%d-%H%M%S`
# nginxにログファイルを開き直すシグナルを送信する
nginx -s reopen
```

3-4 ┃ パフォーマンスチューニング 最初の一歩

　ここまでの説明で、用意したWebサービスに対してabコマンドで負荷を与える負荷試験を実行できました。

　ここからは、パフォーマンスチューニングの最初の一歩を踏み出します。実際にWebサービスの高速化を体験してみましょう。次の手順を繰り返すことで、パフォーマンスチューニングを行っていきます。

1. ベンチマーカーでWebサービスに負荷を掛ける（ベンチマーカー実行）
2. ベンチマーカーによる計測結果（負荷試験結果）を把握する
3. 負荷試験実行中に、Webサービスを実行している環境の負荷を観察する
4. CPUなどのリソースを多く使用している要素を把握する
5. Webアプリケーションのコードやミドルウェアの設定を修正する
6. 1.に戻る

▌負荷試験実行 - 最初の結果を把握する

　Webサービスが動作しているサーバーに対して、ab -c 1 -t 30でリクエストを送ります。1並列で30秒間リクエストを送信した結果は、以下のようになりました（一部を抜粋して掲載します）。

```
Requests per second:    0.82 [#/sec] (mean)
Time per request:       1218.512 [ms] (mean)
```

　前節では性能の指標としてTime per request（レスポンスタイム、レイテンシ）を採用しました。1リクエストの処理時間はログに直接数値として出力できる値で、集計が容易なため、ベンチマーカーの出力結果とログの集計による数値が一致しているかを比較するのに便利な指標だったのがその理由です。

　しかし、ここからは性能指標として、Requests per second（1秒間に処理できたリクエスト数、スループット）を用いることにします。理由は次の通りです。

- 負荷試験のスコアとしては、パフォーマンスを改善すると向上する数値のほうが感覚的に分かりやすい

- レイテンシを削減していくと、利用者の体感に変化がなくなる下限が存在する。利用者との通信経路で必ず発生するレイテンシ（数ms〜数百ms）を考えると、10ms程度以下の違いは利用者への影響をほぼ無視できる

実運用においては、レイテンシが一定以下であれば利用者の体感には影響が少ないため、多数のリクエストが発生した場合に単位時間当たりに処理できるリクエスト数（スループット）が重要な指標になります。

レイテンシとスループットの関係

レイテンシを短縮することで単位時間当たりに処理できるリクエスト数は増加します。リクエストが直列に行われる場合、1リクエストを100msで処理すると、1秒間に処理できるのは10リクエストです。1リクエストの処理時間を10ms（10分の1）に短縮できれば、1秒間に100リクエスト（10倍）を処理できます。つまり、レイテンシとスループットは反比例関係になります。

しかし、レイテンシの短縮だけで達成できるスループットの向上には限界があります。アプリケーションの処理を行う以上、レイテンシは物理的な制約で一定以下にはできません。たとえば、リクエストの処理では必ずデータベースにクエリを発行し、その結果を返却するWebサービスがあるとします。アプリケーションサーバーとデータベースサーバーのネットワークのレイテンシによって、Webサービスのレイテンシも1ms以下には短縮できない、というような制約が考えられます。仮にレイテンシを1ms未満にするのが不可能な場合、直列にリクエストされた場合の最大のスループットは1,000リクエスト/秒になるでしょう（図6）。

図6 直列にリクエストする場合

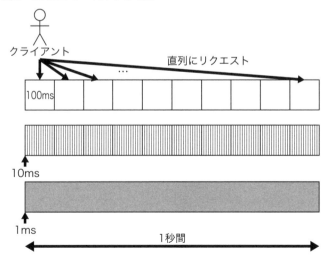

ここまでの計算は、リクエストが直列に行われる前提でした。しかし、実際のWebサービスでは複数の利用者が、並列にリクエストを送信してきます。リクエストが複数のクライアントから並列で行われる場

合を考えてみましょう（図7）。

　レイテンシが10msのWebサービスに対して、100クライアントが1秒間に1回リクエストを行うとします。サーバーでは10msの処理を1秒あたり100回実行するため、ちょうど処理能力を使い切ることになります。この状態のスループットは100リクエスト/秒です。ここでWebサービスのレイテンシを1msにできれば、もとの10倍の1,000クライアントがリクエストを行う状況に耐えられる計算になります。この状態のスループットは1,000リクエスト/秒です。ここまではリクエストが直列の場合と同様です。

図7　並列にリクエストする場合

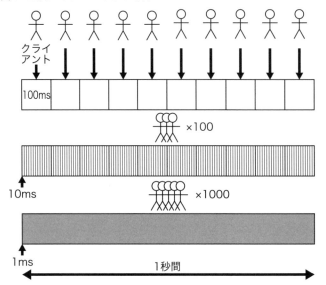

しかし、リクエストが並列に行われる場合、レイテンシを1ms未満に短縮できないとしても、サーバーリソースを増設することで、同時にもっと多くのクライアントからのリクエストに耐えられる可能性があります。サーバーリソースを10倍に増設すれば、理想的には1msのレイテンシを保ったまま、10,000クライアントからのリクエストを処理できる可能性があるのです。その場合、スループットは合計で10,000リクエスト/秒まで向上します（図8）。

図8 サーバーを10台に増設

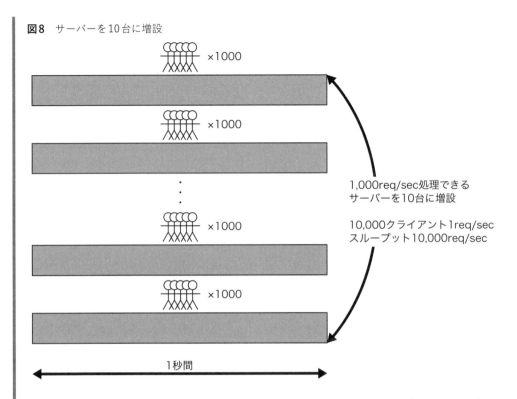

×1000

×1000

×1000

×1000

1,000req/sec処理できる
サーバーを10台に増設

10,000クライアント1req/sec
スループット10,000req/sec

1秒間

　ここで「理想的には」と書いたのは、実際にサーバーを増設した場合に、台数に応じてスループットが線形に向上するのはまさに理想的な状況だからです。実際のシステムには様々なボトルネックが存在し、その一番遅い部分によって全体のスループットの上限が決まってしまいます。

　1リクエストごとにデータベースサーバーへ1回クエリを行って結果を返却しなければいけないWebサービスを考えます。データベースサーバーが最大で5,000クエリ/秒しか処理できない場合、アプリケーションサーバーを何台用意したとしても、システム全体のスループットは5,000リクエスト/秒を超えることはできません。

　闇雲にサーバーリソースを増強しても必ずスループットが向上するとは限りません。サーバーリソースを増強しさえすれば、合計のスループットも向上するようなシステムが理想ですが、実現するためにはシステム全体のボトルネックが極力少ない状態を達成する必要があります。

負荷試験中の負荷を観察する

ベンチマーカーの実行中に、ホスト上で負荷を観察します。`ab -c 1 -t 30`を実行中に、ホスト上で`top`コマンドを使用して取得した結果は次のようになっていました。実行環境はEC2のC5.largeインスタンスで、CPUが2コア利用できます。

```
top - 11:09:25 up 19 min,  0 users,  load average: 0.40, 0.16, 0.06
Tasks: 122 total,   1 running, 121 sleeping,   0 stopped,   0 zombie
%Cpu(s): 50.5 us,  1.3 sy,  0.0 ni, 46.3 id,  1.7 wa,  0.0 hi,  0.2 si,  0.0 st
MiB Mem :    912.3 total,     68.1 free,    618.0 used,    226.3 buff/cache
MiB Swap:      0.0 total,      0.0 free,      0.0 used.    149.3 avail Mem

  PID USER      PR  NI    VIRT    RES    SHR S  %CPU  %MEM     TIME+ COMMAND
  577 mysql     20   0 1744516 416636  28924 S  99.7  44.6   1:10.85 mysqld
  656 isucon    20   0  119044  52028   8868 S   1.0   5.6   0:00.67 bundle
  505 www-data  20   0   55852   4672   2964 S   0.3   0.5   0:00.01 nginx
```

`top`コマンドでは、デフォルトでCPU使用率の大きいプロセスが上位に表示されます。この結果から読み取れるのは、次のような事実です。

- ホスト全体で使えるCPU 2コアのうち、50%程度が使用されている
- MySQLのプロセス（mysqld）がCPUを100%（1コア）程度使用している
- Webアプリケーションのプロセス（bundle）[注18]はCPUを1%、Webサーバーのプロセス（nginx）は0.3%程度しか使用していない

この事実から、このWebサービスに対して行った負荷試験では、MySQLが消費するCPUが支配的であることが分かります。また、CPUがホスト全体で2コア使えるにもかかわらず、CPUの1コア分はほぼ使用されていないことも分かります。

モニタリニグツールにおけるCPU使用率の表記

`top`コマンドでのCPU使用率の表示は複数のパーセンテージ表記が混じっているため、読むときには注意が必要です。一番上（3行目）の`%Cpu(s)`に表示されているのは、ホストで使える全てのCPUコアを合計したものを100とした場合の使用率です。2コアのホストの場合、`%Cpu(s)`に50と表示されていたら、全体のCPUの半分、1コア分を使用していることになります。同じ表示でも4コアのホストの場合は、2コア分を使用しているという意味になります。

対して各プロセスごとに`%CPU`として表示されているのは、1コアを全て使った場合を100とした使用率

注18　アプリケーションサーバーはRubyで実行されていますが、bundle execというコマンドを経由して実行されているため、ここではbundleと表示されています。

です。本文中に示した例では`mysqld`が99.7％を使用していることになっていますが、これはホストにある2コアのうち1コア相当分をほぼ全て使っているという意味になります。プロセスが複数のCPUコアを利用している場合、プロセスごとの`%CPU`の表示は100を超えることがあります。

なお、`top`コマンドでは実行中に「1」をキー入力すると、デフォルトのホストのCPU全体を集約した表示である`%Cpu(s)`と、個別のCPUの使用率をそれぞれ表示した`%Cpu0`、`%Cpu1`...の表示を切り替えることができます。

```
（デフォルトの集約表示）
%Cpu(s):  0.4 us,  0.5 sy,  0.0 ni, 99.1 id,  0.0 wa,  0.0 hi,  0.0 si,  0.0 st
```

```
（「1」キーで切り替えたCPUコア個別表示）
%Cpu0  :  0.0 us,  0.0 sy,  0.0 ni, 99.0 id,  0.0 wa,  0.0 hi,  1.0 si,  0.0 st
%Cpu1  :  0.3 us,  0.0 sy,  0.0 ni, 99.7 id,  0.0 wa,  0.0 hi,  0.0 si,  0.0 st
```

`top`コマンドに限らず、CPU使用率の数値はツールや場面によって、全てのコアを全て使用した場合を100とするのか、1コアを全て使用した場合に100とするのかがまちまちです。複数コアがあるホストでは、単にCPU 100％といった場合にどちらを意味しているのかが分かりづらくなります。ツールによって、どの表記が何を意味しているのかを確実に理解してから数値を解釈する必要があります。

MySQLのボトルネックを発見する準備

現段階では、MySQLがボトルネックになっているとの見当が付きました。MySQLで実際に行われている処理をログから把握して、改善できる点があるか探してみましょう。

MySQLでは、処理したSQLのクエリをスロークエリログに出力できます。スロークエリログには、実際に処理したSQL文、クエリの実行に要した経過時間（`Query_time`）、ロックを取得する時間（`Lock_time`）、クエリの実行結果としてクライアントに送信した行数（`Rows_sent`）、クエリを実行するためにMySQL内部で読み取った行数（`Rows_examined`）などが記録されています。このログを解析することで、MySQLでのクエリにおいての問題を把握できます（リスト7）。

リスト7　スロークエリログの例

```
# Time: 2021-10-03T02:43:21.834477Z
# User@Host: isuconp[isuconp] @ localhost []  Id:     8
# Query_time: 0.006620  Lock_time: 0.000097 Rows_sent: 20  Rows_examined: 10034
use isuconp;
SET timestamp=1633229001;
SELECT `id`, `user_id`, `body`, `created_at`, `mime` FROM `posts` ORDER BY `created_at` DESC LIMIT 20;
```

MySQLでは、デフォルトではスロークエリログは出力されません。ユーザー自身で有効に設定する必要があります。ここではスロークエリログを出力するため、`my.cnf`の`[mysqld]`セクションにリ

スト8のような設定を追加して、MySQLを再起動します。EC2の場合は、設定するファイルは/etc/MySQL/mysql.conf.d/mysqld.cnfです。Dockerで動作している場合は、リポジトリ内のwebapp/etc/mysql/conf.d/my.cnfです。

リスト8 スロークエリログを出力するmy.cnfの設定例

```
[mysqld]
slow_query_log      = 1
slow_query_log_file = /var/log/mysql/mysql-slow.log
long_query_time     = 0
```

設定の意味は、表6の通りです。

表6 スロークエリログの設定

設定	意味
slow_query_log	スロークエリログを有効にする
slow_query_log_file	スロークエリログの出力先ファイル名
long_query_time	指定した秒数以上掛かったクエリのみログに出力する

ここではlong_query_timeに0を指定することで、処理した全てのクエリをログに出力するように設定しました。全てのクエリをログに記録すると出力結果が大量になるため、実運用時はlong_query_timeに0より大きい値を指定し、長時間かかったクエリのみを出力することが一般的です。

しかし、Webサービスのチューニングにおいては1回の実行が遅いクエリはもちろん問題になりますが、1回の実行が高速（1msec以下）でも、大量に発行されているクエリが問題になることがあります。long_query_timeに0より大きい値を指定すると、そのような高速かつ大量に発行されているクエリが記録されないため、問題を把握できないことがあります。パフォーマンスチューニングにおいてはlong_query_timeを0に設定し、全てのクエリをログに記録することをお勧めします。スロークエリログについてはMySQLのドキュメント[注19]も参照してください。

設定ファイルに記述した設定を反映するためには、MySQLの再起動が必要です。EC2で動作している場合はrootユーザーでsystemctl restart mysqlを実行することで、再起動が行えます。Dockerで動作している場合は、docker compose downして一旦停止した後にdocker compose upで起動し直してください。

Dockerで動作している場合は、ログがコンテナ内に出力されます。その状態ではこの後に説明するログの解析が行いづらい場合、docker-compose.ymlのvolumeに設定を追加し、ログ出力ディレクトリをホスト側にマウントできます（リスト9）。ただし、Docker Desktop for Macの場合は、ログ出力をホスト側にマウントするとパフォーマンスが大きく劣化する場合があるので注意が必要です。

注19 https://dev.mysql.com/doc/refman/8.0/en/slow-query-log.html

リスト9　MySQLのログ出力ディレクトリをホスト側にマウントするdocker-compose.ymlの設定例

```
services:
  #(略)
  mysql:
    cpus: 1
    mem_limit: 1g
    image: mysql/mysql-server:8.0
    command: --default-authentication-plugin=mysql_native_password
    environment:
      - "TZ=Asia/Tokyo"
      - "MYSQL_ROOT_HOST=%"
      - "MYSQL_ROOT_PASSWORD=root"
    volumes:
      - mysql:/var/lib/mysql
      - ./etc/mysql/conf.d/my.cnf:/etc/my.cnf
      - ./sql:/docker-entrypoint-initdb.d
      - ./logs/mysql:/var/log/mysql  # <- この設定を追加する
```

スロークエリログを解析する

　MySQLのスロークエリログは人の目で読み取れるテキスト形式ですが、そのままでは大量に出力されているログから全体像を把握することは困難です。ツールを用いてログを集計することで、全体像を容易に把握できます。ここでは集計ツールとして、MySQL自体に付属する`mysqldumpslow`コマンドを利用してみましょう。他のツールによる解析手法は、「5章データベースのチューニング」で解説しています。

　スロークエリログを有効にした状態で、`ab -c 1 -t 30`でベンチマーカーを再度実行します。結果は最初よりもスコアが若干低下しました（Request per second：0.82 → 0.79）。スロークエリログを全てのクエリに対して有効にするとMySQLへの負荷が多少上がるため、このような結果になることがあります。

```
ab -c 1 -t 30の実行結果(抜粋)
Requests per second:    0.79 [#/sec] (mean)
Time per request:       1260.820 [ms] (mean)
```

　`mysqldumpslow`コマンドを、出力されたスロークエリログに対して実行します。ログは一般ユーザーでは読み取れないパーミッションで出力されるため、ログが読み取れる権限で実行してください。ここではrootユーザーで実行しました。

```
mysqldumpslowの実行結果例
# mysqldumpslow /var/log/mysql/mysql-slow.log
```

```
Reading mysql slow query log from /var/log/mysql/mysql-slow.log
Count: 480  Time=0.05s (22s)  Lock=0.00s (0s)  Rows=0.9 (432), isuconp[isuconp]@localhost
  SELECT * FROM `comments` WHERE `post_id` = N ORDER BY `created_at` DESC LIMIT N

Count: 480  Time=0.01s (7s)  Lock=0.00s (0s)  Rows=1.0 (480), isuconp[isuconp]@localhost
  SELECT COUNT(*) AS `count` FROM `comments` WHERE `post_id` = N

Count: 24  Time=0.01s (0s)  Lock=0.00s (0s)  Rows=20.0 (480), isuconp[isuconp]@localhost
  SELECT `id`, `user_id`, `body`, `created_at`, `mime` FROM `posts` ORDER BY `created_at` DESC LIMIT N

Count: 912  Time=0.00s (0s)  Lock=0.00s (0s)  Rows=1.0 (912), isuconp[isuconp]@localhost
  SELECT * FROM `users` WHERE `id` = N

Count: 1872  Time=0.00s (0s)  Lock=0.00s (0s)  Rows=0.0 (0), 0users@0hosts
  administrator command: Prepare

Count: 1872  Time=0.00s (0s)  Lock=0.00s (0s)  Rows=0.0 (0), 0users@0hosts
  administrator command: Close stmt
```

mysqldumpslowコマンドはスロークエリログを解析し、ログ中の実行時間の合計が長いクエリから順に表示します。この結果から、次のクエリが一番多くの時間を消費していることが分かりました。

一番多くの時間を消費しているクエリ

```
Count: 480  Time=0.05s (22s)  Lock=0.00s (0s)  Rows=0.9 (432), isuconp[isuconp]@localhost
  SELECT * FROM `comments` WHERE `post_id` = N ORDER BY `created_at` DESC LIMIT N
```

このクエリの1回あたりの実行時間は平均0.05秒（50msec）程度でした。50msecは日常の感覚ではあまり長いとは思えない時間ですが、30秒間の負荷試験中に合計480回呼び出された結果、合計22秒を消費しています。このクエリを改善できれば、大きな効果が見込めそうです。

なお、long_query_timeを運用中の設定として一般的な1秒や0.1秒などに設定した場合、このクエリはログに出力されないため、把握できないことになります。そのため、パフォーマンスチューニング中にはlong_query_timeに0を設定して、全ての実行クエリをログに出力することを強くお勧めします。

mysqldumpslowで見つかったこのクエリは、実際のログには次のように記録されていました。

実際にスロークエリログに出力されたログ

```
# Query_time: 0.046810  Lock_time: 0.000013  Rows_sent: 3  Rows_examined: 100003
SET timestamp=1633230307;
SELECT * FROM `comments` WHERE `post_id` = 9995 ORDER BY `created_at` DESC LIMIT 3;
```

ここではログに出力されている Rows_examined: 100003 と Rows_sent: 3の比率に注目します。

Rows_examinedはクエリを処理する際に、MySQLが内部で読み取ったテーブルの行数です。Rows_sentはクエリを実行した結果、実際にクライアントに送信された行数です。つまりこのクエリでは、クライアントに3行を返すために内部で10万行程度の処理を必要としています。

仮にクライアントが10万行を必要としている場合には、内部でも10万行を読み取ることになるのは当然です。しかし、クライアントが数行しか結果を取得していないのに内部で大量の行を読み取る必要があるのは、データベース処理において効率が悪い（多くのリソースを消費する）クエリであることを示唆しています。

どうしてこのような効率の悪いクエリになっているのでしょうか。commentsテーブルの構造を確認してみましょう。MySQLでSHOW CREATE TABLE commentsを実行して、commentsテーブルのスキーマを表示します。

```
mysql> SHOW CREATE TABLE comments\G
*************************** 1. row ***************************
       Table: comments
Create Table: CREATE TABLE `comments` (
  `id` int NOT NULL AUTO_INCREMENT,
  `post_id` int NOT NULL,
  `user_id` int NOT NULL,
  `comment` text NOT NULL,
  `created_at` timestamp NOT NULL DEFAULT CURRENT_TIMESTAMP,
  PRIMARY KEY (`id`)
) ENGINE=InnoDB AUTO_INCREMENT=100001 DEFAULT CHARSET=utf8mb4 COLLATE=utf8mb4_0900_ai_ci
1 row in set (0.00 sec)
```

このテーブルには、プライマリキー(id)以外のインデックスがないことが分かります。プライマリキーしかインデックスがないテーブルから、プライマリキー以外の条件でWHERE句で指定した条件に一致する行を見つけるためには、一般にテーブルの全ての行を読み取る必要があります（詳しくは5章を参照してください）。

実際にMySQLがどのようにこのクエリを処理するのか、クエリの実行計画を出力するEXPLAIN文を実行して確認してみましょう[20]。

```
EXPLAIN文でクエリの実行計画を確認する
mysql> EXPLAIN SELECT * FROM `comments` WHERE `post_id` = 9995 ORDER BY `created_at` DESC LIMIT 3\G
*************************** 1. row ***************************
           id: 1
  select_type: SIMPLE
        table: comments
   partitions: NULL
```

注20 https://dev.mysql.com/doc/refman/8.0/en/explain.html

```
         type: ALL
possible_keys: NULL
          key: NULL
      key_len: NULL
          ref: NULL
         rows: 99193
     filtered: 10.00
        Extra: Using where; Using filesort
1 row in set, 1 warning (0.00 sec)
```

　出力結果の読み方についてはここでは割愛します（5章を参照してください）。keyの値がNULLになっていることからインデックスは使用されず、rows: 99193ということから約10万行を読み取る実行計画が採用されていることが分かります。commentsテーブルには約10万行が存在しているため、クエリの実行にも10万行の読み取りが必要になっているということです。

　テーブルにインデックスを作成することで、特定のカラムの値での抽出を高速に行うことが可能になります。問題のクエリのWHERE句ではpost_idカラムを指定して抽出しているので、post_idカラムに対するインデックスを作成してみましょう。インデックスの作成後にもう一度EXPLAINを実行すると、実行計画が変わったことが分かります。

```
ALTER TABLE文でインデックス作成後にEXPLAIN文を実行
mysql> ALTER TABLE comments ADD INDEX post_id_idx(post_id);
Query OK, 0 rows affected (0.43 sec)
Records: 0  Duplicates: 0  Warnings: 0

mysql> EXPLAIN SELECT * FROM `comments` WHERE `post_id` = 9995 ORDER BY `created_at` DESC LIMIT 3\G
*************************** 1. row ***************************
           id: 1
  select_type: SIMPLE
        table: comments
   partitions: NULL
         type: ref
possible_keys: post_id_idx
          key: post_id_idx
      key_len: 4
          ref: const
         rows: 6
     filtered: 100.00
        Extra: Using filesort
1 row in set, 1 warning (0.00 sec)
```

　出力のkeyをみると、いま作成したpost_id_idxというインデックスが使用されることが分かります。rows: 6なので、6行程度の読み取りで処理できる見込みであるという実行計画が表示されました。

それでは、実際にクエリを実行してみます。

```
インデックス作成後にSELECT文を実行
mysql> SELECT * FROM `comments` WHERE `post_id` = 9995 ORDER BY `created_at` DESC LIMIT 3\G
*************************** 1. row ***************************
        id: 90318
   post_id: 9995
   user_id: 974
   comment: どもども( ^-^)∠※。・:*:・゜`☆、。・:*:・゜`★
created_at: 2016-01-04 10:05:18
*************************** 2. row ***************************
        id: 74491
   post_id: 9995
   user_id: 549
   comment: (ﾉ_･｡)ﾉ ･:*【祝】*:･ ＼(･_･、)
created_at: 2016-01-04 05:41:31
*************************** 3. row ***************************
        id: 63212
   post_id: 9995
   user_id: 395
   comment: ﾌﾞﾝﾌﾟﾝ(￣^￣〆)＼(_ _ ;)ﾊﾝｾｲ…
created_at: 2016-01-04 02:33:32
3 rows in set (0.00 sec)
```

このクエリの実行に対応して、スロークエリログに記録された内容は次のようになっていました。

```
インデックス作成後のSELECT文で記録されたログ
# Query_time: 0.000307   Lock_time: 0.000109   Rows_sent: 3   Rows_examined: 9
SET timestamp=1633232243;
SELECT * FROM `comments` WHERE `post_id` = 9995 ORDER BY `created_at` DESC LIMIT 3;
```

Query_time: 0.000307 (0.3msec)、Rows_sent: 3、Rows_examined: 9という結果でした。このクエ
リは、インデックスがない状態では3行の結果を返すために内部的に10万行を読み取り、実行に
50msec程度掛かっていました。インデックス作成後は9行を読み取るだけで済むようになった結果、
0.3msecで完了しています。

EXPLAINによる実行計画ではrows: 6となっていたため、実行計画と実際に実行されたクエリでは
読み取った行数が異なっています。実行計画はあくまでクエリを実行する前に行う見積もりで、見積
もりにはテーブルに入っているデータの統計情報が用いられるため、計画と実際の結果は多少相違す
ることがあります。

チューニングの成果を確認する負荷試験

さて、それではインデックスを追加したことによってWebサービスのパフォーマンスがどのように変化するか確認するため、負荷試験を再度実行してみましょう。実行する前に、MySQLのスロークエリログが前回実行時のものと混ざらないように削除しておきます。ログファイルを削除したり名前を変更した場合は、`mysqladmin flush-logs`を実行してファイルが更新されていることをMySQLに伝える必要があります。

スロークエリログを削除して再作成
```
# rm /var/log/mysql/mysql-slow.log
# mysqladmin flush-logs
```

再度実行した`ab -c 1 -t 30`の結果は、以下のようになりました。

インデックス作成後、`ab -c 1 -t 30`の結果(抜粋)
```
Requests per second:    42.07 [#/sec] (mean)
Time per request:       23.767 [ms] (mean)
```

`Requests per second`が0.79から42.07に上がりました。同じ時間内に、約50倍のリクエストを処理できたことになります。`Time per request`も1260.820msecから23.767msecになり、50分の1の処理時間になったことが分かります。なんと、MySQLのテーブルにひとつインデックスを追加しただけで、50倍の性能向上が達成できました！

インデックス作成後の`top`コマンドの結果は、次のようになっていました。

インデックス作成後 ベンチマーカー実行中の`top`コマンドの様子
```
top - 13:31:02 up  2:41,  0 users,  load average: 0.41, 0.10, 0.03
Tasks: 127 total,   2 running, 125 sleeping,   0 stopped,   0 zombie
%Cpu(s): 48.6 us, 10.1 sy,  0.0 ni, 41.3 id,  0.0 wa,  0.0 hi,  0.0 si,  0.0 st
MiB Mem :    912.3 total,     70.0 free,    696.6 used,    145.7 buff/cache
MiB Swap:      0.0 total,      0.0 free,      0.0 used.     70.4 avail Mem

    PID USER      PR  NI    VIRT    RES    SHR S  %CPU  %MEM     TIME+ COMMAND
    577 mysql     20   0 1745092 413596  10356 S  83.0  44.3   2:47.51 mysqld
    656 isucon    20   0  120732  50160   5200 R  40.0   5.4   0:09.72 bundle
    505 www-data  20   0   55852   3148   1340 S   1.0   0.3   0:00.21 nginx
    447 memcache  20   0  408324   4960   2012 S   0.7   0.5   0:00.97 memcached
```

一番CPUを使っているのがMySQLであることは依然として変わりありませんが、Webアプリケーション（bundle）のCPU使用率が、チューニング前の1%から40%に増加していることが分かります。

これはMySQL側の処理が高速化した結果、単位時間内により多くのリクエストを処理できるようになったため、アプリケーションサーバーが多く稼働してCPUを消費したものと考えられます。

このようにWebサービスのチューニングを進めていくと、これまでボトルネックだった部分以外が多くの処理を行うようになります。この例ではまだまだMySQLで改善できるところはありそうですが、この後のチューニングの結果次第では、ボトルネックの箇所がMySQLから別の部分（アプリケーションや他のミドルウェア、OSやネットワークなど）へ移動することがあります。いつまでも同じ箇所が問題になり続けるわけではありません。

パフォーマンスチューニングにおいては、「負荷試験の実行と負荷の観察」→「観察結果に基づいたチューニング」→「再度の負荷試験で実施したチューニングが有効かどうか確認する」というサイクルを回していく必要があるのです。

1つの変更ごとに負荷試験を行う

パフォーマンスチューニングをしていると、効果がありそうな対策がいくつも思い浮かぶことがあります。その場合は、それらの対策のうちまず1つだけを入れてから負荷試験を実行し、結果を記録しましょう。有意な差が出たのであれば、その対策は効果的だったということになりますし、差が出ないのであれば、無意味だった可能性が高いのです。

一度に複数の変更を入れてしまうと、どの変更が実際に効果を発揮したのかが分からなくなります。チューニングのために元からあった単純で分かりやすいアプリケーションコードを、複雑でメンテナンスが難しいコードに変更してみたが、実際には効果がなかったということはよくあります。そのような変更は撤回し、元の状態に戻すべきです。どの変更が実際に効果があったのかを把握できないと、必要のない複雑さをシステムにただ追加してしまうことになりかねません。

ある対策を行った結果、Webサービスのレイテンシには大きな変化がなかったものの、CPU使用率やネットワーク転送量、メモリ使用量などが低下する場合もあります。システムリソースには使用量が低下した分の余裕ができたことになります。それによってより多くのクライアントからの処理を受け付けられるためスループットの向上が見込めたり、クラウド環境であればインスタンスサイズや台数を減らしてコストを削減できたりします。

システムリソースの使用量が低下するような対策は、結果的にスループットの向上に繋がったり、金銭的なコストが削減できたりするため、その意味では有用です。しかし、目標があくまでレイテンシの削減である場合には、システムリソースの使用量を減らしただけでは目標を達成したとはいえません。限られた時間内で目的を達成するために、パフォーマンスチューニングにおける目的と目標を常に意識して得られた結果を評価しましょう。

あらたなボトルネックを見つける

commentsテーブルへのインデックス作成後の負荷試験における、mysqldumpslowの結果は次のようになりました。

```
インデックス作成後のmysqldumpslowの結果
Count: 1263  Time=0.01s (8s)  Lock=0.00s (0s)  Rows=20.0 (25260), isuconp[isuconp]@localhost
  SELECT `id`, `user_id`, `body`, `created_at`, `mime` FROM `posts` ORDER BY `created_at` DESC LIMIT N

Count: 25260  Time=0.00s (1s)  Lock=0.00s (0s)  Rows=0.9 (22734), isuconp[isuconp]@localhost
  SELECT * FROM `comments` WHERE `post_id` = N ORDER BY `created_at` DESC LIMIT N

Count: 25260  Time=0.00s (1s)  Lock=0.00s (0s)  Rows=1.0 (25260), isuconp[isuconp]@localhost
  SELECT COUNT(*) AS `count` FROM `comments` WHERE `post_id` = N

Count: 47994  Time=0.00s (1s)  Lock=0.00s (0s)  Rows=1.0 (47994), isuconp[isuconp]@localhost
  SELECT * FROM `users` WHERE `id` = N
```

　結果の一番上に表示されているのが一番時間を消費しているクエリです。commentsテーブルに対するクエリではなく、postsテーブルに対するクエリに変わっていることが分かります。次はこのクエリに対してなんらかの高速化ができれば、さらに性能が向上しそうです。

```
インデックス作成後に一番時間を消費しているクエリ
Count: 1263  Time=0.01s (8s)  Lock=0.00s (0s)  Rows=20.0 (25260), isuconp[isuconp]@localhost
SELECT `id`, `user_id`, `body`, `created_at`, `mime` FROM `posts` ORDER BY `created_at` DESC LIMIT N
```

　また、初期状態では合計22秒を消費していたcommentsテーブルに対するクエリは2位に移動し、消費時間は合計1秒程度まで低下しています。しかし、Count: 25260を見ると、このクエリは30秒間で25260回も実行されていることも分かります。1秒あたりにすると842回実行されたということです。

```
インデックス作成前に合計22秒消費していたクエリが合計1秒に
Count: 25260  Time=0.00s (1s)  Lock=0.00s (0s)  Rows=0.9 (22734), isuconp[isuconp]@localhost
  SELECT * FROM `comments` WHERE `post_id` = N ORDER BY `created_at` DESC LIMIT N
```

　abコマンドが出力したRequest per secondは42.07だったので、このクエリは1リクエストあたり約50回（≒842/42）も実行されている計算になります。ひとつのリクエストを処理するために、同一テーブルに対して50回も同じようなクエリを発行しているということは、Webアプリケーション内の処理でループを回るたびにクエリを発行していそうだと予想できるのではないでしょうか。これをN+1問題と称することがあります。詳しくは5章で解説します。Webアプリケーションのコードを修正することでこのクエリ発行を減らすことができれば、さらにMySQLの処理を軽減できそうです。

3-5 ベンチマーカーの並列度

ここまではabコマンドを使い、-c 1というオプションを指定して負荷試験を行いました。つまり、ひとつのHTTPクライアントが直列にリクエストを送受信する状況を再現していました。現実のWebサービスでは、複数のクライアントが並行してアクセスを行うことがあります。特に高負荷時には、多数のクライアントから同時にリクエストが到着するので、サーバーはそれに対して並行して処理を行ってレスポンスを返却する必要があります。

abコマンドでは-cオプションの値を変更することで、複数のクライアントが同時にリクエストを送受信する負荷試験を実行できます。複数クライアントからの負荷試験として、2つのクライアントが同時にアクセスする設定でabを実行してみましょう。サーバーは前節でMySQLにインデックスを追加するチューニングを行った状態で、1つのクライアントが直列にリクエストする ab -c 1では Requests per second: 42.07、Time per request: 23.105msが発揮できる状態とします。

2クライアントからの並列リクエストの例

```
$ ab -c 2 -t 30 http://localhost/

Requests per second:    43.62 [#/sec] (mean)
Time per request:       45.851 [ms] (mean)
```

同時に2クライアントでアクセスする負荷試験を行いましたが、Requests per secondは42.07から43.62となり、ほぼ変化がありませんでした。つまり、1秒間にサーバーが処理できたリクエスト数は、1つのクライアントがリクエストしても2つのクライアントが同時にリクエストしても変化がなかったということになります。

しかし、Time per requestは23.1msから45.8msになりました。つまり、ひとつのリクエストが返却されるまでの平均レスポンスタイムは約2倍になってしまったということです。これはどのような状況を意味しているのでしょうか。

さらに、同時にアクセスするクライアントを4つにしてabコマンドを実行してみます。

```
$ ab -c 4 -t 30 http://localhost/

Requests per second:    43.87 [#/sec] (mean)
Time per request:       91.181 [ms] (mean)
```

引き続き Requests per secondはほぼ変化がありませんが、Time per requestは2並列の時に45.8msだったのが91.1msに、さらに2倍になりました。これは1並列の時の約4倍です。ここまでの

結果から、次のことが分かります。

- サーバーが処理できる秒間リクエスト数は並列度を変えてもほぼ変化しなかった
- 1リクエストを返却するまでのレスポンスタイムは、並列度に比例して悪化した

　この結果からは「直列リクエストの時点でサーバーの処理能力が飽和しているため、同時にリクエストを処理すると並列度の分だけ処理に時間が掛かるようになった。そのためにレスポンスタイムが悪化している」という状況が読み取れます。

■ サーバーの処理能力を全て使えているか確認する

　本当にサーバーの処理能力を使い切っているならば、これ以上並列度を増加させてもおそらくレスポンスタイムが悪化する一方でしょう。しかし、実はまだ処理能力に余裕があるものの、リソースを効率的に利用できていないためにこのような結果になっている可能性があります。サーバーリソースの使用状況を確認するために、再度、ab -c 1、-c 2、-c 4と並列度を変化させて実行しながら、CPU使用率を観察してみます。

　topコマンドでは刻一刻と表示が切り替わってしまうため、ここでは時系列でCPU使用率を観察するためにdstatコマンド[注21]を使用します。dstat --cpuを実行した状態で並列度を変化させてabを実行した状態が次の結果です。

```
dstatでCPU使用率を表示しながら並列度を変えて負荷試験をした結果
$ dstat --cpu
--total-cpu-usage--
usr sys idl wai stl
  0   0 100   0   0
 44  11  45   0   0    <- ab -c 1 開始
 50   9  42   0   0
 51   9  41   0   0
 47  12  41   1   0    <- ab -c 1 終了
  0   0 100   0   0
  0   0 100   0   0
 47  11  42   0   0    <- ab -c 2 開始
 47  10  41   2   0
 47  11  42   0   0
 49  10  41   0   0    <- ab -c 2 終了
  0   0 100   0   0
  0   0 100   0   0
 50  10  40   0   0    <- ab -c 4 開始
 48  12  40   0   1
```

注21　dstatコマンドはデフォルトではインストールされないため、aptやyumを利用してインストールしてください。

```
 48  12  40   0   0
 48  11  41   0   0        <- ab -c 4 終了
```

　並列度にかかわらずCPU使用率はほぼ同一で、usrが約50%、sysが約10%、idlが約40%という結果が得られました。idlと表示されている列はCPUがidle状態、つまり処理を行っておらず、CPUが暇な状態である割合を示しています。このWebサービスを実行しているサーバーはCPUが2コア使えるため、idleが40%あるということは2コアあるうちの1コア弱が稼働していないということです。この遊んでいるCPUを有効に利用できれば、さらにパフォーマンスを向上できるのではないでしょうか。

❚ なぜCPUを使い切れていないのか

　このサーバー上では、Rubyで実装されたWebアプリケーションが稼働しています。Rubyのアプリケーションを HTTP サーバーとして動かすために、unicorn[注22]というアプリケーションサーバーライブラリが使用されています。unicornは、1プロセスで1リクエストを処理するアーキテクチャになっています（本節の内容は6章で詳しく解説します）。4並列でabを実行している状態で、topコマンドの出力を確認してみましょう。

```
ab -c 4実行中のtopコマンドの出力例
top - 13:31:02 up 2:41,  0 users,  load average: 0.41, 0.10, 0.03
Tasks: 127 total,   2 running, 125 sleeping,   0 stopped,   0 zombie
%Cpu(s): 48.6 us, 10.1 sy,  0.0 ni, 41.3 id,  0.0 wa,  0.0 hi,  0.0 si,  0.0 st
MiB Mem :    912.3 total,    70.0 free,    696.6 used,    145.7 buff/cache
MiB Swap:      0.0 total,     0.0 free,      0.0 used.     70.4 avail Mem

  PID USER      PR  NI    VIRT    RES    SHR S  %CPU  %MEM     TIME+ COMMAND
  577 mysql     20   0 1745092 413596  10356 S  83.0  44.3   2:47.51 mysqld      MySQLのプロセス
  656 isucon    20   0  120732  50160   5200 R  40.0   5.4   0:09.72 bundle      Rubyのプロセス
  505 www-data  20   0   55852   3148   1340 S   1.0   0.3   0:00.21 nginx
  447 memcache  20   0  408324   4960   2012 S   0.7   0.5   0:00.97 memcached
```

　1行目のmysqldがMySQLのプロセスで、2行目のbundleがRubyのプロセスです。アクティブに稼働しているRubyのプロセスは1つしか見当たりません。サーバー上でsystemctl status isu-rubyを実行して、稼働しているアプリケーションプロセスの状況を確認してみましょう。

```
# systemctl status isu-ruby
● isu-ruby.service - isu-ruby
     Loaded: loaded (/etc/systemd/system/isu-ruby.service; enabled; vendor preset: enabled)
```

注22　https://rubygems.org/gems/unicorn

```
    Active: active (running) since Sun 2021-11-21 10:02:38 JST; 12min ago
  Main PID: 1294 (bundle)
     Tasks: 2 (limit: 1080)
    Memory: 42.7M
    CGroup: /system.slice/isu-ruby.service
            ├─1294 unicorn master -c unicorn_config.rb
            └─1296 unicorn worker[0] -c unicorn_config.rb
```

unicorn masterというプロセスと、unicorn worker[0]というプロセスが動作していることが分かります。unicornはmasterプロセスという親プロセスから、複数のworkerプロセスという、実際にリクエスト処理を行う子プロセスを起動するアーキテクチャになっています。現在はworkerプロセスが1プロセスで動作していることが分かります。

「1プロセスで1リクエストを処理するアーキテクチャ」で1プロセスしか稼働していないということは、つまり同時に処理できるリクエストは1リクエストのみということです。複数のリクエストが同時にサーバーに到着しても、先にリクエストを処理し始めたレスポンスを返しきるまでは、あとから来たリクエストは処理が開始できずに待たされているわけです。このサーバーには2つのCPUがあるため、同時に複数の処理を行う能力自体はあるのですが、現状の設定ではすべてのCPUを有効に活用できていない状態なのです。

複数のCPUを有効に利用するための設定

サーバーに複数のCPUが搭載されていても、ソフトウェアのアーキテクチャや設定によっては、全てのCPUを有効に利用できるわけではないことが分かりました。CPUを使い切れるように、unicornの設定を変更してみましょう。EC2で動作している場合、/home/isucon/private_isu/webapp/Ruby/unicorn_config.rbが、この環境のunicornの設定ファイルです。ファイルの内容はリスト10のようになっています。

リスト10　unicorn_config.rb の初期状態

```
worker_processes 1
preload_app true
listen "0.0.0.0:8080"
```

worker_processesが、masterプロセスから起動するworkerプロセス数の定義です。一般的に、1プロセスで1リクエストを処理するアーキテクチャの場合、workerプロセスはCPU数より大きく（典型的にはCPU数の数倍に）するのが一般的です。ここでは2CPUあるインスタンスなので、ひとまず4を設定しておきます（リスト11）。

リスト11 worker_processesを4に変更

```
worker_processes 4
preload_app true
listen "0.0.0.0:8080"
```

　unicorn_config.rbの編集後、設定を反映するためにアプリケーションを再起動します。再起動後に確認すると、workerプロセスが4つ起動していることが確認できます。

```
アプリケーションの再起動と稼働しているプロセスの確認
# systemctl restart isu-ruby
# systemctl status isu-ruby
● isu-ruby.service - isu-ruby
    Loaded: loaded (/etc/systemd/system/isu-ruby.service; enabled; vendor preset: enabled)
    Active: active (running) since Sun 2021-11-21 10:53:18 JST; 5s ago
  Main PID: 1584 (bundle)
     Tasks: 6 (limit: 1080)
    Memory: 39.3M
    CGroup: /system.slice/isu-ruby.service
            ├─1584 unicorn master -c unicorn_config.rb
            ├─1585 unicorn worker[0] -c unicorn_config.rb
            ├─1586 unicorn worker[1] -c unicorn_config.rb
            ├─1587 unicorn worker[2] -c unicorn_config.rb
            └─1588 unicorn worker[3] -c unicorn_config.rb
```

適切なworkerプロセス数

　適切なworkerプロセスの数は、アプリケーションの特性によって変わってきます。リクエストの処理時間にはアプリケーションサーバーがCPUを使うだけではなく、MySQLなどのデータベースと通信する時間も含まれます。通信を待っている時間は、アプリケーションからするとCPUを使えずに単に待っている時間です。workerプロセス数をCPUコア数と同一に設定すると、複数のプロセスが同時に通信待ちの状態になった場合、そのタイミングで空いているCPUを使用できるプロセスがいない状態になりがちです。筆者の経験では、プロセス外部のミドルウェアとの通信が多い典型的なWebアプリケーションの場合、CPUコア数の5倍程度を設定するのが適切な場合が多くありました。

　CPUコア数よりも多くのプロセスを起動することで、あるアプリケーションプロセスが通信の待ち時間でCPUを使えない時間に、他のアプリケーションプロセスがCPUを使える可能性が上がります。そのため、効率的にCPUを利用できるのです。

　ただし、workerプロセス数は多くすればするほどよいかというとそうではありません。動作するプロセスが増えればそれだけメモリも消費しますし、CPUの割り込みやコンテキストスイッチと呼ばれる処理も増加します（詳しくは6章と9章を参照してください）。そのため、負荷試験の開始時点ではCPUコア数の数倍程度を仮に設定し、その後の負荷試験やモニタリングによって適切な設定値を求めることをお勧めします。

■ サーバーの並列度を上げて負荷試験を実行する

unicorn workerプロセスを4つ起動した状態で、並列度を1、2、4と変化させてabコマンドを実行したときの、CPU使用率の推移は次のようになりました。CPU idleに着目すると、1並列で約40%、2並列で約10%、4並列で約2%となりました。並列度を上げるにつれて、CPUをほぼ100%使用できていることが分かります。

```
dstatでCPU使用率を表示しながら並列度を変えた負荷試験を行った結果
$ dstat --cpu
--total-cpu-usage--
usr sys idl wai stl
 45   8  46   1   0   <- ab -c 1 開始
 47  13  40   0   0
 49   9  42   0   0
 47  12  41   0   0
  4   2  94   0   0   <- ab -c 1 終了
  0   0 100   0   0
  0   0 100   0   0
 72  16  11   1   0   <- ab -c 2 開始
 77  13  10   0   0
 77  13   9   0   0
 70  18  11   0   0
 57  14  30   0   0   <- ab -c 2 終了
  0   0 100   0   0
  0   0 100   0   0
 82  15   3   0   0   <- ab -c 4 開始
 83  15   2   1   0
 82  16   2   0   0
 79  19   2   0   0
 82  15   2   1   0   <- ab -c 4 終了
```

4並列で負荷試験実行中のtopコマンドの結果は、次のようになりました。一番CPUを使っているのは相変わらずMySQLですが、Webアプリケーションのworkerプロセスが4つ、ほぼ均等にCPUを消費していることが読み取れます。

```
top - 11:21:38 up 11 min,  0 users,  load average: 0.50, 0.40, 0.21
Tasks: 121 total,   1 running, 120 sleeping,   0 stopped,   0 zombie
%Cpu(s): 82.5 us, 15.5 sy,  0.0 ni,  1.7 id,  0.2 wa,  0.0 hi,  0.2 si,  0.0 st
MiB Mem :    912.3 total,     82.9 free,    727.8 used,    101.5 buff/cache
MiB Swap:      0.0 total,      0.0 free,      0.0 used.     58.1 avail Mem

  PID USER      PR  NI    VIRT    RES    SHR S  %CPU  %MEM     TIME+ COMMAND
  584 mysql     20   0 1745380 446664   6300 S 139.5  47.8   1:13.22 mysqld
  904 isucon    20   0  120284  49740   5356 S  14.3   5.3   0:08.03 bundle
```

```
    905 isucon    20   0  120008  49628   5444 S  14.3   5.3   0:07.10 bundle
    906 isucon    20   0  119784  48976   5140 S  13.3   5.2   0:06.34 bundle
    903 isucon    20   0  120144  49812   5376 S  12.6   5.3   0:07.16 bundle
    533 www-data  20   0   55852   3432   1724 S   1.0   0.4   0:00.52 nginx
    454 memcache  20   0  408324   4732   1884 S   0.7   0.5   0:00.41 memcached
```

Requests per second と Time per request は、次の結果が得られました。

```
ab -c 1
Requests per second:    42.66 [#/sec] (mean)
Time per request:       23.439 [ms] (mean)
```

```
ab -c 2
Requests per second:    51.16 [#/sec] (mean)
Time per request:       39.093 [ms] (mean)
```

```
ab -c 4
Requests per second:    53.63 [#/sec] (mean)
Time per request:       74.584 [ms] (mean)
```

　並列度が上がるごとに Requests per second は徐々に向上しています。worker プロセスが1プロセスの初期状態では、並列度を上げても Requests per second はほとんど向上しませんでした。worker プロセスを増やしたことで、複数の CPU を有効に使用できるようになったことが効果を発揮していると考えられます。Requests per second は42.66から53.63となり、数値的には25%の向上（1.25倍）となりました。

　ここで「1並列では CPU が40%余っていた（つまり60%しか使えていなかった）のだから、CPU を100%使用できるならば単純に計算して1.67倍程度に性能が向上するのでは？」と考える人もいるかも知れません。しかし、Web アプリケーションは単に CPU を消費する計算処理だけを行っているわけではありません。また、Web アプリケーション全体のボトルネックは依然として MySQL 側にあるため、単純に比例して数値が向上するわけではないのです。

　レイテンシにも着目してみましょう。並列度が4の場合のレイテンシは、unicorn の worker 数によって次のように変わりました。

- unicorn worker 数1 = 91.181ms
- unicorn worker 数4 = 74.584ms

　並列度が1の時は23ms程度だったので、それに比べると悪化はしています。しかし、worker 数が

増えたことで余っていたCPUを有効に活用できた結果、レイテンシの悪化が抑えられています。

同時マルチスレッディング（SMT）の影響

　CPUによっては、同時マルチスレッディング（Simultaneous Multi-Threading、以下SMT）というアーキテクチャが採用されています。SMTは、実際に存在している物理CPUコア数よりも多いスレッドを同時に稼働させることで、物理コア数以上の個数のCPUが論理的に存在しているように見せる技術のことです。本章で使用したEC2のC5.largeインスタンスでも、Intel Xeonプロセッサによる Hyper-Threading Technologyが有効になっています。OSから認識されているコア数は2ですが、物理コアが2コア専有で割り当てられているわけではありません。

　SMTはCPUコアが遊んでいる部分を使ってあたかも複数コアが稼働しているように見せているものなので、CPU使用率が高くなっていくと、処理能力は線形に向上しなくなります。SMTが有効なCPUの使用率が50％を超えている場合、実際の余力はそれほどありません。CPU使用率50％で処理できているリクエスト数の2倍をCPU使用率100％で処理できるだろう、と判断するのは危険です。筆者がアプリケーションサーバーにオートスケールを設定して、負荷に応じて台数を増減させる時は、CPU使用率が基本的に50％を超えないようにキャパシティプランニングを行っています。

3-6 ｜ まとめ

　本章では、性能を改善したいWebサービスに対して負荷試験を行い、実際の性能を改善するまでの一連のサイクルを学びました。

- Webアプリケーションで性能を計測するログの出力と集計方法
- ベンチマーカーによって負荷を与える方法
- 負荷試験中のサーバーリソースモニタリング
- ログの解析によるボトルネックの発見
- データベースへのインデックス付与による性能改善

　次章では、より現実のWebサービスに対するアクセスに近いリクエストパターンで負荷を掛けるための、独自のシナリオを持ったベンチマーカーの実装方法について学びます。

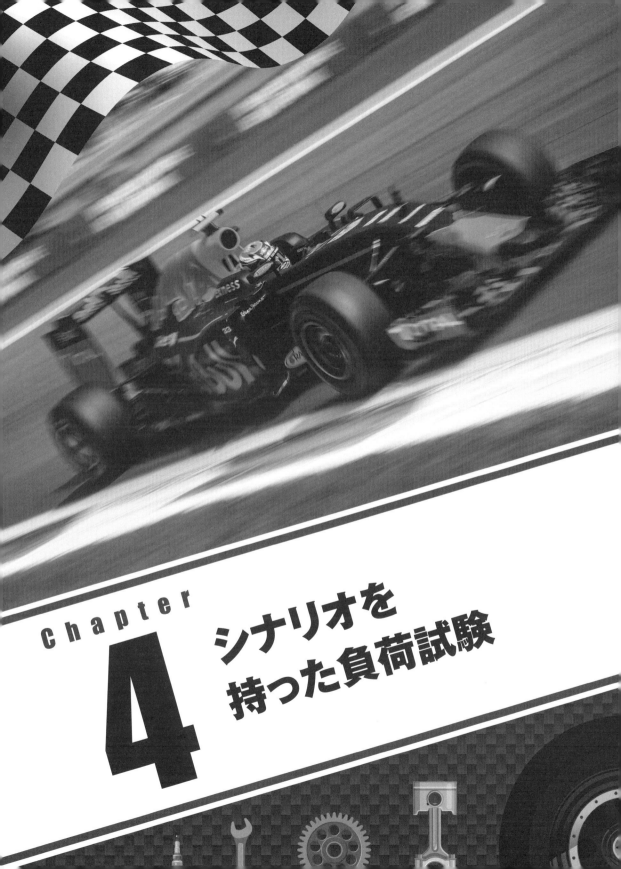

Chapter

4

シナリオを
持った負荷試験

　3章では、Webサービスの単一URLに対してabコマンドを使用した単純な負荷試験を行い、パフォーマンスチューニングの最初の一歩を踏み出しました。あらかじめWebサービスの中で特に負荷が高く、問題が起きそうな箇所を把握できている場合は、1つのURLに繰り返しアクセスするabコマンドを実行するだけで目的が果たせることはあります。

　しかし、実際のWebサービスでは、事前にどの箇所が重いのかが明確に分かっていることは多くありません。むしろ、それを見つけたいので負荷試験を行うことのほうが多いでしょう。そのためには実際の利用状況を模して、多数のURLに複数のクライアントから同時にアクセスがある状況を再現し、その状態において全体のボトルネックがどこかを探る必要があります。ログイン機能があるWebサービスであれば、ユーザーのログイン状態維持なども含んだアクセスも必要になってきます。

　そのような場合は、abコマンドよりも高機能な負荷試験ツールを使用しましょう。本章ではk6というツールを使い、複雑なシナリオを持ったベンチマーカーを作成する例を紹介します。

ISUCON競技のベンチマーカー

　本章ではWebサービスの性能を計測するためのベンチマーカーの作成方法を学びますが、実在のWebサービスに対するベンチマーカーと、ISUCON競技におけるベンチマーカーには多少異なる部分があります。

　ISUCONではWebサービスの外形的な挙動を変えないことが求められます（レギュレーションで明示的に許可されている範囲を除く）。しかし、スコアを競うという競技の性質から、競技者はベンチマーカーに対しては性能値が上がるものの、実在のWebサービスでは許されない動作の改変を試みる可能性があります。たとえば、必要なデータを保存する処理を省略して応答速度を上げたり、あるユーザー向けに生成したコンテンツをキャッシュしておいて他のユーザーに高速に返却したりするなどの行為です。それらの行為はベンチマーカーが自動的に認識して、無効な結果として処理する必要があります。

　そのため、ISUCONベンチマーカーには、計測対象のWebサービスが不正にスコアを向上させるチート行為をしていないかを、実行中に確認するためのコードが大量に含まれています。しかし、一般に自分らのWebサービスの性能を計測する場合には、そのようなチート行為に至る動機はありません。本章でこれから作成するベンチマーカーでは、ISUCONベンチマーカーで実装されている、チート行為を検知する処理は省略しています。

4-1 ｜ 負荷試験ツールk6

　k6[注1]は、モニタリングツールのGrafanaで有名なGrafana Labs[注2]が公開している、負荷試験のためのOSSです。特色としては、次のようなものが挙げられます。

注1　https://k6.io/
注2　https://grafana.com/

- 開発者が使いやすいAPIを持ったCLIが提供されています
- シナリオはJavaScript（ES2015/ES6）で記述できます
- 実行エンジンはGoで実装されています（Node.jsではありません）

負荷試験のシナリオとは、たとえば次のような一連の処理をコードで記述したものです。

1. あるURLにリクエストを送信する
2. サーバーから返ってきたレスポンスの結果を解析する
3. HTML内にあるリンクを辿る／フォームをsubmitして次のリクエストを送る
4. （以下繰り返し）

ユーザーの一般的な行動を模倣したシナリオを作成し、さらに複数種類のシナリオを組み合わせることで、実際に利用されているWebサービスの動作状況を再現できます。単一URLへの連続したリクエストに比べると、実際の利用状況に近い負荷をWebサービスに与えることができるため、ボトルネックの検出に有効です。

k6は通常のブラウザと同じようにCookieを解釈して、シナリオ内の一連のリクエストに透過的にCookieヘッダを付与します。ユーザーのログイン機能があり、セッション維持が必要なWebサービスに対しても、特別な配慮をせずにシナリオを記述できます。また、Cookieヘッダに限らず、送出するリクエストに対して任意のHTTPヘッダを追加できます。独自のヘッダに認証情報を設定してアクセスするようなAPIサーバーであっても、容易に負荷試験を実行できます。

k6がサポートしているプロトコルにはHTTP/1.1、HTTP/2、WebSocket、gRPCがあります[注3]。HTTPでアクセスされる一般的なWebサービスやREST APIだけではなく、WebSocketでストリーミングを行うAPIや、gRPCでアクセスされるバックエンドサーバーに対しても負荷試験シナリオを記述できます。

■ k6をインストールする

k6のインストール方法については、公式ドキュメント[注4]を参照してください。インストールするとk6コマンドが実行できるようになります。

```
$ k6 version
k6 v0.36.0 (2022-01-24T09:50:03+0000/ff3f8df, go1.17.6, linux/amd64)
```

注3　https://k6.io/docs/using-k6/protocols/
注4　https://k6.io/docs/getting-started/installation/

4-2 ┃ k6による単純な負荷試験

まず最初に、3章でabコマンドを利用して1つのURLにリクエストを送受信したものと同様のシナリオを、k6で記述する例を紹介します。リスト1のコードをab.jsとして保存します。http.get()は、指定したURLにGETリクエストを送信する関数です。

リスト1 単一URLにリクエストを送信するシナリオ

```
import http from "k6/http";

const BASE_URL = "http://localhost";

export default function () {
  http.get(`${BASE_URL}/`);
}
```

k6コマンドを使用して、ab -c 1 -t 30と同様に1並列で30秒間のリクエストを送信してみましょう。負荷試験対象のWebサービスは、3章で紹介したprivate-isuを利用します。3章で紹介した範囲のチューニングを最後まで行った状態（MySQLにインデックスを1つ追加し、unicornのworker数を4にした状態）です。

k6では並列度は、--vusオプションで指定します。k6において、"VUs"は、"Virtual Users"の略で、Webサービスの利用者をあらわす概念です[注5]。並列度1（--vus 1）、30秒間実行（--duration 30s）というオプションを指定して、k6 runを実行します。

```
k6 run --vus 1 --duration 30s ab.jsの実行結果
$ k6 run --vus 1 --duration 30s ab.js

          /\      |‾‾| /‾‾/  /‾‾/
     /\  /  \     |  |/  /  /  /
    /  \/    \    |     (  /   ‾‾\
   /          \   |  |\  \ |  () |
  / _____ \  |__| \__\ \_____/ .io

  execution: local
     script: ab.js
     output: -

  scenarios: (100.00%) 1 scenario, 1 max VUs, 1m0s max duration (incl. graceful stop):
           * default: 1 looping VUs for 30s (gracefulStop: 30s)
```

注5　https://k6.io/docs/cloud/cloud-faq/general-questions/#what-are-vus-virtual-users

```
running (0m30.0s), 0/1 VUs, 1159 complete and 0 interrupted iterations
default ✓ [======================================] 1 VUs  30s

     data_received..................: 30 MB 1.0 MB/s
     data_sent......................: 87 kB 2.9 kB/s
     http_req_blocked...............: avg=4.15µs  min=1.54µs  med=2.51µs  max=168.03µs p(90)=3.62µs 🔋
   p(95)=4.15µs
     http_req_connecting............: avg=808ns   min=0s      med=0s      max=98.41µs  p(90)=0s     🔋
       p(95)=0s
     http_req_duration..............: avg=25.77ms min=24.49ms med=25.64ms max=38.07ms  p(90)=26.5ms 🔋
   p(95)=26.85ms
       { expected_response:true }...: avg=25.77ms min=24.49ms med=25.64ms max=38.07ms  p(90)=26.5ms 🔋
   p(95)=26.85ms
     http_req_failed................: 0.00% ✓ 0         ✗ 1159
     http_req_receiving.............: avg=86.13µs min=46.06µs med=83.9µs  max=358.3µs  p(90)=104.21µs🔋
   p(95)=113.41µs
     http_req_sending...............: avg=15.86µs min=7.85µs  med=15.76µs max=326.92µs p(90)=18.6µs 🔋
   p(95)=20.13µs
     http_req_tls_handshaking.......: avg=0s      min=0s      med=0s      max=0s       p(90)=0s     🔋
       p(95)=0s
     http_req_waiting...............: avg=25.67ms min=24.41ms med=25.54ms max=37.66ms  p(90)=26.4ms 🔋
   p(95)=26.75ms
     http_reqs......................: 1159  38.627392/s
     iteration_duration.............: avg=25.87ms min=24.58ms med=25.74ms max=38.33ms  p(90)=26.6ms 🔋
   p(95)=26.96ms
     iterations.....................: 1159  38.627392/s
     vus............................: 1      min=1       max=1
     vus_max........................: 1      min=1       max=1
```

　k6 runが出力する結果のうち、abコマンドでのRequests per second（1秒間あたりに処理できたリクエスト数。スループット）に相当するものはhttp_reqsです。Time per request(mean)（レスポンスタイム、レイテンシ）に相当するものはhttp_req_durationのavgです。

```
k6 run --vus 1 --duration 30s ab.jsの実行結果（抜粋）
     http_reqs........: 1159  38.627392/s
     http_req_duration.: avg=25.77ms min=24.49ms med=25.64ms max=38.07ms  p(90)=26.5ms   p(95)=26.85ms
```

　3章の最後では、abコマンドを並列度を1、2、4と変えて実行しました。k6でも同様に--vusを1、2、4として実行した結果のhttp_reqsとhttp_req_duration（avg）を表1と表2に示します。

表1 k6 run --vus $vus --duration 30s ab.jsの実行結果（スループット）

並列度	http_reqs（/s）	3章 ab での Requests per second
1	38.627392/s	42.66/s
2	48.543018/s	51.61/s
4	51.039531/s	53.63/s

表2 k6 run --vus $vus --duration 30s ab.jsの実行結果（レスポンスタイム）

並列度	http_req_duration（avg）	3章 ab での Time per request
1	25.29 ms	23.439 ms
2	40.74 ms	39.093 ms
4	77.5 ms	74.584 ms

　3章でabコマンドによって得られた結果と、ほぼ同一の結果が得られていることが分かります。

負荷試験の適切な実行時間

　本章で紹介している負荷試験では、30秒という比較的短い実行時間を指定しています。ISUCON競技では、ベンチマーカーの負荷走行時間（スコアを計測するためにリクエストを送信し続ける時間）は1分のことがほとんどです。このような比較的短い時間でも、秒間数十以上のリクエストを処理できるWebサービスであれば、処理性能自体の計測は問題なく可能です。1回の実行時間を短くすることで、短時間で多数の試験を繰り返し実行できます。

　しかし、実際のWebサービスに対する負荷試験では、もう少し長い時間にわたって負荷を掛けて計測することをお勧めします。筆者は、最低でも5分間の負荷走行時間が必要だと考えています。実際の負荷試験の際は、サーバーリソースのモニタリングを同時に行います。実運用を見据えた場合、レイテンシやスループットだけではなく、その処理をしている際の各種リソース（CPU、メモリ、Disk IO、ネットワークトラフィックなど）の使用状況の記録と観察も重要になってきます。

　サーバーリソースのモニタリングツールでは、製品にもよりますが15秒〜1分程度の粒度で結果を記録するものがほとんどです。1秒などの細かい粒度で記録すると保存されるデータ量が膨大になる上、長期間の結果をその粒度で見たいことはほとんどないためです。そのため、負荷走行時間が1分以下の場合、負荷が掛かっている状態でのリソースの正確な値を記録できません。

　1分の粒度で記録されるモニタリングツールを使用して5分間の負荷試験を実行した場合、最初と最後のそれぞれ1分間の中には負荷が掛かっていない時間が存在します。そのため、最初と最後の1分間について得られた値は不正確です。最初と最後の1分間を除外した3分間は全ての期間に負荷が掛かっているため、この3点の数値のみが結果として信頼できる値となります。負荷試験中に同時に記録されたモニタリングの数値を信頼できる値とするため、モニタリングのデータポイントが最低3点以上記録できる実行時間を設定することをお勧めします。

　計測直前にアプリケーションやミドルウェアを再起動した場合、起動直後には実行中に生成されるキャッシュがありません。また、実行中に頻繁に実行されるコードを最適化するJIT（Just-In-Time）コンパイラも動作していないなどの理由で、十分なパフォーマンスを発揮できない場合があります。キャッシュや実行環境のウォームアップのためにも、ある程度の時間に渡って負荷を掛けたほうが良いでしょう。

　また、負荷試験の目的として、短期間の性能を計測する意図（パフォーマンステスト）と、長期間負荷を掛けた場合に性能やリソースの使用量がどう変化するかを観察するための意図（ストレステスト）があります。本章で紹介している負荷試験は前者（パフォーマンステスト）を意図していますが、実際のプロダクトにおいては後者（ストレステスト）も重要です。数時間〜数日間の長期間に渡って負荷を与えることで、特にWebアプリケーションやミドルウェアのメモリ使用量が増え続けないか（メモリリークしていないか）、実行中にデータが増えていくことによってパフォーマンス上の問題が起きないか、などを観察できます。

4-3 k6でシナリオを記述する

　ここからは複雑なシナリオを持ったベンチマーカーの例として、private-isuに付属するISUCONベンチマーカーが発行するリクエストをk6で再現する例を紹介します。private-isuのISUCONベンチマーカーを実行すると、最初に初期化のためのGET /initializeというURLにアクセスします。次にWebサービスが外形的な仕様を満たしているか確認するための一連のリクエストを順番に実行します。そこで問題が発見されなければ、並列度を上げて実際の負荷を与える処理が始まります。

　今回はISUCONベンチマーカーが最初に行うリクエストから、次の処理を抜粋して再現していきます。

1. Webアプリケーションの初期化処理
2. ユーザーがログインしてコメントを投稿する処理
3. ユーザーがログインして画像を投稿する処理

シナリオ内で共通で使用する関数を定義する

　最初に、負荷試験対象のURLを生成するための関数を定義して、config.jsとして保存しておきます。シナリオを記述するコードからはこのファイル内で定義されたurl()関数をimportして実行することで、リクエストするURLを一括で管理できます（リスト2）。

リスト2　対象URLを生成する関数を定義したconfig.js

```
// localhost以外を対象にする場合はここを書き換えれば良い
const BASE_URL = "http://localhost";

export function url(path) {
  return `${BASE_URL}${path}`;
}
```

■ Webサービスの初期化処理シナリオを記述する

private-isuのISUCONベンチマーカーは動作開始後、最初に/ininitlizeというURLにGETリクエストを送信します。private-isuは/initializeをリクエストされた時点で、必要な初期化処理を行います。

private-isuのレギュレーションにおいては、GET /initializeのレスポンスは10秒以内に返却する必要がありました。そのため、ここではGETリクエストを送信するhttp.get()関数の第2引数にパラメータを追加し、タイムアウトを設定しています（リスト3）。リクエストに付加できるパラメータはドキュメント[注6]を参照してください。タイムアウト設定以外にも、独自のCookie送信やリクエストヘッダの追加などが行えます。

リスト3 Webサービスの初期化処理を行うシナリオinitialize.js

```
// k6のhttp処理のmoduleをimport
import http from "k6/http";

// k6のsleep関数をimport
import { sleep } from "k6";

// 独自に定義したurl関数をimport
import { url } from "./config.js";

// k6が実行する関数
// /initializeに10秒のタイムアウトを指定してGETリクエストし、完了後1秒待機する
export default function () {
  http.get(url("/initialize"), {
    timeout: "10s",
  });
  sleep(1);
}
```

この initlize.js は、単独でk6 runに指定して実行できます。また、他のコードからimport initialize from "./initialize.js";のようにimportすることで、他のシナリオの一部として実行もできます。実際にk6 run --vus 1 initialize.jsとして実行すると、GET /initializeを1回送受信して終了します。

```
$ k6 run --vus 1 initialize.js

         /\      |‾‾| /‾‾/   /‾‾/
        /\  /  \     |  |/  /   /  /
       /  \/    \    |     ( /   ‾‾\
```

注6 https://k6.io/docs/javascript-api/k6-http/params/

```
    /              \   |  |\  \ |  (¯) |
   / _____ \  |__| \_\ \____/ .io

  execution: local
      script: initialize.js
      output: -

  scenarios: (100.00%) 1 scenario, 1 max VUs, 10m30s max duration (incl. graceful stop):
           * default: 1 iterations for each of 1 VUs (maxDuration: 10m0s, gracefulStop: 30s)


running (00m01.0s), 0/1 VUs, 1 complete and 0 interrupted iterations
default ✓ [==============================] 1 VUs  00m01.0s/10m0s  1/1 iters, 1 per VU


    data_received..................: 264 B 254 B/s
    data_sent......................: 87 B  84 B/s
    http_req_blocked...............: avg=8.99ms    min=8.99ms    med=8.99ms    max=8.99ms    p(90)=8.99ms 🔽
  p(95)=8.99ms
    http_req_connecting............: avg=8.87ms    min=8.87ms    med=8.87ms    max=8.87ms    p(90)=8.87ms 🔽
  p(95)=8.87ms
    http_req_duration..............: avg=29.18ms   min=29.18ms   med=29.18ms   max=29.18ms   p(90)=29.18ms 🔽
  p(95)=29.18ms
      { expected_response:true }...: avg=29.18ms   min=29.18ms   med=29.18ms   max=29.18ms   p(90)=29.18ms 🔽
  p(95)=29.18ms
    http_req_failed................: 0.00% ✓ 0           ✗ 1
    http_req_receiving.............: avg=151.39µs min=151.39µs med=151.39µs max=151.39µs p(90)=151.39µs 🔽
  p(95)=151.39µs
    http_req_sending...............: avg=159.79µs min=159.79µs med=159.79µs max=159.79µs p(90)=159.79µs 🔽
  p(95)=159.79µs
    http_req_tls_handshaking.......: avg=0s        min=0s        med=0s        max=0s        p(90)=0s 🔽
      p(95)=0s
    http_req_waiting...............: avg=28.87ms   min=28.87ms   med=28.87ms   max=28.87ms   p(90)=28.87ms 🔽
  p(95)=28.87ms
    http_reqs......................: 1        0.960375/s
    iteration_duration.............: avg=1.03s     min=1.03s     med=1.03s     max=1.03s     p(90)=1.03s 🔽
      p(95)=1.03s
    iterations.....................: 1        0.960375/s
    vus............................: 1        min=1      max=1
    vus_max........................: 1        min=1      max=1
```

▌sleep()関数：一定時間待機する

initialize.jsではGET /initializeのレスポンス受信後、実際に負荷を与える前の猶予期間として1秒間sleepして待機します。sleepを行うために、k6からsleep関数をimportして使用します。引数は数値で、単位は秒です。

　実際のユーザーの行動をシミュレートする場合には、立て続けにリクエストの送受信を繰り返すのではなく、レスポンス受信から次のリクエスト送信までに時間を空けたいことがあります。sleep()関数は、そのような場合にも利用できます。

■ユーザーがログインしてコメントを投稿するシナリオを記述する

　private-isu ではCookieを使用して、ログインセッションを維持しています。ユーザーがコメントや画像を投稿するためには、あらかじめログインしている必要があります。先述の通り、k6はサーバーから送信されたSet-Cookieヘッダを解釈し、後続のリクエストへ自動的にCookieヘッダを付与して送出します。そのためベンチマーカーのシナリオには、ログインセッション維持のための特別な記述は必要ありません。

　このシナリオでは、次のような流れでリクエストを送信します。

1. /loginにアカウント名とパスワードをPOSTしてログイン
2. ログイン成功後にユーザーページ /@{アカウント名}をGETして取得
3. ユーザーページのフォームからコメントをPOST
   HTMLフォームのhidden要素として埋め込まれている csrf_token と post_id も一緒に送信

　この流れをk6のシナリオとしてコードで記述すると、リスト4のようになります。一連の流れを素直にコードに書き下せているのではないでしょうか。

リスト4　ユーザーがログインしてコメントを投稿するシナリオ comment.js

```
// k6mからhttp処理のmoduleをimport
import http from 'k6/http';

// k6からcheck関数をimport
import { check } from 'k6';

// k6からHTMLをパースする関数をimport
import { parseHTML } from "k6/html";

// url関数をimport
import { url } from "./config.js";

// ベンチマーカーがが実行するシナリオ関数
// ログインしてからコメントを投稿する
export default function () {
  // /login に対してアカウント名とパスワードを送信
  const login_res = http.post(url("/login"), {
    account_name: 'terra',
```

```
    password: 'terraterra',
  });

  // レスポンスのステータスコードが200であることを確認
  check(login_res, {
    "is status 200": (r) => r.status === 200,
  });

  // ユーザーページ /@terra をGET
  const res = http.get(url("/@terra"));

  // レスポンスの内容をHTMLとして解釈
  const doc = parseHTML(res.body);

  // フォームのhidden要素からcsrf_token, post_idを抽出
  const token = doc.find('input[name="csrf_token"]').first().attr("value");
  const post_id = doc.find('input[name="post_id"]').first().attr("value");

  // /comment に対して、post_id, csrf_token とともにコメント本文をPOST
  const comment_res = http.post(url("/comment"), {
    post_id: post_id,
    csrf_token: token,
    comment: "Hello k6!",
  });
  check(comment_res, {
    "is status 200": (r) => r.status === 200,
  });
}
```

　このcomment.jsも、先に示したinitialize.jsと同様に単独でk6 runに指定して実行できますし、
他のコードからimport comment from "./comment.js";のようにimportすることで、他のシナリオの
一部として実行もできます。

```
k6 run --vus 1 comment.jsの実行例
$ k6 run --vus 1 comment.js

         /\      |‾‾| /‾/  /‾‾|
    /\  /  \     |  |/ /  / /
   /  \/    \    |     (  /   ‾‾\
  /          \   |  |\  \ | (‾) |
 / _____ \  |__| \_\ \_____/ .io

execution: local
   script: comment.js
   output: -
```

```
 scenarios: (100.00%) 1 scenario, 1 max VUs, 10m30s max duration (incl. graceful stop):
          * default: 1 iterations for each of 1 VUs (maxDuration: 10m0s, gracefulStop: 30s)


running (00m00.2s), 0/1 VUs, 1 complete and 0 interrupted iterations
default ✓ [==============================] 1 VUs  00m00.2s/10m0s  1/1 iters, 1 per VU

      ✓ is status 200

      checks.........................: 100.00% ✓ 2         ✗ 0
      data_received..................: 74 kB   375 kB/s
      data_sent......................: 1.2 kB  6.1 kB/s
      http_req_blocked...............: avg=1.77ms   min=4.5µs    med=6.2µs    max=8.83ms   p(90)=5.3ms  🔲
     p(95)=7.07ms
      http_req_connecting............: avg=1.73ms   min=0s       med=0s       max=8.69ms   p(90)=5.21ms 🔲
     p(95)=6.95ms
      http_req_duration..............: avg=35.98ms  min=13.11ms  med=21.3ms   max=70.82ms  p(90)=66.82ms 🔲
    p(95)=68.82ms
        { expected_response:true }...: avg=35.98ms  min=13.11ms  med=21.3ms   max=70.82ms  p(90)=66.82ms 🔲
    p(95)=68.82ms
      http_req_failed................: 0.00%   ✓ 0         ✗ 5
      http_req_receiving.............: avg=1.88ms   min=149.79µs med=199.39µs max=8.54ms   p(90)=5.25ms 🔲
     p(95)=6.89ms
      http_req_sending...............: avg=78.23µs  min=21.59µs  med=60.99µs  max=174.49µs p(90)=149.41µs 🔲
    p(95)=161.95µs
      http_req_tls_handshaking.......: avg=0s       min=0s       med=0s       max=0s       p(90)=0s     🔲
        p(95)=0s
      http_req_waiting...............: avg=34.02ms  min=12.85ms  med=20.93ms  max=62.26ms  p(90)=61.53ms 🔲
     p(95)=61.89ms
      http_reqs......................: 5       25.529572/s
      iteration_duration.............: avg=194.41ms min=194.41ms med=194.41ms max=194.41ms p(90)=194.41ms 🔲
    p(95)=194.41ms
      iterations.....................: 1       5.105914/s
```

▌check() 関数：レスポンスの内容をチェックする

　k6が定義している check() 関数を使用することで、シナリオ実行中に任意の値を検査できます[注7]。comment.jsでは、リクエストの結果、得られたレスポンスのステータスコードが想定通りであるかを確認しています。check() を適宜実行することで、シナリオ実行中に得られたレスポンスが、ベンチマーカーが意図したものかを確認するために利用できます。

　k6はサーバーから受信したレスポンスがHTTPリダイレクトだった場合（ステータスコード302など）、リダイレクト先のURLに対して自動的にリクエストを送信します。そのため、シナリオのコードで得られるレスポンスオブジェクトは、リダイレクト後のリクエストの結果になります。

注7　https://k6.io/docs/using-k6/checks/

private-isuのWebアプリケーションは、/loginや/commentへのPOSTが正常に完了した後にリダイレクトを行います。comment.js内のcheck()で検査しているレスポンスオブジェクトは、リダイレクト後のリクエストのものとなるため、得られたステータスコードがリダイレクトを示す302ではなく、リダイレクト後のリクエストが成功したことを示す200であることを確認しています。chcck()の実行が何回行われ、何回成功したかは、k6 runの出力に次のように表示されます。

```
checks.........................: 100.00% ✓ 2      ✗ 0
```

checks 100.00%となっているのが、シナリオ中にcheck()関数を実行した結果です。

check()関数がなんらかの原因で失敗した場合、次のようにchecksの欄に成功と失敗の数と割合が表示されます。ベンチマーカーが想定外のレスポンスがサーバーから返却された場合は、Webサービスが正常に稼働していない可能性があります。

```
checks.........................: 50.00% ✓ 19     ✗ 19
```

負荷試験の実施中にはサーバーのモニタリングやログの解析も合わせて行うため、そちらで正常に稼働していないことに気がつける可能性はありますが、見落とすこともあります。ベンチマーカー側でも要所要所ではcheck()を実行し、意図しないレスポンスが返却されていないかを確認するのが良いでしょう。

parseHTML()関数：HTML内の要素を取得する

シナリオを記述する際に、Webサービスから返却されたコンテンツに含まれる値を、後続のリクエストのパラメータとして使いたいことがあります。private-isuでコメントを投稿する場合は、HTMLフォーム内のhidden要素にあるcsrf_tokenとpost_idの値をリクエストに含める必要があります。この値をコードで抽出するために、レスポンス結果のHTMLを解析します。

k6でHTMLを解析するには、k6/htmlモジュール[8]のparseHTML()関数[9]を使用します（リスト5）。HTMLを解析した結果、SelectionオブジェクトというDOMツリーにアクセスするためのオブジェクトが返却されるので、それに対してfind()関数を実行することで要素を取得します。find()関数はjQuery[10]のfind()と同様のセレクタ文字列を引数に取り、Selectionオブジェクトを返却します。

注8　https://k6.io/docs/javascript-api/k6-html/
注9　https://k6.io/docs/examples/parse-html/
注10　https://jquery.com/

リスト5　k6のparseHTML()を使用する例

```
// レスポンスの内容をHTMLとして解釈
const doc = parseHTML(res.body);

// フォームのhidden要素から csrf_token, post_id を抽出
const token = doc.find('input[name="csrf_token"]').first().attr("value");
const post_id = doc.find('input[name="post_id"]').first().attr("value");
```

　HTMLの解析は比較的重い処理のため、k6の実行時にCPUを多く消費します。不必要な箇所で実行するとベンチマーカーを実行しているホストのCPUを多く消費し、Webサービス側よりもベンチマーカー側がボトルネックになる可能性が高まります。実行は必要最小限に留めることをお勧めします。

ファイルアップロードを含むフォームを送信する

　private-isuはユーザーが画像を投稿する掲示板なので、負荷試験のシナリオとして画像ファイルのアップロードを扱う必要があります。k6では、open()関数[注11]を使ってファイルを読み込むことができます。読み込んだファイルをhttp.file()で処理することで、アップロードするファイルをhttp.post()関数へ渡すパラメータとして指定できます。ユーザーがログイン後、フォームから画像をアップロードするシナリオのコードはリスト6のようになります。

リスト6　ログインしてフォームから画像をアップロードするシナリオ postimage.js

```
// http処理のmoduleをimport
import http from 'k6/http';

// HTMLをパースする関数をimport
import { parseHTML } from "k6/html";

// リクエスト対象URLを生成する関数をimport
import { url } from "./config.js";

// ファイルをバイナリとして開く
const testImage = open("testimage.jpg", "b");

// k6が実行する関数
// ログインして画像を投稿するシナリオ
export default function () {
  const res = http.post(url("/login"), {
    account_name: "terra",
    password: "terraterra",
  });
  const doc = parseHTML(res.body);
  const token = doc.find('input[name="csrf_token"]').first().attr("value");
```

注11　https://k6.io/docs/javascript-api/init-context/open-filepath-mode/

```
http.post(url("/"), {
  // http.fileでファイルアップロードを行う
  file: http.file(testImage, "testimage.jpg", "image/jpeg"),
  body: "Posted by k6",
  csrf_token: token,
});
}
```

シナリオで使用する外部データを用意する

ここまでに示したシナリオでは、ログイン処理に送信するaccount_nameとpasswordをコード内に直接記述していました。しかし、これでは並列度を上げて多重リクエストを行っても、すべての処理で1ユーザーがログインすることになります。実際の利用状況を再現するためには、k6での並列実行単位（VUs）ごとに別々のアカウントを利用する必要があります。負荷試験用のためにパスワードが分かっているアカウントをあらかじめ用意しておき、その情報をシナリオで利用できるようにしてみましょう。

事前に存在しているアカウント情報をJSON形式のファイルで用意しておきます（リスト7）。リスト8のコードは、JSONの中からアカウント情報をランダムに1つ選択して返す関数を、getAccount()という名前でexportするモジュールの例です。

SharedArrayはk6の初期化時に一度だけメモリに読み込まれ、各VUsから読み取り専用に共用される配列オブジェクトです[注12]。VUs間で共用する、読み込み専用のデータを保持するために使用できます。なお、このSharedArrayに書き込みを行っても別のVUsには反映されないため、SharedArrayをVUs間の通信手段としては利用できません。

リスト7 アカウント情報を定義するJSONファイルaccounts.json

```
[
  {
    "account_name": "terra",
    "password": "terraterra"
  },
  {
    "account_name": "sheri",
    "password": "sherisheri"
  },
  {
    "account_name": "janelle",
    "password": "janellejanelle"
  },
```

注12 https://k6.io/docs/javascript-api/k6-data/sharedarray/

```
  {
    "account_name": "chasity",
    "password": "chasitychasity"
  }
]
```

リスト8　accounts.jsonをSharedArrayとして読み込むモジュールaccounts.js

```
// SharedArray をimport
import { SharedArray } from 'k6/data';

// accounts.json を読み込んで SharedArray にする
const accounts = new SharedArray('accounts', function () {
    return JSON.parse(open('./accounts.json'));
});

// SharedArray からランダムに1件取り出して返却する関数
export function getAccount() {
  return accounts[Math.floor(Math.random() * accounts.length)];
}
```

　リスト8のコードをaccounts.jsという名前で保存すると、シナリオのコードからはリスト9のように import して利用できます。

リスト9　accounts.jsをimportしてgetAccount()関数を利用するシナリオ

```
// getAccount 関数を accounts.js から import
import { getAccount } from "./accounts.js";

function commentScenario() {
  // ランダムに1アカウントを選択
  const account = getAccount();
  // /login に対して送信
  const login_res = http.post(url("/login"), {
    account_name: account.account_name,
    password: account.password,
  });
  // ...
```

　先に示したcomment.jsとpostimage.jsのログイン処理を、このように改変しておきましょう。

4-4 複数のシナリオを組み合わせた統合シナリオを実行する

　これまでに作成した3つのシナリオ、`initialize.js`、`comment.js`、`postimage.js`を組み合わせて、一連の負荷試験として実行してみましょう。k6には、複数のシナリオ関数を指定した条件で組み合わせて実行する仕組みがあります[注13]。

　リスト10のコードは、k6で複数のシナリオ関数を組み合わせて実行する方法を指定する例です。以下の定義を記述しています。

- 初期化のための`initialize`を1回だけ実行
- `comment`は4VUs、`postimage`は2VUsで開始12秒後から30秒間実行

リスト10　複数のシナリオ関数を組み合わせて実行するintegrated.js

```
// 各ファイルからシナリオ関数を import
import initialize from "./initialize.js";
import comment from "./comment.js";
import postimage from "./postimage.js";

// k6が各関数を実行できるようにexport
export { initialize, comment, postimage };

// 複数のシナリオを組み合わせて実行するオプションの定義
export const options = {
  scenarios: {
    initialize: {
      executor: "shared-iterations", // 一定量の実行を複数のVUsで共有する実行機構
      vus: 1,                        // 同時実行数(初期化なので1)
      iterations: 1,                 // 繰返し回数(初期化なので1回だけ)
      exec: "initialize",            // 実行するシナリオの関数名
      maxDuration: "10s",            // 最大実行時間
    },
    comment: {
      executor: "constant-vus", // 複数の VUs を並行で動かす実行機構
      vus: 4,                   // 4 VUs で実行
      duration: "30s",          // 30秒間実行する
      exec: "comment",          // comment 関数を実行
      startTime: "12s",         // 12秒後に実行開始
    },
    postImage: {
      executor: "constant-vus",
      vus: 2,
      duration: "30s",
```

注13　https://k6.io/docs/using-k6/scenarios/

```
      exec: "postimage",
      startTime: "12s",
    },
  },
};

// k6が実行する関数。定義は空で良い
export default function() { }
```

　実行オプションの定義をコードで行った場合、`export default function`は空の関数定義だけで問題ありません。`k6 run`の実行時には`--vus`などのオプションも指定せず、単に`k6 run integrated.js`のようにファイル名のみを指定して実行します。

　各シナリオで指定した`executor`は、この例で使用した`shared-iterations`や`constant-vus`の他にも存在します。詳しくはk6のドキュメントを参照してください。

統合シナリオの実行結果の例

　`integrated.js`による複数のシナリオを組み合わせた負荷試験の結果は、次のようになりました（一部抜粋）。

```
$ k6 run integrated.js
 scenarios: (100.00%) 3 scenarios, 7 max VUs, 1m12s max duration (incl. graceful stop):
           * initialize: 1 iterations shared among 1 VUs (maxDuration: 10s, exec: initialize, 🔁
gracefulStop: 30s)
           * comment: 4 looping VUs for 30s (exec: comment, startTime: 12s, gracefulStop: 30s)
           * postImage: 2 looping VUs for 30s (exec: postimage, startTime: 12s, gracefulStop: 30s)


running (0m42.2s), 0/7 VUs, 620 complete and 0 interrupted iterations
initialize ✓ [======================================] 1 VUs  01.0s/10s  1/1 shared iters
comment    ↓ [======================================] 4 VUs  30s
postImage  ✓ [======================================] 2 VUs  30s


     ✓ is status 200

     checks.........................: 100.00% ✓ 664       ✗ 0

     http_req_duration..............: avg=63.97ms  min=3.24ms   med=42.54ms  max=273.22ms p(90)=144.67ms
p(95)=171.56ms
       { expected_response:true }...: avg=63.97ms  min=3.24ms   med=42.54ms  max=273.22ms p(90)=144.67ms
p(95)=171.56ms
     http_req_failed................: 0.00%   ✓ 0         ✗ 2809
     http_reqs......................: 2809    66.516419/s
```

この結果からは、以下の数値が読み取れます。

- `http_reqs`：合計で2809リクエストを送信、秒間リクエスト数は66.516419req/sec
- `http_req_failed`：HTTPリクエストの失敗は0
- `http_req_duration`：平均レスポンスタイムは63.97ms
- `checks`：check()関数による検査は全て成功

　この結果は、全てのエンドポイントに対するリクエストの結果がまとまって出力されています。今回のシナリオに含まれる個々のURLについて、回数やレスポンスタイムを個別に集計したい場合はどうすればいいでしょうか。

　k6にはデフォルトのサマライズされた結果出力の他に、実行中の詳細なメトリクスを出力する仕組みが含まれています。出力先はCSVやJSONなどのファイルの他にも、Prometheus[注14]やStatsD[注15]のようなモニタリングツール、Amazon CloudWatch[注16]やDatadog[注17]、New Relic[注18]のようなクラウド上のサービスへ出力し、可視化が可能です。詳細はk6のドキュメント[注19]を参照してください。

　しかし、この機能で出力されたメトリクスは、シナリオ実行中の1リクエストにつき複数のメトリクスが出力されている生のデータです。そのため、たとえばURL別に平均レスポンスタイムを出したい場合には、別途なんらかの方法で集計する必要があります。

　abとk6 runによる負荷試験実行で得られた結果がほぼ一致していたことは、本章の前半で確認しました。3章では、abの実行で得られた結果と、nginxのアクセスログをalpで解析した結果がほぼ一致していたことを確認しました。つまり、nginxのアクセスログの集計によってURLごとの平均レスポンスタイムを算出することで、k6による統合シナリオ負荷試験の結果も把握できそうです。

4-5　負荷試験で得られたアクセスログを解析する

　複数シナリオ負荷試験によって記録されたアクセスログを、3章で解説したalpによって解析してみましょう。alpを実行した結果は、次のようになりました。

注14　https://prometheus.io/
注15　https://github.com/statsd/statsd
注16　https://aws.amazon.com/cloudwatch/
注17　https://www.datadoghq.com/
注18　https://newrelic.com/
注19　https://k6.io/docs/results-visualization/

```
$ alp json \
   --sort sum -r \
   -m "/posts/[0-9]+,/@\w+" \
   -o count,method,uri,min,avg,max,sum \
   < /var/log/nginx/access.log
+-------+--------+--------------+-------+-------+-------+--------+
| COUNT | METHOD |     URI      |  MIN  |  AVG  |  MAX  |  SUM   |
+-------+--------+--------------+-------+-------+-------+--------+
|   619 | GET    | /            | 0.044 | 0.098 | 0.204 | 60.916 |
|   335 | GET    | /@\w+        | 0.088 | 0.164 | 0.244 | 54.968 |
|   619 | POST   | /login       | 0.012 | 0.043 | 0.168 | 26.592 |
|   619 | GET    | /posts/[0-9]+| 0.004 | 0.027 | 0.120 | 16.608 |
|   284 | POST   | /            | 0.012 | 0.037 | 0.132 | 10.500 |
|   335 | POST   | /comment     | 0.008 | 0.026 | 0.088 |  8.788 |
|     1 | GET    | /initialize  | 0.096 | 0.096 | 0.096 |  0.096 |
+-------+--------+--------------+-------+-------+-------+--------+
```

alpに指定したオプションの意味は、次の通りです。

- --sort sum -r：レスポンスタムの合計が大きいURLから降順で表示
- -m "/posts/[0-9]+,/@\w+"
  ・URLの /posts/{投稿ID} を /posts/[0-9]+ に集約
  ・URLの /@{アカウント名} を /@\w+ に集約
- -o count,method,uri,min,avg,max,sum：URL別のリクエスト回数、メソッド、レスポンスタイムの最小、平均、最大、合計を出力

さて、この結果をどう考察すればよいでしょうか。初期化処理であるGET /initializeを除いて、それ以外のエンドポイントに付いて数値を読み取っていきましょう。レスポンスタイムの合計（SUM）が大きい順に並べると、ワースト3は次の通りです。

1. トップページ（GET /）‥‥‥‥‥‥‥‥‥‥‥‥‥‥‥‥60.916s
2. ユーザーページ（GET /@{アカウント名}）‥‥‥‥54.968s
3. ログイン処理（POST /login）‥‥‥‥‥‥‥‥‥‥‥‥26.592s

「チューニングはボトルネックから」という鉄則を考えると、大量に呼ばれていてさらに平均のレスポンスタイムも大きい（遅い）エンドポイントである、ユーザーページとトップページを改善していくのがよさそうです。今回用意したシナリオでは、ユーザーがログインしてからコメントや画像を投稿するという流れになっているため、ログイン処理のエンドポイントであるPOST /loginも多く呼ばれて上位に来ています。

　次に、投稿系の処理に用いられるPOSTのエンドポイントだけに着目してみましょう。回数を無視して平均レスポンスタイムをみると、ワースト3は次の通りです。

1. ログイン処理（POST /login）‥‥‥‥‥0.043s
2. 画像投稿処理（POST /）‥‥‥‥‥‥‥0.037s
3. コメント投稿処理（POST /comment）‥‥0.026s

　画像やコメントの投稿を保存する処理と比べて、ログイン処理のほうが遅いという結果です。この結果は少し不思議に思わないでしょうか。実はprivate-isuの初期状態では、ログイン処理で外部コマンドを呼び出しているため、パフォーマンスの問題が起きやすい実装になっています。この問題についての詳細は8章で解説しますが、Webアプリケーション内の関数定義を外部コマンドを呼び出さないように書き換えることで容易に高速化できます。

　このように実際のユーザーのアクセスパターンを模倣したシナリオベンチマーカーを実行し、得られたアクセスログを解析します。すると、呼び出し回数が多い部分や相対的に重い部分（ボトルネック）を浮かび上がらせることができるのです。ボトルネックを発見できたら、その処理をコードやログなどで詳細に観察して、問題を修正しましょう。その後にまた負荷試験を実施することで、修正した内容が実際に効果を発揮しているかを、数値で確認できます。

　実際のWebサービスに対するパフォーマンスチューニングでも、負荷試験の結果やログの解析、負荷が掛かっている状態のシステムリソースの使用状況からボトルネックを発見していきます。どこが問題なのか分からない状態で闇雲にコードを書き換えたり、ミドルウェアの設定を修正したりしても、性能は簡単には向上しません。

4-6 ｜ まとめ

　本章では、private-isuに対して負荷試験を行うためのシナリオを持ったベンチマーカーを作成する方法と、それによる負荷試験で得られた結果や得られたログの読み取り方を解説しました。

　本書では以降の章で、さらにWebサービスを構成するそれぞれの要素に踏み込んで、チューニング方法を解説していきます。Webサービスを構成するどのコンポーネントにおいても「計測によってボトルネックを明らかにする。それに対する手を一カ所ずつ打ち、結果を確認した上で次の手を打つ」という改善のループを回すことが大切です。

実際のアクセス状況を再現した負荷試験を行うために

　本章で作成したシナリオベンチマーカーが発行するリクエストは、実際のWebサービスに対して発行されるリクエストとは異なる部分があります。実際のユーザーは画像やCSSなどの静的コンテンツを取得しますが、このベンチマーカーでは取得しません。そのため、静的コンテンツの配信に性能上の問題があっても問題を検出できません（private-isuに付属するISUCONベンチマーカーは静的コンテンツの取得も行います）。

　また、実際のWebサービスにおけるユーザーの利用状況を考えると、今回、private-isuに対して作成したシナリオほどログイン処理が多く呼ばれることはないかもしれません。本章で作成したシナリオでは説明を単純化するために、ユーザーがログイン後にコメントや画像投稿を1回実行したら、すぐに離脱しています。実際のWebサービスでは、ログイン後のユーザーは他の操作も多く行うことでしょう。

　現在運用中のWebサービスにおいてパフォーマンス改善のために負荷試験を行いたい場合は、まず実際のアクセスログからユーザーの利用状況を把握しましょう。Webサービスのリリース前に負荷試験を行う場合でも、想定されたユースケースからアクセスパターンを仮定し、それに沿った妥当なシナリオを構築する必要があります。ユーザーのアクセスパターンを完全に再現するのは大変難しいものですが、あまりに実際のアクセス状況とかけ離れたシナリオで負荷試験を行っても、それで得られた結果の妥当性は乏しいものになってしまいます。

Chapter

5 データベースの
チューニング

　3章の負荷試験の記事において、サーバーの負荷やMySQLのスロークエリログから負荷の原因を特定し、その原因の解決方法としてデータベースにインデックスを付与しました。そのことによって、負荷試験におけるRPS（Requests per second）の値が上昇したという例が出ました。本章では、データベースにインデックスを追加することで、なぜレスポンス速度が改善したのか、その理由をひとつひとつステップを踏みながら解き明かし、Webサービス高速化におけるデータベースのチューニングについて話を進めていきます。

　ほとんど全てのWebサービスにおいて、Webアプリケーションとデータベースは不可分なものとなっています。データベースは一時的・永続的にデータの格納ができ、任意のタイミングで必要な情報を取り出してくる情報の保存場所として使われます。データベースが存在しなければ、便利なSNSやECサイトなど、日々の生活を支えるほとんどのWebサービスは実現できません。データベースの果たす役割は重要で、一度保存したデータを失わないこと、データの不整合を起こさないこと、あるいはすぐに不整合を発見できることが求められながら、常に高速なレスポンスを返すことも期待される負荷の高いシステムです。Webサービスの高速化でもデータベースのチューニングの占める割合は大きく、過去のISUCONにおいてもスコアを伸ばしていくためには、まずデータベースの負荷を下げていくことが求められてきました。

5-1　データベースの種類と選択

　データベースにはいくつかの種類があり、実際のWebサービスでも使い分けがされています。private-isuで用意する競技用アプリケーションサーバーの中ではMySQLのバージョン8.0が使われています。MySQLは現在、オラクル社が開発をするオープンソースのリレーショナルデータベース管理システム（RDBMS）です。個人向けのシステムから世界中にユーザーを持つ大規模なWebサービスまで広く使われ、世界で最も人気のあるオープンソースのRDBMSの1つです[注1]。ここではWebサービスにおいて利用される3つのデータベース（RDBMS、NoSQL、NewSQL）を紹介し、その特徴やWebサービス高速化との関わりについて紹介します。

一貫性を重視するRDBMS

　リレーショナルデータベース（RDBMS）の歴史は古く、数多くのソフトウェアが存在する複雑なシステムです。詳しい説明には専門書が必要になります。ここでは簡単な紹介にとどめます。**RDBMS**はデータを表のような形式で扱うシステムであり、SQLによる問い合わせや、強い一貫性を備えることが特徴として挙げられます。

　一貫性とは何でしょうか。銀行のシステムではある口座から別の口座に振り込みをしようとした際に、

注1　DB-Engines Ranking - popularity ranking of database management systems https://db-engines.com/en/ranking

その処理の前後で整合性が保たれる必要があります。振り込み元の口座の残高が負数になることは許されず、不具合が発生した場合は処理自体を取り消して、前後で矛盾がない状態を作らなければいけません。いくつもの表に渡り処理を行わなければならない場合でも整合性を保つ性質を一貫性と呼び、RDBMSはこれを備えています。MySQL以外の代表的なリレーショナルデータベースは、オープンソースソフトウェアとしては、以下のようなソフトウェアが挙げられます。

- MariaDB：MySQLから派生したオープンソースのデータベース
  https://mariadb.org/
- PostgreSQL：多機能かつ拡張性に優れるデータベース
  https://www.postgresql.org/
- SQLite：ライブラリとして提供されアプリケーションに組み込んで使うデータベース
  https://www.sqlite.org/index.html

また、商用製品としてOracle DatabaseやSQL Serverなどがあり、クラウドのサービスとしてオープンソースの互換データベース、または商用のデータベースをマネージドサービスとして提供している以下のサービスもあります。

- Amazon RDS、Amazon Aurora（AWS）
  https://aws.amazon.com/jp/rds/
- Cloud SQL（GCP）
  https://cloud.google.com/sql?hl=JA

Webサービスの開発者はシステムの特性や運用の形態などを考慮し、適したRDBMSを選択して利用しています。RDBMSを利用する際は、いくつかの例外はあるものの、Webアプリケーションと同じ、または異なるサーバー上に独立したプロセスとしてRDBMSのサービスを起動します。アプリケーションからはTCP/IPやUnix domain socket（同一サーバーの場合）の上でそれぞれ独自のプロトコルにて通信を確立し、データへのアクセスはSQLによって行います。

RDBMSは強い一貫性を保つため、一度追加や変更したデータを失うことがないよう様々な工夫がされています。RDBMSのサーバープロセスの異常終了や突然の電源断などが発生しても一度書き込みを行なったデータを失わないようにするため、更新ログを書いたり、トランザクションのコミットごとにディスクへ書き込みを強制するシステムコールを発行したりしています。

一般に、RDBMSは複数のサーバーにデータを分散させるといった方法で、スケーラビリティを向上させることが難しいと言われています。同じサーバー内ではなく、ネットワークをまたいでデータを常に一致させ、ディスク装置に確実に書き込みするなどして複数のサーバー間で一貫性を保つには、

乗り越えなければならない技術的な困難がいくつかあります。一貫性を緩めて、データを非同期的に一致させることで、バックアップや読み込み用のリードレプリカを作成することもあります。負荷のかかるデータの読み込みをリードレプリカにオフロードさせることでスケールを確保できます。

■ アプリケーションニーズに合わせたNoSQL

RDBMSは強い一貫性を持つことから、性能が出しにくいという問題がありました。複数のトランザクションが同時に発生した際は競合を回避するため、データのロックを行うことで、すべての処理が完了するまで時間がかかってしまいます。Web2.0が騒がれた2000年代中頃、SNSなどユーザー参加型のWebサービスが多く生まれ、Webサービスのシステムが抱えるデータサイズや更新トランザクション数が膨大になり、一貫性を持つRDBMSだけでは負荷を捌ききれず、スケールが追いつかないようになりました。そこで注目されたのがNoSQLです。

NoSQLは、RDBMSが持つ強い一貫性を備えない代わりに、高速な処理を実現します。そして、ソフトウェアによってはデータを複数のサーバーに分散して高いスケーラビリティを持ちます。

NoSQLの1つに、**memcached**があります。memcachedは、livejournal[注2]というblogシステムを運営する企業で作られた、キャッシュ用のKey Value Store（KVS）です。KVSは、1つのキーに対して1つのデータを格納するデータベースの一種です。memcachedはデータを全てメモリ上にて扱うため、高速に処理できるという特徴があります（事例は多くありませんが、バージョン1.5.4以降では外部ストレージにデータを格納できます[注3]）。

著者もSNSやblogサービスの運営でmemcachedを数多く利用してきました。memcachedは、データの一時保存のために作られています。起動時には指定したメモリ領域に達し、新しくデータを格納できなくなった時には、LRU（Least Recently Used）アルゴリズムにより、使われていないデータを自動で削除して領域を確保します。livejournalではアプリケーションサーバーの空いたメモリを利用して、memcachedを運用していました[注4]。RDBMSから読み出したあまり変化しないデータをmemcachedに載せることでRDBMSへの参照回数を下げ、RDBMSの負荷を減らしてシステム全体のスケーラビリティを保っていました。

memcachedと双璧をなすOSSのNoSQLが**Redis**[注5]です。Redisもmemcachedと同じく、1つのキーに対して1つのデータを格納するKVSとして利用できる他、次のようなデータ構造をサポートしています。そのため、利用用途が広いという特徴があります。

Redisのサポートする主なデータ構造例

注2　https://www.livejournal.com/
注3　https://github.com/memcached/memcached/wiki/Extstore
注4　https://www.usenix.org/legacy/event/lisa04/tech/talks/livejournal.pdf
注5　https://redis.io/

- 一般的な文字列
- Lists
- Sets
- Sorted sets
- Hash

　Redisは非同期に処理を行うためのジョブキューとして利用されたり、ランキングなどRDBMSが苦手とする分野で使われたりすることが多く、ISUCONの解法としても多く使われます。また、NoSQLではサーバーを超えてデータを分散配置することで、高い可用性やより大きなスケールを実現しようとするものもあります。上述のRedisはクラスタ構成をサポートし、Apache Cassandra[注6]やApache HBase[注7]は大量のデータを格納するために利用され、MongoDB[注8]はJSONのようなデータ構造の格納に適したドキュメントデータベースとしてログの格納などにも利用されています。

　クラウドによるNoSQLのマネージドサービスの提供もあります。低いレイテンシと高いスループットが提供されるDynamoDB[注9]、モバイルアプリケーションでの利用に適したFirebase Realtime Database[注10]、Cloud Firestore[注11]など用途に合わせた特徴をもったNoSQLが提供されています。

一貫性と分散を両立するNewSQL

　強い一貫性を持つRDBMSのスケーラビリティに関する問題を乗り超えるためにNoSQLが登場したわけですが、トランザクションの管理やデータの不整合が発生しない仕組みを担保するため、アプリケーション側に求められる負担が大きく、既存のアプリケーションのデータ保存先を容易にRDBMSからNoSQLに変更できませんでした。そこで生まれたのがNewSQLです。**NewSQL**では強い一貫性と、既存のSQLが利用できるというRDBMSの特徴を持ったまま、複数のサーバーへデータを分散し、高いスケーラビリティと可用性を確保しているとされています。

　代表的なNewSQLには、クラウドのマネージドサービスであるCloud Spanner（GCP）や、OSSとしてMySQL互換のインタフェースを備えるTiDB[注12]、PostgreSQL互換のインターフェースを備えるCockroach DB[注13]などがあります。複雑な構成が必要とされる分、NewSQLは最低限の構成にかかるサーバーコストやレイテンシの部分で劣ることもあります。しかし、分散構成で高い可用性とスループットを実現できるNewSQLはクラウドネイティブなデータベースして期待されています。

注6　https://cassandra.apache.org/_/index.html
注7　https://hbase.apache.org/
注8　https://www.mongodb.com/
注9　https://aws.amazon.com/jp/dynamodb/
注10　https://firebase.google.com/docs/database?hl=ja
注11　https://firebase.google.com/docs/firestore?hl=ja
注12　https://pingcap.com/products/tidb
注13　https://www.cockroachlabs.com/product/

データベースの選択

Webサービスによって適したデータベースを選ぶ必要があります。ただ、リレーショナルデータベースの適用範囲は広いので、規模の大きなサービスを開発しない限り、NoSQLやNewSQLをメインのデータベースとして積極的に選択する理由は強くないと筆者は考えます。サービス開始後のバックアップやスケールアップといった運用の手間を低減するため、各クラウドのマネージドサービスも積極的に利用すると良いでしょう。

本章で紹介するようにリレーショナルデータベースに関するノウハウは多くあります。それに加えてピンポイントでRedisなどのアプリケーションに適したデータ構造を持つNoSQLを利用することで、Webサービスの高速化を実現してきた事例も数多くあり、学習しやすいと思われます。次からは具体的に、データベースの負荷を改善していく話に入っていきます。

5-2 データベースの負荷を測る

さて、データベースの負荷を削減し、Webサービスの高速化を行っていく話に戻ります。まず、3章4節「パフォーマンスチューニング 最初の一歩」においてインデックスを追加する前がどんな状況だったのかを振り返ります。そして、データベースの負荷の計測・プロファイリングからインデックス追加に至るまでを、ステップを踏みながら紹介します。インデックスについては、次節でさらに詳しく紹介します。

OSから負荷を観察する

3章では、private-isuのWebアプリケーションを動かしたサーバーに対して、abコマンドにて負荷をかけ、その様子を確認しました。ここでは、private-isuのWebアプリケーションに対してprivate-isuのベンチマーカーをもう一台のサーバーから動かし、topコマンドを使って、private-isuのWebアプリケーションがどのようにCPUを使っているのかを見てみます。なお、本章では、private-isuのWebアプリケーションとしてGo実装のアプリケーションを利用します。

図1 top コマンドを使って、CPU使用率を見る

```
top - 10:17:23 up 11 days, 21:19,  1 user,  load average: 1.99, 0.73, 0.30
Tasks:  94 total,   1 running, 93 sleeping,   0 stopped,   0 zombie
%Cpu(s): 97.0 us,  2.3 sy,  0.0 ni,  0.0 id,  0.0 wa,  0.0 hi,  0.7 si,  0.0 st
MiB Mem :    981.1 total,     64.4 free,    625.5 used,    291.1 buff/cache
MiB Swap:   4096.0 total,   3871.7 free,    224.2 used.    207.8 avail Mem

    PID USER      PR  NI    VIRT    RES    SHR S  %CPU  %MEM     TIME+ COMMAND
    487 mysql     20   0 1760580 448368   1/084 S 182.7  44.6  33:56.41 /usr/sbin/mysqld
    775 isucon    20   0 1446828  98520    6580 S  12.6   9.8   2:31.26 /home/isucon/private_isu/webapp/golang/app -bind 127.0.0.1:8080
    451 www-data  20   0   56532   3640    2484 S   1.3   0.4   0:05.66 nginx: worker process
     11 root      20   0       0      0       0 I   0.3   0.0  11:45.21 [rcu_sched]
     88 root      20   0       0      0       0 S   0.3   0.0   0:00.88 [kswapd0]
  94871 root      20   0       0      0       0 I   0.3   0.0   0:01.69 [kworker/1:1-events]
 101634 isucon    20   0   12916   3864    3208 R   0.3   0.4   0:00.03 top
      1 root      20   0  170088   9328    6804 S   0.0   0.9   0:13.20 /sbin/init
      2 root      20   0       0      0       0 S   0.0   0.0   0:00.20 [kthreadd]
      3 root       0 -20       0      0       0 I   0.0   0.0   0:00.00 [rcu_gp]
      4 root       0 -20       0      0       0 I   0.0   0.0   0:00.00 [rcu_par_gp]
      6 root       0 -20       0      0       0 I   0.0   0.0   0:00.00 [kworker/0:0H-kblockd]
      9 root       0 -20       0      0       0 I   0.0   0.0   0:00.00 [mm_percpu_wq]
     10 root      20   0       0      0       0 S   0.0   0.0   0:05.61 [ksoftirqd/0]
     12 root      rt   0       0      0       0 S   0.0   0.0   0:04.25 [migration/0]
     13 root     -51   0       0      0       0 S   0.0   0.0   0:00.00 [idle_inject/0]
     14 root      20   0       0      0       0 S   0.0   0.0   0:00.00 [cpuhp/0]
     15 root      20   0       0      0       0 S   0.0   0.0   0:00.00 [cpuhp/1]
     16 root     -51   0       0      0       0 S   0.0   0.0   0:00.00 [idle_inject/1]
     17 root      rt   0       0      0       0 S   0.0   0.0   0:03.97 [migration/1]
     18 root      20   0       0      0       0 S   0.0   0.0   0:05.94 [ksoftirqd/1]
     20 root       0 -20       0      0       0 I   0.0   0.0   0:00.00 [kworker/1:0H-kblockd]
     21 root      20   0       0      0       0 S   0.0   0.0   0:00.00 [kdevtmpfs]
     22 root       0 -20       0      0       0 I   0.0   0.0   0:00.00 [netns]
     23 root      20   0       0      0       0 S   0.0   0.0   0:00.00 [rcu_tasks_kthre]
     24 root      20   0       0      0       0 S   0.0   0.0   0:00.00 [kauditd]
     25 root      20   0       0      0       0 S   0.0   0.0   0:00.39 [khungtaskd]
     26 root      20   0       0      0       0 S   0.0   0.0   0:00.00 [oom_reaper]
     27 root       0 -20       0      0       0 I   0.0   0.0   0:00.00 [writeback]
     28 root      20   0       0      0       0 S   0.0   0.0   0:00.00 [kcompactd0]
     29 root      25   5       0      0       0 S   0.0   0.0   0:00.00 [ksmd]
     30 root      39  19       0      0       0 S   0.0   0.0   0:09.21 [khugepaged]
     77 root       0 -20       0      0       0 I   0.0   0.0   0:00.00 [kintegrityd]
```

　図1のprivate-isuのWebアプリケーションは、2つの仮想CPUを持つサーバー上で動かしました。複数のCPUコアを持つサーバーにおいては、CPU使用率は各コアの使用率を足した（上限がコア数×100%）の数値と、100%が上限となるようにコア数で割った数値の2つがあるので注意が必要です。図1のtopコマンドの3行目は100%上限の数値になり、97.0%というほぼ100%近くがユーザープロセスを動作させるのに使われています。

　では、どのユーザープロセスに使われているかというと、黒帯で表示される行の次の行からはじまるプロセス一覧の1行目のMySQL（mysqldと表示）になるでしょう。プロセス一覧の1行目の左から9番目の項目がCPU使用率です。ここはコア数を足した数値で表示されます。200%中の182.7%がMySQLのために使われている状況だとわかります。プロセス一覧の2行目ではGo実装のプロセスが動いていますが、こちらは12.6%しかCPUを使えていません。MySQLの負荷がボトルネックとなっているのは間違いなさそうです。MySQLサーバーの負荷が高くなっている理由について深堀していきましょう。

MySQLのプロセスリストを見てみる

　OSにおけるtopコマンドのように、MySQL上でどんなプロセス（MySQLはマルチスレッドで動作するので正確にはスレッド）がいて、どの程度のCPUを使っているかを調査するためには、MySQLのSHOW PROCESSLISTコマンドを使います。MySQLのCLIを使い、コンソールに入りコマンドを入力

します注14。

```
SHOW PROCESSLISTの実行
$ mysql -u root -p
mysql> SHOW PROCESSLIST;
```

SHOW PROCESSLISTでは、コマンドを実行した段階でのMySQLのスレッドが処理している内容が確認できます。長いクエリは省略されて表示されることがあります。その際は、SHOW FULL PROCESSLISTとFULLを追加することで、クエリが省略されずに表示できます（図2）。

図2 SHOW FULL PROCESSLISTの実行結果

```
mysql> SHOW FULL PROCESSLIST;
+-------+-----------------+-----------------+---------+---------+---------+----------------------+----------------------------------------------------------------+
| Id    | User            | Host            | db      | Command | Time    | State                | Info                                                           |
+-------+-----------------+-----------------+---------+---------+---------+----------------------+----------------------------------------------------------------+
|     5 | event_scheduler | localhost       | NULL    | Daemon  | 6946114 | Waiting on empty queue | NULL                                                         |
| 16003 | root            | localhost       | NULL    | Query   |       0 | init                 | SHOW FULL PROCESSLIST                                          |
| 16021 | isuconp         | localhost:43048 | isucomp | Execute |       0 | executing            | SELECT * FROM `comments` WHERE `post_id` = 2455 ORDER BY `c
reated_at` DESC LIMIT 3 |
| 16023 | isuconp         | localhost:43056 | isucomp | Execute |       0 | executing            | SELECT * FROM `comments` WHERE `post_id` = 9984 ORDER BY `c
reated_at` DESC LIMIT 3 |
| 16025 | isuconp         | localhost:43064 | isucomp | Execute |       0 | executing            | SELECT * FROM `comments` WHERE `post_id` = 10197 ORDER BY `
created_at` DESC LIMIT 3 |
| 16028 | isuconp         | localhost:43076 | isucomp | Execute |       0 | executing            | SELECT * FROM `comments` WHERE `post_id` = 10198 ORDER BY `
created_at` DESC LIMIT 3 |
| 16030 | isuconp         | localhost:43084 | isucomp | Execute |       0 | executing            | SELECT * FROM `comments` WHERE `post_id` = 9967 ORDER BY `c
reated_at` DESC LIMIT 3 |
| 16031 | isuconp         | localhost:43088 | isucomp | Execute |       0 | executing            | SELECT * FROM `comments` WHERE `post_id` = 9984 ORDER BY `c
reated_at` DESC LIMIT 3 |
| 16032 | isuconp         | localhost:43092 | isucomp | Execute |       0 | executing            | SELECT * FROM `comments` WHERE `post_id` = 10197 ORDER BY `
created_at` DESC LIMIT 3 |
| 16033 | isuconp         | localhost:43096 | isucomp | Execute |       0 | executing            | SELECT * FROM `comments` WHERE `post_id` = 1116 ORDER BY `c
reated_at` DESC LIMIT 3 |
| 16034 | isuconp         | localhost:43106 | isucomp | Execute |       0 | executing            | SELECT * FROM `comments` WHERE `post_id` = 10196 ORDER BY `
created_at` DESC LIMIT 3 |
| 16035 | isuconp         | localhost:43110 | isucomp | Execute |       0 | executing            | SELECT * FROM `comments` WHERE `post_id` = 9984 ORDER BY `c
reated_at` DESC LIMIT 3 |
| 16036 | isuconp         | localhost:43114 | isucomp | Execute |       0 | executing            | SELECT * FROM `comments` WHERE `post_id` = 9981 ORDER BY `c
reated_at` DESC LIMIT 3 |
+-------+-----------------+-----------------+---------+---------+---------+----------------------+----------------------------------------------------------------+
13 rows in set (0.00 sec)

mysql>
mysql>
mysql>
mysql>
mysql>
mysql>
mysql>
```

SHOW PROCESSLISTからわかるヒントは多くあります。図2のSHOW FULL PROCESSLISTの実行結果では、13個のスレッドが動作していることがわかります。1列目の項目は、スレッドのIDです。1行目のスレッドIDにある5番はMySQL内部のスレッド、2行目のスレッドIDにある16003番はSHOW FULL PROCESSLISTを実行したスレッドそのものです。それ以外のスレッドは、private-isuのWebアプリケーションから実行されているクエリになります。

ほぼ全て0になってしまっている6列目の項目のTimeには、その処理にかかっている時間（秒）が入ります。Stateにはどんな処理を今実行しているのかが入り、最後の項目にはSQLが記されています。

注14　MySQLのコンソールにログインするにはパスワードが必要です。private-isuでのパスワードの確認方法は、https://github.com/catatsuy/
memo_isucon#mysqlにあります。

State についてはいくつかの状態があります。詳しくは MySQL のドキュメントを参照してください[注15]。図2の SHOW FULL PROCESSLIST の結果では出ていませんが、注意すべき State は Sending data です。Sending data と書かれているスレッドは、大量のデータをディスクやメモリから読み取っている可能性があるクエリです。

private-isu のベンチマーカーを実行しながら、MySQL のコンソールに入り、SHOW PROCESSLIST を何度も実行していると、同じようなクエリが何度も出てきます。SHOW PROCESSLIST は実行した瞬間を切り取ったもので、何度も表示されるクエリは Web アプリケーションから数多く実行されているか、1回の実行時間が長く表示されやすいか、もしくはその両方で負荷が高いクエリである可能性があります。SHOW PROCESSLIST は簡単に表示でき、参考になる情報を集めることができますが、クエリやスレッドの数が多くなると人間が見ているだけでは、どうしても網羅性にかけてしまいます。より詳しくみていくためには、実行されたクエリをもっと集め解析していく必要があります。

pt-query-digest によるスロークエリログの分析

実行されたクエリを集めて解析するには、スロークエリログがよく利用されます。スロークエリログとは、設定した閾値より実行にかかった時間が長くなったクエリを、かかった秒数や処理した行数とともに出力したログです。private-isu のベンチマーカーを実行中に、リスト1のようなスロークエリログが記録されます。

リスト1　スロークエリログ（一部）

```
# Time: 2021-06-05T16:22:20.388770Z
# User@Host: isuconp[isuconp] @ localhost [127.0.0.1]  Id: 18360
# Query_time: 0.000906  Lock_time: 0.000064 Rows_sent: 1  Rows_examined: 1
SET timestamp=1622910140;
SELECT mime,imgdata FROM `posts` WHERE `id` = 12420;
# Time: 2021-06-05T16:22:20.485849Z
# User@Host: isuconp[isuconp] @ localhost [127.0.0.1]  Id: 18369
# Query_time: 0.000088  Lock_time: 0.000037 Rows_sent: 1  Rows_examined: 1
SET timestamp=1622910140;
SELECT * FROM `users` WHERE `id` = 765;
# Time: 2021-06-05T16:22:20.485997Z
# User@Host: isuconp[isuconp] @ localhost [127.0.0.1]  Id: 18360
# Query_time: 0.000194  Lock_time: 0.000066 Rows_sent: 3  Rows_examined: 6
SET timestamp=1622910140;
SELECT * FROM `comments` WHERE `post_id` = 5043 ORDER BY `created_at` DESC;
```

スロークエリログを MySQL で有効にする方法は既に3章4節「パフォーマンスチューニング 最初の一歩」で紹介しました。3章では設定ファイルに slow_query_log、slow_query_log_file、long_query_time を設

[注15]　State の詳細は、以下の記事が参考になるでしょう。MySQL :: MySQL 8.0 Reference Manual :: 8.14.3 General Thread States https://dev.mysql.com/doc/refman/8.0/en/general-thread-states.html

定し、MySQLの再起動をしましたが、再起動せずにスロークエリログを有効にする方法もあります。
MySQLのコンソールから SET GLOBAL コマンドにて設定をオンラインで変更でき、実行後に新規に接続し
たクライアントからこの設定が使われます。

```
スロークエリログの有効化
$ mysql -u root -p
mysql> SET GLOBAL slow_query_log = 1;
mysql> SET GLOBAL slow_query_log_file = "/var/log/mysql/mysql-slow.log";
mysql> SET GLOBAL long_query_time = 0;
```

　ここで設定した内容は、MySQLを再起動すると元に戻ります。設定を永続化したい場合は、
MySQLの設定ファイルである my.cnf に書くか、MySQL 8.0以降でサポートされた SET PERSIST を使
うと良いでしょう[注16]。

　3章4節「パフォーマンスチューニング 最初の一歩」では取得したスロークエリログの分析に、
MySQLに付属する mysqldumpslow コマンドを利用しました。ここではより詳しい分析ができる pt-
query-digest を紹介します。pt-query-digest は Percona社がリリースしている Percona Toolkit に含
まれるツールの1つです。Percona Toolkit[注17] は MySQLの運用や監視、分析などに使うツールを集め
たパッケージになります。

　pt-query-digest のインストールは、Percona Toolkit をパッケージインストールする方法とコマン
ドのファイルを直接ダウンロードする方法があります。Debian/Ubuntu系OSでは標準パッケージに
含まれるので、apt コマンドにて導入ができます。

```
Debian/Ubuntu系OSでパッケージをインストールする場合
$ sudo apt update
$ sudo apt install percona-toolkit
```

　Red Hat系OSで rpm によるパッケージをインストールする場合は、Percona社の URL からパッケー
ジ情報を取得し、yum コマンドでインストールします。

```
Red Hat系OSでrpmによるパッケージをインストールする場合
$ sudo yum install https://repo.percona.com/yum/percona-release-latest.noarch.rpm
$ sudo yum install percona-toolkit
```

　また、パッケージでのインストールではなく、ソースコードを直接ダウンロードして利用すること

注16　SET PERSIST に関する説明です。MySQL :: MySQL 8.0 Reference Manual :: 5.1.9.3 Persisted System Variables https://dev.mysql.com/doc/refman/8.0/en/persisted-system-variables.html

注17　https://www.percona.com/software/database-tools/percona-toolkit

もできます。Percona社のサイトからダウンロードし、適切な実行権限を付与します。

ソースコードから導入する場合
```
$ cd /usr/local/bin
$ sudo curl -LO percona.com/get/pt-query-digest
$ sudo chmod +x pt-query-digest
```

pt-query-digestはPerlといくつかのPerlモジュールがあれば動作するので、直接のダウンロードでも十分利用可能です。

インストール後にバージョンの表示をして、インストールの確認をします。

バージョン表示して動作確認
```
$ pt-query-digest --version
pt-query-digest 3.3.1
```

pt-query-digestはスロークエリログを読み込む他に、generalログやバイナリログといったMySQLのログを読み込んだり、前項で紹介したSHOW PROCESSLISTや、tcpdumpコマンドで取得した生のパケット情報からログを解析したりできます。ここでは、ログファイルに出力してあるスロークエリログを対象に実行する方法を紹介します[注18]。

スロークエリログを解析する実行例
```
$ pt-query-digest /var/log/mysql/mysql-slow.log

# 140ms user time, 20ms system time, 28.19M rss, 36.95M vsz
# Current date: Tue Oct  5 02:01:15 2021
# Hostname: private-isu
```

pt-query-digestにスロークエリログのファイル名のみを渡して実行すると、標準出力に解析結果が表示されます。別途ファイルに書き出したい場合は、リダイレクトしてファイルに書くと良いでしょう。

解析結果をファイルにも保存する例
```
$ pt-query-digest /var/log/mysql/mysql-slow.log | tee digest_$(date +%Y%m%d%H%M).txt
```

Webアプリケーションにおいて何かしらの変更をしたら、その都度分析をおこなっていくのが、チューニングにおいては重要です。過去の分析結果と比較ができるよう、前述のように取得したタイミングで日付時間を含んだファイル名で作成していくのがお勧めです。

注18　クラウドのマネージドサービスを利用している場合はスロークエリログをクラウドのAPIなどから取得して解析することになります。

query-digesterを利用したプロファイリングの自動化

　スロークエリログの分析は、アプリケーションやサーバーに何かしらの変更を加えるごとに取得するのが重要です。しかし、その都度、分析対象となるスロークエリログをローテートしてファイルが空っぽの状態からログ取得が開始できるよう、MySQLの設定をするのは面倒です。そこで、調査したいときだけ、スロークエリログの出力方法を変更し、取得が終わったら元に戻す作業の自動化ができると便利です。筆者が作成したpt-query-digestのラッパースクリプトであるquery-digester[注19]はまさにこの動作をします。インストールはGitHub上のレポジトリからソースコードをgit cloneして、スクリプトをコピーします。

```
query-digesterのインストール
git clone git@github.com:kazeburo/query-digester.git
cd query-digester
sudo install query-digester /usr/local/bin
```

　query-digesterの実行例を示します。

```
query-digesterの実行例
$ sudo query-digester -duration 10
exec mysql to change long_query_time and slow_query_log_file
save slowlog to /tmp/slow_query_20200811172244.log
wait 10 seconds
finished capturing slowlog.
start query-digest
finished pt-query-digest.
digest saved to /tmp/slow_query_20200811172244.digest
```

　このコマンドでは10秒間スロークエリログの向き先をTMPDIR以下の一時ファイルに向けて、ログを取得します。10秒後に設定を元に戻し、pt-query-digestを実行し、スロークエリログを取得し始めた時間がついたファイル名で分析結果を保存してくれます。筆者はISUCON参加時にもこのツールを活用してデータベースの負荷を調査しています。ぜひご利用ください。ここまでで、スロークエリログの分析結果の取得ができたので、いよいよ中身を見ていきます。

pt-query-digestの結果の見方

　pt-query-digestの結果は、大きく分けて3部構成になっています。上から全体的な統計、ランキング、各クエリの詳細です。まず、注目するのはランキングです（リスト2）。

注19　https://github.com/kazeburo/query-digester

リスト2　pt-query-digestの解析結果のランキング

```
# Profile
# Rank Query ID                           Response time Calls R/Call V/M
# ==== ================================== ============= ===== ====== ====
#    1 0x624863D30DAC59FA16849282195BE09F 73.5949 68.4%   245 0.3004 0.01 SELECT comments
#    2 0x422390B42D4DD86C7539A5F45EB76A80 21.4206 19.9%   276 0.0776 0.00 SELECT comments
#    3 0x100EC8B5C400F34381F9D7F7FA80A53D  8.4087  7.8%    29 0.2900 0.01 SELECT comments
#    4 0x4858CF4D8CAA743E839C127C71B69E75  1.5330  1.4%    14 0.1095 0.01 SELECT posts
#    5 0xC37F2207FE2E699A3A976F5EBE87A97C  0.5464  0.5%     4 0.1366 0.00 SELECT comments
#    6 0xDA556F9115773A1A99AA0165670CE848  0.5134  0.5%  2127 0.0002 0.00 ADMIN PREPARE
#    7 0x396201721CD58410E070DA9421CA8C8D  0.3853  0.4%  1243 0.0003 0.00 SELECT users
#    8 0xCDEB1AFF2AE2BE51B2ED5CF03D4E749F  0.3277  0.3%     4 0.0819 0.00 SELECT comments
#    9 0x19759A5557089FD5B718D440CBBB5C55  0.3044  0.3%   297 0.0010 0.01 SELECT posts
#   10 0x009A61E5EFBD5A5E4097914B4DBD1C07  0.1844  0.2%     1 0.1844 0.00 INSERT posts
#   11 0xE83DA93257C7B787C67B1B05D2469241  0.1530  0.1%     5 0.0306 0.00 SELECT posts
#   12 0x7A12D0C8F433684C3027353C36CAB572  0.1147  0.1%     1 0.1147 0.00 SELECT posts
#   13 0xC9383ACA6FF14C29E819735F00B6DBDF  0.0287  0.0%     4 0.0072 0.00 SELECT posts
#   14 0x07890000813C4CC7111FD2D3F3B3B4EB  0.0150  0.0%  2126 0.0000 0.00 ADMIN CLOSE STMT
#   15 0xA047A0D0BA167343E5B367867F4BDDDD  0.0133  0.0%    10 0.0013 0.00 SELECT users
#   16 0x9F2038550F51B0A3AB05CA526E3FEDDC  0.0062  0.0%     1 0.0062 0.00 INSERT comments
#   17 0x82E4B026FA27240AB4BB2E774B30F1D4  0.0044  0.0%     5 0.0009 0.00 SELECT users
#   18 0x26489ECBE26887E480CA8067F971EA04  0.0032  0.0%     1 0.0032 0.00 INSERT users
#   19 0x8C29FCE22733B54F960FA98ECCAA76FA  0.0015  0.0%     1 0.0015 0.00 SELECT users
#   20 0x995F41A1456C1CF6746D96521AE5B82C  0.0004  0.0%     8 0.0001 0.00 SET
#   21 0x1FE1379FE2A31B8D16219655761820A2  0.0001  0.0%     2 0.0001 0.00 SELECT
#   22 0x491A04B3F75D443615A4E6D2A1290516  0.0001  0.0%     1 0.0001 0.00 SET
#   23 0x689641C84322E21F0507C5865F1EEF04  0.0001  0.0%     1 0.0001 0.00 ADMIN LONG DATA
#   24 0xD4FCDBB8BA1D74CB88943EC75773CF7F  0.0001  0.0%     1 0.0001 0.00 SET
#   25 0xEDBC971AEC392917AA353644DE4C4CB4  0.0000  0.0%     5 0.0000 0.00 ADMIN QUIT
```

pt-query-digestの解析結果ではクエリは似たクエリにまとめられて、負荷への寄与が大きかった順にランキング表示されています。表示されている項目の簡単な説明は、表1の通りです。

表1　pt-query-digetランキングの項目

要素	意味
Query ID	クエリのハッシュ値
Response time	実行時間の合計と全体に占める割合
Calls	実行された回数
R/Call	1回あたりの時間

クエリの実行された回数と1回のクエリのかかる時間でボトルネックを探し、解決すべきクエリを探していくことになります。負荷への寄与が高いものには、クエリの実行回数は少ないのに1回のクエリの負荷が高く上位に食い込むものや、ひとつひとつは非常に短い時間で終わるのに回数が多く上

位にあるものがあり、両方がチューニング対象となります。ここではやはり、割合が68.4%と圧倒的に高くなっているランク1位のクエリの詳細を見ていきます（リスト3）。

リスト3　pt-query-digestの解析結果の詳細

```
# Query 1: 24.50 QPS, 7.36x concurrency, ID 0x624863D30DAC59FA16849282195BE09F at byte 2441167
# This item is included in the report because it matches --limit.
# Scores: V/M = 0.01
# Time range: 2021-06-05T13:54:10 to 2021-06-05T13:54:20
# Attribute    pct   total     min     max     avg     95%  stddev  median
# ============ === ======= ======= ======= ======= ======= ======= =======
# Count          3     245
# Exec time     68     74s   187ms   456ms   300ms   356ms    41ms   293ms
# Lock time      2     5ms     9us   180us    18us    26us    16us    15us
# Rows sent      0     663       0       3    2.71    2.90    0.86    2.90
# Rows examine  43  23.37M  97.66k  97.66k  97.66k  97.04k       0  97.04k
# Query size     1  19.65k      81      83   82.15   80.10       0   80.10
# String:
# Databases    isuconp
# Hosts        localhost
# Users        isuconp
# Query_time distribution
#   1us
#  10us
# 100us
#   1ms
#  10ms
# 100ms  ################################################################
#   1s
#  10s+
# Tables
#    SHOW TABLE STATUS FROM `isuconp` LIKE 'comments'\G
#    SHOW CREATE TABLE `isuconp`.`comments`\G
# EXPLAIN /*!50100 PARTITIONS*/
SELECT * FROM `comments` WHERE `post_id` = 100 ORDER BY `created_at` DESC LIMIT 3\G
```

　リスト3のクエリは、3章4節「パフォーマンスチューニング 最初の一歩」でインデックスを追加したクエリと同じものです。ツールは違えど、同じボトルネックに辿り着きました。クエリの詳細では、実行数や処理にかかった時間および処理した行数（表2）の合計、最小、最大、平均などが書かれ、一番下にクエリのサンプルが表示されます。

　リスト3のクエリは245回を実行され、合計で74秒かかっています。Lock timeは小さく、他のスレッドの影響を受けている可能性はありません。注目するところは、Rows sentとRows examineの差です。トータルで663行を返すために、2337万行を処理しています。クエリにはLIMIT 3がついており、最大でも3行を返すクエリのために、1回あたり平均10万行近くを処理していることがわかります。

表2　pt-query-digestによる解析結果の項目

要素	意味
Count	解析対象期間中に実行されたクエリ数
Exec time	クエリの実行にかかった時間
Lock time	クエリの実行までにかかった時間。他のスレッドによるロックの待ち時間
Rows sent	クエリを実行し、クライアントに返した行数
Rows examine	クエリを実行時に走査した行数
Query size	実行したクエリの長さ（文字数）

　3章4節「パフォーマンスチューニング 最初の一歩」では、インデックスを付与することで改善を計りました。ここでも同じインデックスをつけて、pt-query-digestの結果がどうなるかも確認しておきましょう。

commentsテーブルへの最初のインデックス付与
```
mysql> ALTER TABLE `comments` ADD INDEX `post_id_idx` (`post_id`);
```

　ALTER TABLEにてインデックス付与し、再度ベンチマーカーを動作させるとpt-query-digestの実行結果はリスト4のようになります。

リスト4　pt-query-digestの解析結果のランキング（インデックス付与後）
```
# Profile
# Rank Query ID                           Response time Calls R/Call V/M
# ==== ================================== ============= ===== ====== ====
#    1 0x4858CF4D8CAA743E839C127C71B69E75  8.2483 38.7%   144 0.0573  0.01 SELECT posts
#    2 0x19759A5557089FD5B718D440CBBB5C55  2.2742 10.7%  2497 0.0009  0.00 SELECT posts
#    3 0xDA556F9115773A1A99AA0165670CE848  2.1094  9.9% 19694 0.0001  0.00 ADMIN PREPARE
#    4 0x7A12D0C8F433684C3027353C36CAB572  2.0165  9.5%    26 0.0776  0.01 SELECT posts
#    5 0x396201721CD58410E070DA9421CA8C8D  1.6021  7.5%  8980 0.0002  0.00 SELECT users
#    6 0xCDEB1AFF2AE2BE51B2ED5CF03D4E749F  1.3884  6.5%    34 0.0408  0.01 SELECT comments
#    7 0x624863D30DAC59FA16849282195BE09F  0.8991  4.2%  3725 0.0002  0.00 SELECT comments
#    8 0x422390B42D4DD86C7539A5F45EB76A80  0.8297  3.9%  3928 0.0002  0.00 SELECT comments
#    9 0x009A61E5EFBD5A5E4097914B4DBD1C07  0.6920  3.2%    13 0.0532  0.05 INSERT posts
#   10 0xE83DA93257C7B787C67B1B05D2469241  0.5736  2.7%    35 0.0164  0.00 SELECT posts
#   11 0x07890000813C4CC7111FD2D3F3B3B4EB  0.1234  0.6% 19686 0.0000  0.00 ADMIN CLOSE STMT
#   12 0xC9383ACA6FF14C29E819735F00B6DBDF  0.1150  0.5%    34 0.0034  0.00 SELECT posts
#   13 0x26489ECBE26887E480CA8067F971EA04  0.1091  0.5%    16 0.0068  0.01 INSERT users
#   14 0x9F2038550F51B0A3AB05CA526E3FEDDC  0.0976  0.5%    16 0.0061  0.00 INSERT comments
#   15 0x100EC8B5C400F34381F9D7F7FA80A53D  0.0795  0.4%   204 0.0004  0.00 SELECT comments
#   16 0x995F41A1456C1CF6746D96521AE5B82C  0.0762  0.4%  1146 0.0001  0.00 SET
#   17 0xA047A0D0BA167343E5B367867F4BDDDD  0.0316  0.1%   103 0.0003  0.00 SELECT users
#   18 0xC37F2207FE2E699A3A976F5EBE87A97C  0.0160  0.1%    34 0.0005  0.00 SELECT comments
#   19 0x82E4B026FA27240AB4BB2E774B30F1D4  0.0145  0.1%    35 0.0004  0.01 SELECT users
#   20 0x8C29FCE22733B54F960FA98ECCAA76FA  0.0111  0.1%    16 0.0007  0.00 SELECT users
#   21 0xEDBC971AEC392917AA353644DE4C4CB4  0.0006  0.0%   539 0.0000  0.00 ADMIN QUIT
```

```
#  22 0x491A04B3F75D443615A4E6D2A1290516   0.0006  0.0%   1 0.0006  0.00 SET
#  23 0x689641C84322E21F0507C5865F1EEF04   0.0004  0.0%   5 0.0001  0.00 ADMIN LONG DATA
#  24 0xD4FCDBB8BA1D74CB88943EC75773CF7F   0.0001  0.0%   1 0.0001  0.00 SET
#  25 0x1FE1379FE2A31B8D16219655761820A2   0.0001  0.0%   2 0.0000  0.00 SELECT
```

　リスト4の解析結果では、上位陣が様変わりしています。インデックス付与前のクエリは7位まで下がっており、負荷への影響もだいぶ小さくなっています。このようにアプリケーションへの変更を加える都度、クエリを分析します。データベース上のボトルネックをひとつひとつ解決していくのが、Webアプリケーションのチューニングにおいては重要です。Webアプリケーションを高速化していきます。次からは、インデックスの役割について追いかけていきます。

5-3　インデックスでデータベースを速くする

　前節までで、データベースがボトルネックになっていることを発見し、分析により遅いSQLを発見できました。本節ではデータベースの重要な機能の1つであるインデックスのイメージを掴み、データベースがインデックスによってどのように高速化するのかを紹介します。

データベースから結果を高速に得るには

　エンジニア以外の方やエンジニアになりたての方のリレーショナルデータベースに対するイメージはどんなものでしょうか。大量のデータを保存し、その名から高速にデータを検索したり、集計したりできる便利な入れ物というイメージを持たれているのではないでしょうか。確かにデータベースはデータの保存の仕方やアルゴリズム、OSやストレージデバイスの機能を有効活用することで、結果の出力までの時間を短縮している部分はあります。

　また、データベースについて少し学習が進んでいれば、SQLという学びやすいリレーショナルデータベースへの問い合わせ言語を使うことで、必要な情報を必要な形で取り出して早く目的を果たせるシステムとも捉えることもできます。SQLを使えば、データベースの内部がどうなっているのか、それほど気にせずにデータを取り出すという目的を達成することができます。ただし、秒間に数百数千とSQLが実行され、瞬時にレスポンスが得られることが期待されるWebサービスとなると別の話です。データベースから高速にデータを取り出す方法、具体的にはデータベースにおけるインデックスについての知識が求められてきます。

■ データベースにおけるインデックスの役割

　インデックスとは「索引」です。辞典や辞書を思い浮かべると、その役割が理解しやすくなります。あなたの前に10万個の言葉が規則のない順で載っている本があり、この本の中から、ある読み方をする言葉の数を数えるとしましょう。読み方はそれぞれの言葉にふりがなとして書かれています。さて、どうやって数えるとしましょうか。

　だいぶ困ってしまうでしょう。できる方法としては本を1ページ目から（あるいは最後から）1ページ1ページ全て目を通し、10万個の言葉を目で見て数えていかなければ答えは出ません。目をとても酷使する作業になり、ひとつも逃さずに数えるのは難しいでしょう。

　データベースで何かしらの数を数える場合も同じことが必要になります。10万行の言葉と読み方が書かれたファイルから、ある読み方をする言葉の数を一個も逃さず数えるためには10万行を読む必要があります。コンピュータは疲労によりミスをすることはありませんが、時間のかかる処理となります。ざっくり言うとMySQLにおいてはこの読んだ行数がRows_examinedにあたります。

　今度は本ではなく、10万個の言葉が載っている辞典をイメージしてみます。辞典の中から特定の読み方をする言葉の数を数える場合は、そこまでの苦労はないと期待できます。なぜなら、辞典には索引が用意されており、言葉の読み方が「あいうえお順」で並んでいるページが付いているからです。

　索引があることを知っていて、それが利用できる場合（あいうえお順を理解している必要があります）、索引ページを開いて目的の読みを探し、そこで数えればすぐに個数を出すことができるでしょう。1ページ目から全てのページを読むのに比べて、何百何千倍も早く結果が出せます。この索引こそがインデックスです。データベースでもインデックスという保存するデータとは別に、特定のルールに沿って並んでいる、もうひとつのデータベースを作成し、それを使うことで高速な検索を可能とします。

■ インデックスで検索が高速になる理由

　インデックスでは、目的のものがなぜ早く見つかるのでしょうか。辞典の例では「あいうえお順に並んでいることを知っている」と「あいうえお順を理解している」、その利用が前提だとしました。索引ページの中から「でーたべーす」と読む言葉を見つけるとしましょう。索引のページをパラパラパラパラ・・・とめくって探してしまうかもしれませんが、ここではできる限り少ないステップ数で探す方法を考えます。ここでの少ないステップ数とは、めくるページ数とします。

　まず、索引ページの真ん中あたりを開きます。開いたそのページが「な」から始まっているとしましょう。「でーたべーす」は「で」から始まっているので、50音順の知識を使うと、今より前のページにあることがわかります。そうしたら索引の1ページ目と現在のページの中央あたりを開きます。そうしたら「し」が先頭にありました。「で」は「し」より後ろなので、「な」と「し」の真ん中を開きます（図3）。

図3 索引ページを探すイメージ

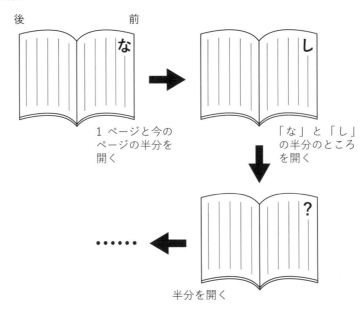

このように探す範囲の真ん中をまず調べ、探している対象が今より前にあるのか後ろにあるのかを判断し、探す範囲を半分、さらに半分と狭めていくと最小限の検索回数で探しているものに辿り着きます。このような検索方法は、**二分探索**（バイナリーサーチ）と呼ばれます。

データベースのインデックスにはいくつかの種類はあるものの、二分探索に適した構造であるBツリーが応用範囲も広く、よく利用されています。データベースの高速化やSQLのチューニングを検討する際は、Bツリーやツリー構造内でのデータ探索をイメージすると問題が解決しやすくなります。

▌MySQLにおけるインデックスの利用

MySQLにおけるインデックスの利用をより具体的に理解するため、3章や本章でインデックスを張ったcommentsテーブルと次の検索クエリを見ていきます（リスト5）。

リスト5 commentsテーブルに対するクエリ

```
SELECT * FROM `comments` WHERE `post_id` = 100 ORDER BY `created_at` DESC LIMIT 3
```

インデックスを作成した後のcommentsテーブルのスキーマは、リスト6のようになっています。

リスト6 commentsテーブルのスキーマ（インデックス追加後）

```
CREATE TABLE comments (
  `id` int NOT NULL AUTO_INCREMENT PRIMARY KEY,
```

```
  `post_id` int NOT NULL,
  `user_id` int NOT NULL,
  `comment` text NOT NULL,
  `created_at` timestamp NOT NULL DEFAULT CURRENT_TIMESTAMP,
  INDEX `post_id_idx` (`post_id`)
) DEFAULT CHARSET=utf8mb4;
```

　検索クエリでは、post_idが100のデータを探します。post_idには作成したインデックスpost_id_idxがあり、利用できそうです。post_idは整数を格納するint型となっているので、インデックス内部は数値の小さい方から大きい方へ昇順で並んでいます。インデックスはデフォルトでは昇順で作られますが、MySQL 8.0以降では降順でも作成できます[20]。

図4　インデックスツリーのイメージ

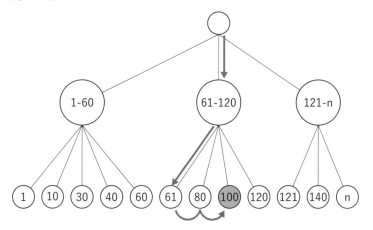

　図4のように100を探して絞り込むようにツリーを辿ることで、目的のpost_idに短いステップで辿り着くことができました。余分に読むデータも減っています。

　MySQLにおいてはクエリがどのように実行されるか、またどのインデックスを使うのか、あるいは使わないかの実行計画をEXPLAINステートメントを使って確認できます。SELECTやUPDATEから始まるクエリの先頭にEXPLAINを付与することで、クエリの実行計画を得られます。図5はインデックス付与前のcommentsテーブルの検索クエリのEXPLAIN結果、図6はインデックス付与後のcommentsテーブルの検索クエリのEXPLAIN結果です。

図5　commentsテーブルの検索クエリのEXPLAIN結果（インデックス付与前）

```
mysql> EXPLAIN SELECT * FROM `comments` WHERE `post_id` = 100 ORDER BY `created_at` DESC LIMIT 3\G
*************************** 1. row ***************************
```

注20　降順インデックスについては、以下の記事が参考になるでしょう。MySQL :: MySQL 8.0 Reference Manual :: 8.3.13 Descending Indexes
https://dev.mysql.com/doc/refman/8.0/en/descending-indexes.html

```
           id: 1
  select_type: SIMPLE
        table: comments
   partitions: NULL
         type: ALL
possible_keys: NULL
          key: NULL
      key_len: NULL
          ref: NULL
         rows: 99653
     filtered: 10.00
        Extra: Using where; Using filesort
1 row in set, 1 warning (0.01 sec)
```

図6　commentsテーブルの検索クエリのEXPLAIN結果（インデックス付与後）

```
mysql> EXPLAIN SELECT * FROM `comments` WHERE `post_id` = 100 ORDER BY `created_at` DESC LIMIT 3\G
*************************** 1. row ***************************
           id: 1
  select_type: SIMPLE
        table: comments
   partitions: NULL
         type: ref
possible_keys: post_id_idx
          key: post_id_idx
      key_len: 4
          ref: const
         rows: 5
     filtered: 100.00
        Extra: Using filesort
1 row in set, 1 warning (0.00 sec)
```

　インデックス付与前後で、利用できるインデックスが表示されるpossible_keysが空からpost_id_idxと表示されるようになりました。読み取る必要があると判断されているrowsも10万からこのEXPLAIN結果では5件と大きく下がっています[注21]。

　SQLクエリを解析し、インデックスの使用を決定する役割を担っているのは、**オプティマイザ**と呼ばれるデータベース内の機能です。MySQLのオプティマイザは統計データなどを利用し、どのインデックスを使用するかを決めています。EXPLAINはその結果を表示しています。オプティマイザについてはOPTIMIZER_TRACEを利用することで、より詳細な実行計画を得られます[注22]。

注21　通常、EXPLAIN結果はテーブルフォーマットで表示されますが、誌面の都合上、メタコマンドの\Gを使用しています。クエリの最後にセミコロンの代わりに\Gを利用することで、結果が縦方向に展開されて表示されます。

注22　MySQL :: MySQL Internals Manual :: 8 Tracing the Optimizer https://dev.mysql.com/doc/internals/en/optimizer-tracing.html

複合インデックス・並び替えにも使われるインデックス

もう一度、図6のEXPLAINとSQLを確認してみましょう。Extraの項目にUsing filesortと書かれています。これはMySQL内部でsortの処理[注23]が行われていることを示しています。対象の件数（rows）は多くありませんが、ソート処理はデータベースにとって負担が大きい処理の1つです。これを解決するのもインデックスです。ソート処理もインデックスで行えるよう、次のALTERクエリでインデックスを変更します。

```
ソート処理もできるインデックスへの付け替え
mysql> ALTER TABLE `comments` DROP INDEX `post_id_idx`, ADD INDEX `post_id_idx` (`post_id`, `created_at`);
```

本クエリでpost_id、created_atの2つのカラムからなる「複合インデックス」が作られました。図7はインデックスを使った検索のイメージです。

図7　複合インデックスのツリーイメージ

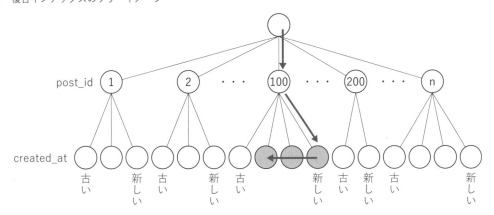

まず、post_idが100の条件で絞り込みを行います。そしてその下の段に、created_atのデータが昇順に並べられています。ここを日付が新しい方から（降順に）走査することで、結果を最短に得ることができ、別途ソート処理の必要もなくなります。

EXPLAINでも確認してみます。

```
commentsテーブルの検索クエリのEXPLAIN結果 複合インデックス付与後
mysql> EXPLAIN SELECT * FROM `comments` WHERE `post_id` = 100 ORDER BY `created_at` DESC LIMIT 3\G
*************************** 1. row ***************************
        id: 1
```

注23　filesortと書かれていると何らかのファイルにデータを書き出してソート処理をしていると思われるかもしれませんが、メモリ上の処理になります。

```
  select_type: SIMPLE
        table: comments
   partitions: NULL
         type: ref
possible_keys: post_id_idx
          key: post_id_idx
      key_len: 4
          ref: const
         rows: 5
     filtered: 100.00
        Extra: Backward index scan
1 row in set, 1 warning (0.00 sec)
```

Using filesortも表示されなくなりました。Backward index scanは図7のように昇順に並んでいるインデックスを逆向きに読んだことを表します。ここで降順インデックスを利用することで、処理が少なくなる可能性があります。

降順インデックスへの変更
```
mysql> ALTER TABLE `comments` DROP INDEX post_id_idx, ADD INDEX post_id_idx(`post_id`,`created_at` DESC);
```

再度、EXPLAINを取得すると、Backward index scanが消えました。

降順インデックスを利用したEXPLAIN結果
```
mysql> EXPLAIN SELECT * FROM `comments` WHERE `post_id` = 100 ORDER BY `created_at` DESC LIMIT 3\G
*************************** 1. row ***************************
           id: 1
  select_type: SIMPLE
        table: comments
   partitions: NULL
         type: ref
possible_keys: post_id_idx
          key: post_id_idx
      key_len: 4
          ref: const
         rows: 5
     filtered: 100.00
        Extra: NULL
1 row in set, 1 warning (0.00 sec)
```

クラスターインデックスの構成と
クラスターインデックスでのインデックスチューニング

MySQLをはじめとする多くのデータベースには、プライマリインデックスとセカンダリインデッ

クスと呼ばれる2種類のインデックスがあります。**プライマリインデックス**はあるカラムに格納される値が全てユニークな値になる、テーブルを代表するデータ（プライマリキー）に貼られるインデックスです。1つのテーブルには、1つのプライマリインデックスが作成可能です。

　テーブル設計として、プライマリキーとしてINT型のカラムを用意し、`AUTO_INCREMENT`をスキーマに指定することでシーケンシャルな数字を自動付与する設計はしばしばみられます。最近では、UUIDを利用する場面も増えてきました。プライマリインデックスは1つのカラムで構成されている必要はなく、2つのカラムデータの組み合わせがユニークであれば複合インデックスでも作成できます。

　MySQL（InnoDBストレージエンジンを利用した場合）のデータ構造の特徴として、クラスターインデックスというものもあります。これはプライマリインデックスのツリー構造の先に、データが含まれているという構造です（図8）。

図8　クラスターインデックスのツリーイメージ

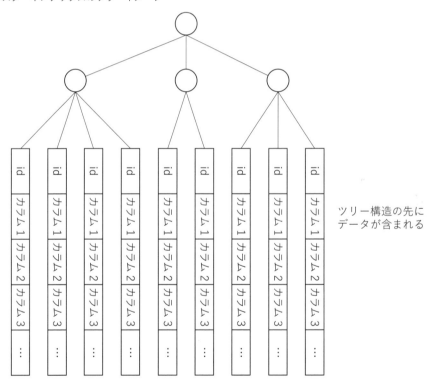

ツリー構造の先に
データが含まれる

　プライマリインデックス以外のインデックスは全て**セカンダリインデックス**と呼ばれます。このセカンダリインデックスはどうなるかというと、ツリー構造の先には、プライマリキーが含まれています（図9）。

図9　セカンダリインデックスのツリーイメージ

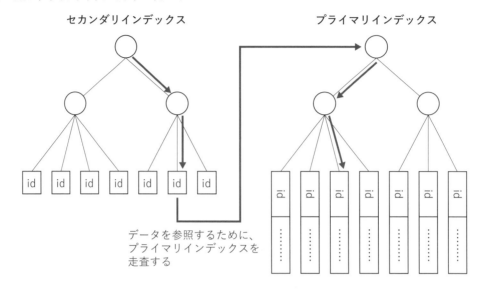

クラスターインデックスの利点として、プライマリインデックスでの検索時にストレージデバイス内でデータを読む回数を減らせるというのがあります。クラスターインデックス構造ではない場合、インデックスの処理のあとに実際のデータの読み取りが追加で必要になります。クラスターインデックス構造によりストレージへのI/O回数を減らせるため、規模の大きなWebサービスでMySQLが好んで使われてきました。

また、セカンダリインデックスの特徴を活かした検索の効率化もあります。private-isuのcommentsテーブルで、あるユーザーのコメント数を数えるといったクエリを行う必要があったとしましょう。クエリはリスト7のようになります。

リスト7　commentsテーブルのあるユーザーのコメント数を数えるクエリ

```
SELECT COUNT(*) FROM comments WHERE user_id = 123;
```

このクエリを高速に行うためにはまず、user_idにインデックスが必要なので作成します。

```
user_idのインデックス追加
mysql> ALTER TABLE `comments` ADD INDEX `idx_user_id` (`user_id`);
```

user_idインデックスがある場合の検索は、図10のように考えることができます。user_idで対象を絞り込んだあと、プライマリキーであるidをインデックスから取得できます。COUNT(*)で数を数えるにはプライマリキー(ここではcommentsテーブルのid)があれば十分なので、プライマリインデックスまでアクセスする必要がありません。このようにセカンダリインデックスに含まれる情報だけで

結果が返せる最適化をCovering Indexと言います。

図10　ツリーの中でどうCOUNTのクエリを解決するか

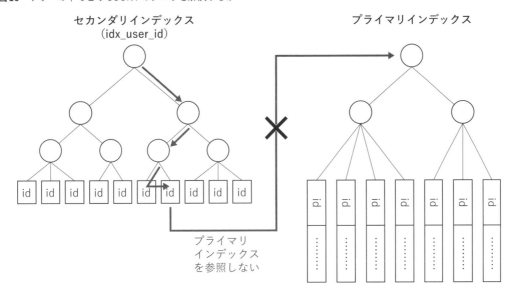

Covering Indexでクエリを解決できる場合は、EXPLAIN結果のExtraに`Using index`が付与されます。

図11　コメント数カウントのクエリ（インデックス付与前）

```
mysql> EXPLAIN SELECT COUNT(*) FROM comments WHERE user_id = 123\G
*************************** 1. row ***************************
           id: 1
  select_type: SIMPLE
        table: comments
   partitions: NULL
         type: ALL
possible_keys: NULL
          key: NULL
      key_len: NULL
          ref: NULL
         rows: 99653
     filtered: 10.00
        Extra: Using where
1 row in set, 1 warning (0.00 sec)
```

図12　コメント数カウントのクエリ（インデックス付与後）

```
mysql> EXPLAIN SELECT COUNT(*) FROM comments WHERE user_id = 123\G
*************************** 1. row ***************************
```

```
            id: 1
   select_type: SIMPLE
         table: comments
    partitions: NULL
          type: ref
 possible_keys: idx_user_id
           key: idx_user_id
       key_len: 4
           ref: const
          rows: 100
      filtered: 100.00
         Extra: Using index
1 row in set, 1 warning (0.00 sec)
```

　コメント数カウントのクエリのEXPLAIN結果でも、Using indexがついており、Covering Indexにて処理が行われることがわかります（図11、図12）。

■ 多すぎるインデックスの作成によるアンチパターン

　インデックスのアンチパターンとして、テーブル中の全てのカラムに対してインデックスを張ってしまうというものがあります。あるテーブルに対して様々な条件で検索するような要件があり、その全てを高速化できるようインデックスを張っていった結果として、この状況が生まれるのだろうと考えます。インデックスは本節で見てきたように、ソート済みのもう1つのデータベースになります。インデックスの作成、データの追加・更新があった場合のインデックス更新には、オーバーヘッドが伴います。インデックスの数が増えれば、その負荷は増えていき、データ更新時に負荷が高まったり、速度が落ちたりする原因となります。

　MySQLでは、クエリ実行時に1つのテーブルに対して同時に使われるインデックスの個数は1個です[注24]。複数のインデックスがあっても、データの絞り込みが効率的にはなりません。

　様々な条件で検索する機能がある場合は、頻繁に使われるものはインデックスを用意し、それ以外は「ORDER BY狙いのインデックス」を作成していくと良いでしょう。あるテーブルに対する検索条件の並び順が日付順である場合、新しいデータの方が頻繁に参照されるでしょう。そこで日付のカラムにインデックスを作成し、新しい行から探索してデータを使用するか一件ごとに確認していくしていくことで、最終的な読んだ行数（rows）が小さくなることが期待できます。また、ソート処理（file sort）も必要なくなり、効率の良いクエリとなります。

注24　インデックスマージにより複数のインデックスが使われることがあります。https://dev.mysql.com/doc/refman/8.0/en/index-merge-optimization.html

MySQLがサポートするその他のインデックス

MySQLでは通常、使用するBツリーのインデックス以外にいくつか異なるインデックスの作成をサポートしています。ここでは、簡単に以下の2つのインデックスについて紹介します。

- 全文検索インデックス
- 空間インデックス

全文検索を実現するインデックス

データベース中に格納されるテキストデータから、特定の文字列を含む行を検索するということが、しばしば行われます。この際によく利用されるのがLIKEを使った検索クエリです（リスト8）。

リスト8 LIKEクエリの例

```
SELECT * FROM comments WHERE comments LIKE '%データベース%';
```

LIKEクエリの例は、private-isuのcommentsテーブルからデータベースという文字列が含まれる行を検索します。このSQLはインデックスを利用することができず、必ず全件を走査するクエリとなってしまいます。また、LIKE検索でインデックスが使われるのはLIKE 'データベース%'などとワイルドカード文字（%や_）の前のみとなります。Bツリーインデックスの構成上、前方一致にしかインデックスを利用できません。文の途中に含まれる文字列はインデックスを使って探せません。

そこで利用されるのが、Elasticsearch[注25]やApache Solr[注26]、Groonga[注27]といった全文検索エンジンです。全文検索エンジンでは、文字列を単語や形態素解析によって分かち書きをしたり、N-gramによって分割したりして、転置インデックスを構築します。転置インデックスでは単語から文章のID、出現位置などを求めることができます。MySQLでも全文検索インデックスはサポートされています。commentsテーブルのcommentデータに、全文検索インデックスを付与するには次のようにします。

```
全文検索インデックスの作成
mysql> ALTER TABLE comments ADD FULLTEXT INDEX comments_full_idx (comment) WITH PARSER ngram;
Query OK, 0 rows affected, 1 warning (7.57 sec)
Records: 0  Duplicates: 0  Warnings: 1
```

ここではテキストの分割方式としてN-gramを利用しています。検索するにはMATCH (column) AGAIST (expr)という全文検索用の関数を利用します[注28]。

[注25] https://www.elastic.co/jp/elasticsearch/
[注26] https://solr.apache.org/
[注27] https://groonga.org/ja/
[注28] 全文検索について参考になる記事です。MySQL :: MySQL 8.0 Reference Manual :: 12.10.1 Natural Language Full-Text Searches
https://dev.mysql.com/doc/refman/8.0/en/fulltext-natural-language.html

```
SELECT * FROM comments WHERE MATCH (comment) AGAINST ('データベース' IN BOOLEAN MODE);
```

　MySQLの全文検索インデックスは手軽に利用できるようになっていますが、検索や更新時の負荷が上がることでサービス全体に影響が出ないように気を配る必要があります。全文検索において同義語をまとめたり、関連性の高い文章を出すなどして、検索の質を高めていこうとなった場合には、Elasticsearchなどの専門の全文検索エンジンを利用すると良いとされています。

緯度経度から検索を行うインデックス

　空間インデックスは、ISUCON10の予選問題の解説でも用いられていました。

- ISUCON10 予選問題の解説と講評

　https://isucon.net/archives/55025156.html

　ISUCON10予選は、不動産の検索サイトが課題でした。不動産検索のWebサービス内では「なぞって検索」という機能があり、地図上を指でなぞった多角形の範囲に含まれる物件を検索できました。この機能の実現のために発行するSQLによる負荷が大きくなっており、どう解決するかが予選突破の鍵となっていました。

　初期実装では、まず多角形から緯度および経度の最大・最小を求めて四角形を作り、対象をおおまかに検索しました。そして、その中のひとつひとつに対して多角形中に含まれるかどうかを確認する実装となっていました。ここで空間インデックスを使うと、一度のクエリで絞り込みが行え、高速化が実現できます。経度と緯度のデータで作られる多角形の中にある、物件を探すクエリはリスト9のようになります。

リスト9　空間インデックスを利用するクエリ

```
SELECT id FROM estate \
WHERE ST_Contains(ST_PolygonFromText('POLYGON((35.140453 136.716575,\
35.743798 136.716032,35.879481 136.873225,35.999629 137.643797,\
35.271095 137.571651,35.187708 137.495990,35.144636 137.216676,\
35.141714 136.974318,35.140453 136.716575))'), point) \
ORDER BY popularity DESC, id ASC LIMIT 50")
```

　35.140から始まる数字が経度と緯度のデータです。空間インデックスでは、STから始まる関数を利用して絞り込みを行います。空間インデックスを実現するのはBツリーではありません。ここでは詳しく紹介しませんが、Rツリーと呼ばれるデータ構造で実現されています。

　MySQLは過去においてはサポートする機能が少なく、シンプルであることが特徴でもありましたが、

バージョンが上がることに機能が増えてきています。新しい機能について紹介しているブログやサイトを参照することで、データベースのパフォーマンスチューニングの引き出しを増やすと良いでしょう。

5-4 N+1とは

データベースなど外部のリソースを利用したWebサービスにおいてよく発生し、パフォーマンス悪化の原因になるのが、N+1と呼ばれる問題です。private-isuにもN+1問題が含まれています。ここではprivate-isuを題材にN+1問題とは何かを確認し、N+1問題の解決方法を紹介していきます。

クエリ数増大によりアプリケーションが遅くなる理由

本章で紹介したpt-query-digestの結果（リスト2）において、7番目のクエリは他のクエリが数件から300件弱の実行に対して、1200回以上実行されています。ここではクエリの詳細を確認します。

リスト10 pt-query-digestの分析結果 実行回数が多いクエリ

```
# Query 7: 124.30 QPS, 0.04x concurrency, ID 0x396201721CD58410E070DA9421CA8C8D at byte 2661502
# This item is included in the report because it matches --limit.
# Scores: V/M = 0.00
# Time range: 2021-06-05T13:54:10 to 2021-06-05T13:54:20
# Attribute     pct   total    min    max    avg    95%  stddev  median
# ============ === ======= ======= ======= ======= ======= ======= =======
# Count          19    1243
# Exec time       0   385ms   43us   13ms  309us    2ms  906us    89us
# Lock time      28    48ms    8us    8ms   38us   21us  308us    11us
# Rows sent       0   1.21k      1      1      1      1      0       1
# Rows examine    0   1.21k      1      1      1      1      0       1
# Query size      3  45.99k     36     39  37.89  36.69   0.20   36.69
# String:
# Databases    isuconp
# Hosts        localhost
# Users        isuconp
# Query_time distribution
#   1us
#  10us  ############################################################
# 100us  ###########################
#   1ms  ######
#  10ms  #
# 100ms
#    1s
#  10s+
# Tables
#    SHOW TABLE STATUS FROM `isuconp` LIKE 'users'\G
```

```
#    SHOW CREATE TABLE `isuconp`.`users`\G
# EXPLAIN /*!50100 PARTITIONS*/
SELECT * FROM `users` WHERE `id` = 635\G
```

　クエリ自体はプライマリインデックスでの検索で、95%が2ms以下で完了しているなど非常に高速です（リスト10）。ただ、実行数が多いため、負荷の大きいクエリとして上位に上がってきているのです。次のクエリは、EXPLAINでも、PRIMARYインデックスを用いているため高速に処理されていることがわかります。

```
高速だとわかるEXPLAIN
mysql> EXPLAIN SELECT * FROM `users` WHERE `id` = 635\G
*************************** 1. row ***************************
           id: 1
  select_type: SIMPLE
        table: users
   partitions: NULL
         type: const
possible_keys: PRIMARY
          key: PRIMARY
      key_len: 4
          ref: const
         rows: 1
     filtered: 100.00
        Extra: NULL
1 row in set, 1 warning (0.00 sec)
```

　private-isuのベンチマーカーは、投稿一覧のページへ多くのリクエストを送信します。投稿一覧ページではまず投稿のリストを取得し、そのリストのそれぞれに対してmakePostsという関数[注29]を呼び、投稿者のuser情報と最新の3件のコメントを取得します。さらにそのコメント対しても、user情報を引く処理が行われるよう実装がされています。最初の1回のSQL実行に対して、ループの中で何倍ものuser情報を求めるクエリが発生します。

　クエリの実行数が多くなると、クエリの実行にかかる合計の秒数はもちろん、アプリケーションサーバーとデータベースサーバーとの間の通信回数も増え、最終的な結果を返すまでに時間が大きくなります。このようなコードにより、1回のクエリで得た結果の件数（これをN件とする）に対して、関連する情報を集めるため、N回以上のクエリを実行してしまうことでアプリケーションのレスポンス速度の低下やデータベースの負荷の原因になることを**N+1問題**と言います。

注29　Go実装ではmakePostsですが、Ruby実装ではmake_postsとなります。

N+1の見つけ方と解決方法

N+1になっているクエリを見つけるには、スロークエリログを取得して実行数が多いクエリをヒントに、アプリケーションの中でループ中にSQLを実行している箇所を探す方法があります。また、New Relic[注30]などAPMやプロファイラの情報を参考にしたり、PHPのLaravel[注31]などフレームワークの機能としてN+1を発見して警告を出せる機能を活用したりするのも良いでしょう。

アプリケーションのコードからN+1の箇所を見つけた場合、それがアプリケーションの中でボトルネックになっているのか、データベースのプロファイルと照らし合わせて、再度確認しましょう。時間をかけて修正したが、実はバッチの実行でのみ呼ばれ、速度が求められない場所だったということもあり得ます。ここではN+1の修正方法として、キャッシュを使う方法、別クエリでプリロードする方法、そしてSQLクエリのJOINを使う方法を紹介します。どの方法が最適かは、Webサービスの規模や運用の状況により異なります。

キャッシュを使う方法では、キャッシュを保持するミドルウェアの追加が必要になります。キャッシュによりデータベースの負荷を削減できるため、高いスケーラビリティを求められる大規模なWebサービスで活用されます。

別クエリでのプリロードはミドルウェアも要らず、複雑なSQLクエリを書かなくて良いというメリットがあり、実装のコストも高くありません。JOINによる解決はシンプルでかつ高速に動作することが期待できます。ただ、Webサービスの規模が大きくなり、より高いスケーラビリティを確保するためデータベースの分割が必要となった際には、開発上のボトルネックとなることがあります。

キャッシュを使った解決方法とキャッシュ取得でのN+1の回避

NoSQLであるmemcachedやRedisなどにデータベースの情報をキャッシュとして保存しておき、データベースにアクセスする代わりにキャッシュを参照する方法を紹介します。大規模なWebサービスではあまり変化しない情報をmemcachedなどに格納しておいて、それを参照することでデータベースへの負担を減らすことが行われます。ここではprivate-isuのデータベースを利用し、最新の投稿とそれに紐づくユーザー情報を取得するのを例にしてN+1の回避方法を紹介します。

最初にN+1が存在する状態のコードです（リスト11）。リスト11の❶のSQLが実行された後、取得した投稿の件数、20件分のgetUserを経由❷してクエリが実行されます。

リスト11 N+1ありのソースコード

```
var db *sqlx.DB

func main() {
  var err error
```

注30 https://newrelic.com/
注31 https://laravel.com/

```go
  // データベースへの接続
  db, err = sqlx.Open("mysql", "isuconp:@tcp(127.0.0.1:3306)/isuconp?parseTime=true")
  if err != nil {
    log.Fatal(err)
  }

  results := []Post{}
  // 投稿一覧を取得 ❶
  err = db.Select(&results, "SELECT `id`, `user_id`, `body`, `mime`, `created_at` FROM `posts` ORDER BY
`created_at` DESC LIMIT 20")
  if err != nil {
    log.Fatal(err)
  }

  for _, p := range results {
    // 投稿一覧にユーザー情報を付与 ❷
    p.User = getUser(p.UserID)
  }
}

func getUser(id int) User {
  user := User{}
  // ユーザー情報の取得
  err := db.Get(&user, "SELECT * FROM `users` WHERE `id` = ?", id)
  if err != nil {
    log.Fatal(err)
  }
  return user
}
```

キャッシュを参照することで、データベースのN+1を回避しているのがリスト12のコードです。

リスト12 N+1キャッシュによる回避(1)

```go
var db *sqlx.DB
var mc *memcache.Client

func main() {
  var err error
  // データベースへの接続
  db, err = sqlx.Open("mysql", "isuconp:@tcp(127.0.0.1:3306)/isuconp?parseTime=true")
  if err != nil {
    log.Fatal(err)
  }
  // memcachedへの接続
  mc = memcache.New("127.0.0.1:11211")

  results := []Post{}
```

```
  // 投稿一覧を取得
  err = db.Select(&results, "SELECT `id`, `user_id`, `body`, `mime`, `created_at` FROM `posts` ORDER BY ↵
`created_at` DESC LIMIT 30")
  if err != nil {
    log.Fatal(err)
  }

  for _, p := range results {
    // 投稿一覧にユーザー情報を付与
    p.User = getUser(p.UserID)
  }
}

func getUser(id int) User {
  user := User{}
  // memcachedからユーザー情報を取得 ❶
  it, err := mc.Get(fmt.Sprintf("user_id:%d", id))
  if err == nil {
    // ユーザー情報があればJSONをデコードして返す
    err := json.Unmarshal(it.Value, &user)
    if err != nil {
      return user
    }
  }
  // データベースからユーザー情報を取得 ❷
  err = db.Get(&user, "SELECT * FROM `users` WHERE `id` = ?", id)
  if err != nil {
    log.Fatal(err)
  }
  // JSONにエンコード
  j, err := json.Marshal(user)
  if err != nil {
    log.Fatal(err)
  }
  // memcachedに格納 ❸
  mc.Set(&memcache.Item{
    Key:        fmt.Sprintf("user_id:%d", id),
    Value:      j,
    Expiration: 3600,
  })
  return user
}
```

　データベースへ、30回のクエリ実行を避けるため、❶でまずmemcachedからキャッシュデータを
取得しています。もしキャッシュがない場合、データベースから取得します❷。そして、キャッシュ
にデータを保持しておきます❸。リスト12の方法では、1回目のアクセスではキャッシュが空のため
N+1が発生しますが、2度目以降はキャッシュがあり、データベースへのN+1は発生しません。ただ

し、キャッシュの参照は行数の分だけ行われ、N+1は依然として残っています。データベースがすで
にボトルネックでその負荷を減らすということであれば効果がありますが、アプリケーションサーバー
とキャッシュサーバーの通信はN回行われるので、アプリケーションの性能向上としては改善の余地
がまだあります。

　memcachedやRedisでは、一度の通信で複数のキャッシュを取得できます。これを利用して、キャッ
シュのN+1をも起こさないのがリスト13の例です。memcachedから一度に投稿者の情報を取得する
ため、まず投稿一覧からユーザーIDのリストを作ります❶。そして、❷のgetUsersFromCacheでキャッ
シュから一括でデータを得ます。memcachedから一度に複数のキャッシュを取得するのは、
GetMultiという命令です❸。もし、memcachedからキャッシュが取得できなかった場合、データベー
スを参照し、キャッシュに格納します❹❺。

　これにより、memcachedの参照が1回にまとまり、N+1が解消します。しかし、リスト13の例に
おいても、まだキャッシュがヒットしなかった場合、N+1が起こりえます。キャッシュが容易に消え
る環境や負荷の厳しい状況では少しでもパフォーマンスを向上させるため、キャッシュから取れなかっ
たキーのリストを作り、次に説明する別クエリによるプリロードを組み合わせることがあります。キャッ
シュを活用し、Webサービスを高速化させる方法については、7章でより詳しく紹介しています。

リスト13　N+1 キャッシュによる回避(2)

```
var db *sqlx.DB
var mc *memcache.Client

func main() {
  var err error
  // データベースへの接続
  db, err = sqlx.Open("mysql", "isuconp:@tcp(127.0.0.1:3306)/isuconp?parseTime=true")
  if err != nil {
    log.Fatal(err)
  }
  // memcachedへの接続
  mc = memcache.New("127.0.0.1:11211")

  results := []Post{}
  // 投稿一覧を取得
  err = db.Select(&results, "SELECT `id`, `user_id`, `body`, `mime`, `created_at` FROM `posts` ORDER BY ⏎
`created_at` DESC LIMIT 30")
  if err != nil {
    log.Fatal(err)
  }

  // キャッシュから取得するユーザーIDリストを作る ❶
  userIDs := make([]int, 0, len(results))
  for _, p := range results {
```

```
    userIDs = append(userIDs, p.UserID)
  }
  // キャッシュからユーザー情報を一括で取得 ❷
  users := getUsersFromCache(userIDs)
  for _, p := range results {
    if u, ok := users[p.UserID]; ok {
      p.User = u
    } else {
      // キャッシュから取得できなかった場合、データベースから取得 ❹
      p.User = getUser(p.UserID)
    }
  }
}

// キャッシュからユーザー情報を一括で取得する関数
func getUsersFromCache(ids []int) map[int]User {
  // キャッシュのキーのリストを作成
  keys := make([]string, 0, len(ids))
  for _, id := range ids {
    keys = append(keys, fmt.Sprintf("user_id:%d", id))
  }
  // 結果をいれるmap(連想配列)を作成。キーはユーザーID
  users := map[int]User{}
  // キャッシュから複数のキャッシュを取得 ❸
  items, err := mc.GetMulti(keys)
  if err == nil {
    return users
  }
  for _, it := range items {
    u := User{}
    // JSONをデコードし、mapにユーザーIDをキーとして格納
    err := json.Unmarshal(it.Value, &u)
    if err != nil {
      log.Fatal(err)
    }
    users[u.ID] = u
  }
  return users
}

func getUser(id int) User {
  user := User{}
  // データベースからユーザー情報を取得
  err := db.Get(&user, "SELECT * FROM `users` WHERE `id` = ?", id)
  if err != nil {
    log.Fatal(err)
  }
  // JSONにエンコード
  j, err := json.Marshal(user)
```

```
  if err != nil {
    log.Fatal(err)
  }
  // キャッシュに格納 ❺
  mc.Set(&memcache.Item{
    Key:        fmt.Sprintf("user_id:%d", id),
    Value:      j,
    Expiration: 3600,
  })
  return user
}
```

別クエリによるプリロードを用いたN+1の解決

キャッシュを利用すると当然、Webサービスのシステムの構成要素が増えます。memcachedやRedisといったミドルウェアの監視や障害の発生について気を配らなければなりません。また、データの不整合によりトラブルを起こさないよう、キャッシュの破棄や更新などアプリケーションの改修も多く必要となります。

新たなミドルウェアの追加やN+1の解消のために変更するコードを少なくしながら、データベースのクエリを2回にまで減らす方法が次に紹介する方法です（リスト14）。先ほどのキャッシュを使い、N+1を排した方法に似ています。❶のユーザーIDリストを作るところまでは同じです。リストから情報を得るため、キャッシュではなく、データベースを参照します❷。データベースから取得する際には、IN句を使います❸。データベースへの参照をN+1回ではなく、2回に抑えることができます。

リスト14 N+1 データベースのプリロード

```
var db *sqlx.DB

func main() {
  var err error
  // データベースへの接続
  db, err = sqlx.Open("mysql", "isuconp:isuconp@tcp(127.0.0.1:3306)/isuconp?parseTime=true")
  if err != nil {
    log.Fatal(err)
  }

  results := []Post{}
  // 投稿一覧の取得
  err = db.Select(&results, "SELECT `id`, `user_id`, `body`, `mime`, `created_at` FROM `posts` ORDER BY ↩
`created_at` DESC LIMIT 30")
  if err != nil {
    log.Fatal(err)
  }
  // ユーザーIDリストを作る ❶
  userIDs := make([]int, 0, len(results))
```

```
  for _, p := range results {
    userIDs = append(userIDs, p.UserID)
  }
  // ユーザー情報をプリロードする ❷
  users := preloadUsers(userIDs)
  for _, p := range results {
    p.User = users[p.UserID]
  }
}


// データベースからユーザー情報を一括で取得する関数
func preloadUsers(ids []int) map[int]User {
  // 結果をいれるmap(連想配列)を作成。キーはユーザーID
  users := map[int]User{}
  // ユーザーリストが空の場合
  if len(ids) == 0 {
    return users
  }
  // ユーザーID用のリスト
  params := make([]interface{}, 0, len(ids))
  // プレースホルダ用のリスト
  placeholders := make([]string, 0, len(ids))
  for _, id := range ids {
    params = append(params, id)
    // プレースホルダ用のリストには'?'を入れる
    placeholders = append(placeholders, "?")
  }
  us := []User{}
  // IN句を利用してデータベースからユーザー情報を取得 ❸
  // プレースホルダのリストは','で連結してクエリを作成する
  err := db.Select(
    &us,
    "SELECT * FROM `users` WHERE `id` IN ("+strings.Join(placeholders, ",")+")",
    params...,
  )
  if err != nil {
    log.Fatal(err)
  }
  for _, u := range us {
    users[u.ID] = u
  }
  return users
}
```

　N+1データベースのプリロード（リスト14）ではIN句を構築するため、プレースホルダ用の配列を用意して文字列を連結する方法をとりました（「?」をプレースホルダ用のリストに入れました）。Go言語のsqlxライブラリの機能を使い、IN句を含むクエリを作成できます。言語やフレームワーク

によっては文字列を連結する方法でIN句を作成する方法をとらなくても、構築可能な機能があります
ので、調べてみると良いでしょう。(リスト15)

リスト15　N+1データベースのプリロード(sqlx.Inを使う方法)

```go
func preloadUsersIn(ids []int) map[int]User {
  // 結果をいれるmap(連想配列)を作成。キーはユーザーID
  users := map[int]User{}
  // ユーザーリストが空の場合
  if len(ids) == 0 {
    return users
  }
  // IN句を含むクエリを構築
  // query: プレースホルダ展開されたクエリ
  // params: クエリ実行時に渡すパラメータ
  query, params, err := sqlx.In(
    "SELECT * FROM `users` WHERE `id` IN (?)",
    ids,
  )
  if err != nil {
    log.Fatal(err)
  }
  us := []User{}
  // データベースからユーザー情報を取得
  err = db.Select(
    &us,
    query,
    params...,
  )
  if err != nil {
    log.Fatal(err)
  }
  for _, u := range us {
    users[u.ID] = u
  }
  return users
}
```

　IN句に渡す値の数には、注意が必要になることもあります。多過ぎると、クエリのサイズが大き
くなり過ぎてエラーになったり、狙ったインデックスが使われなかったりします。前者については
max_allowed_packetという設定でMySQL8.0では64MBがデフォルトです。後者についてはMySQL
がクエリの実行計画を立てる上で、インデックスではなく、データを全部読むフルスキャンした方が
早いと判断する場合があります。この動作はeq_range_index_dive_limitというパラメータで変更が
できます。MySQL8.0では、eq_range_index_dive_limitのデフォルトは200になります。IN句に含
まれる値がeq_range_index_dive_limit件以内であれば、インデックスを用いた場合に走査する行の

数を正確に見積もろうとします（インデックスダイブと呼びます）。`eq_range_index_dive_limit`件以上となると、インデックス統計データから見積もります。インデックス統計データは高速になりますが、正確性が若干落ち、場合によってはインデックスを使わずにフルスキャンを行うという判断がされます。

　別クエリによるプリロードは次に説明するJOINを使った方法に比べ、複雑なクエリを書かず、新たなミドルウェアも必要とせずに十分に高速になります。そのため、最適化の最初のステップとしてお勧めの方法です。

JOINを使ったN+1の解消

　JOIN（INNER JOIN）を利用し、2つ以上のテーブルを一度のSQLで参照することで、必要な情報を引き出してくるのが次に紹介する方法です。

　リスト16の❶がJOINのクエリとなります。Go言語でデータベースを扱う際に使われるsqlxでは、JOINした情報を構造体にマッピングするため、取得する際のカラム名を`user.`実際のカラム名としています❷。この方法は1回のSQLで必要な情報を全て取得することで、N+1を解消する効率の高い方法になります。

　ここで紹介したJOIN以外の方法として、データベースの正規化を崩し（非正規化）、JOINして取得したい情報をあらかじめテーブルにも格納しておくことでシンプルなクエリのままN+1問題を解消することも考えられます。長期に利用するWebサービスではデータが冗長になり、更新時のコストが高くなるリスクもありますが、高速化の目的がはっきりしている場面では利用可能な手法です。

リスト16　JOINクエリを利用した例

```go
// ユーザー情報の構造体 DBのカラム名、JSONでのキー名を付与している
type User struct {
  ID          int       `db:"id" json:"id"`
  AccountName string    `db:"account_name" json:"account_name"`
  Passhash    string    `db:"passhash" json:"passhash"`
  Authority   int       `db:"authority" json:"authority"`
  DelFlg      int       `db:"del_flg" json:"del_flg"`
  CreatedAt   time.Time `db:"created_at" json:"created_at"`
}

// 投稿情報の構造体 DBのカラム名、JSONでのキー名を付与している
type Post struct {
  ID        int       `db:"id" json:"id"`
  UserID    int       `db:"user_id" json:"user_id"`
  Body      string    `db:"body" json:"body"`
  Mime      string    `db:"mime" json:"mime"`
  CreatedAt time.Time `db:"created_at" json:"created_at"`
  User      User      `json:"users"`
}
```

```go
var db *sqlx.DB

func main() {
  var err error
  db, err = sqlx.Open("mysql", "isuconp:isuconp@tcp(127.0.0.1:3306)/isuconp?parseTime=true")
  if err != nil {
    log.Fatal(err)
  }

  results := []Post{}
  // JOIN (INNER JOIN)による投稿一覧・ユーザー情報の取得 ❶
  query := "SELECT " +
    "p.id AS `id`, " +
    "p.user_id AS `user_id`," +
    "p.body AS `body`, " +
    "p.mime AS `mime`, " +
    "p.created_at AS `created_at`, " +
    "u.id AS `user.id`, " + // ユーザー情報のカラム名指定 ❷
    "u.account_name AS `user.account_name`, " +
    "u.passhash AS `user.passhash`, " +
    "u.authority AS `user.authority`, " +
    "u.del_flg AS `user.del_flg`, " +
    "u.created_at AS `user.created_at` " +
    "FROM `posts` p JOIN `users` u ON p.user_id = u.id ORDER BY p.created_at DESC LIMIT 30"
  err = db.Select(&results, query)
  if err != nil {
    log.Fatal(err)
  }
}
```

データベース以外にもあるN+1問題

　N+1問題はデータベースだけに限った話ではありません。すでに見てきたようにキャッシュへの参照でも発生する問題です。最近ではAPIを提供する複数のサービスを連携させて1つのWebサービスを提供するマイクロサービスと言われる開発手法も広く使われています。ループ中で外部サービスにHTTPSやgRPCでアクセスして情報を取得する場面も多くなってくるでしょう。その際もN+1問題が発生し、Webサービスのパフォーマンスに影響するようであれば、必要な情報をバルクで取得するAPIを用意し、活用するなどの対策が必要となります。

5-5 データベースとリソースを効率的に利用する

最後に、ここまで紹介した以外のデータベースとデータベース周辺の最適化について紹介します。

FORCE INDEXとSTRAIGHT_JOIN

JOINクエリを利用した例（リスト16）で用いたJOINのクエリですが、使用しているMySQLのバージョンやpostsテーブルに作成されているインデックスによっては、開発者の想定と異なる実行計画が取られることがあります。postsテーブルに「ORDER BY狙いのインデックス」として、`posts_order_idx`インデックスおよび、ユーザーごとの新着投稿を出すための`posts_user_idx`インデックスを作成しました（リスト17）。スキーマは次のようになります。

リスト17　インデックス作成後のpostsテーブル

```
CREATE TABLE `posts` (
  `id` int NOT NULL AUTO_INCREMENT,
  `user_id` int NOT NULL,
  `mime` varchar(64) NOT NULL,
  `imgdata` mediumblob NOT NULL,
  `body` text NOT NULL,
  `created_at` timestamp NOT NULL DEFAULT CURRENT_TIMESTAMP,
  PRIMARY KEY (`id`),
  KEY `posts_order_idx` (`created_at` DESC),
  KEY `posts_user_idx` (`user_id`,`created_at` DESC)
) ENGINE=InnoDB DEFAULT CHARSET=utf8mb4;
```

こちらのテーブルに対して、JOINクエリのEXPLAIN結果を取得します。JOINを行うため2行分の結果が出力されます（図13）。

図13　想定とは異なるJOINクエリのEXPLAIN結果

```
mysql> EXPLAIN SELECT
    -> p.id AS `id`,
    -> p.user_id AS `user_id`,
    -> p.body AS `body`,
    -> p.mime AS `mime`,
    -> p.created_at AS `created_at`,
    -> u.id AS `user.id`,
    -> u.account_name AS `user.account_name`,
    -> u.passhash AS `user.passhash`,
    -> u.authority AS `user.authority`,
    -> u.del_flg AS `user.del_flg`,
```

```
    -> u.created_at AS `user.created_at`
    -> FROM `posts` p JOIN `users` u ON p.user_id = u.id ORDER BY p.created_at DESC LIMIT 30\G
*************************** 1. row ***************************
          id: 1
 select_type: SIMPLE
       table: u
  partitions: NULL
        type: ALL
possible_keys: PRIMARY
         key: NULL
     key_len: NULL
         ref: NULL
        rows: 1234
    filtered: 100.00
       Extra: Using temporary; Using filesort
*************************** 2. row ***************************
          id: 1
 select_type: SIMPLE
       table: p
  partitions: NULL
        type: ref
possible_keys: posts_user_idx
         key: posts_user_idx
     key_len: 4
         ref: isuconp.u.id
        rows: 9
    filtered: 100.00
       Extra: NULL
2 rows in set, 1 warning (0.00 sec)
```

　図13の結果では用意した「ORDER BY狙いのposts_order_idxインデックス」は使わず、最初にuserテーブルを全件操作しました。そして、その結果に対して、postsのデータをposts_user_idxを使って結びつけて一時テーブルを作成し、ソートを行うという順で解決する方法が取られています。MySQLのオプティマイザは実行計画をたてるため、サンプリングしたインデックスの統計情報を用います。その際に「ORDER BY狙いのインデックス」を使用しない場合があります。この際には、SQLにてどのインデックスを使うのかのヒントを与えると良いでしょう。FORCE INDEXは、そのための方法の一つです。

　FORCE INDEXにてposts_order_idxを指定した、クエリのEXPLAIN結果は走査する行も少なく、ソート処理もなくなり想定通りの効率的なクエリとなりました（図14）。

図14　FORCE INDEXを利用したJOINクエリのEXPLAIN結果

```
mysql> EXPLAIN SELECT
    -> p.id AS `id`,
    -> p.user_id AS `user_id`,
    -> p.body AS `body`,
```

```
    -> p.mime AS `mime`,
    -> p.created_at AS `created_at`,
    -> u.id AS `user.id`,
    -> u.account_name AS `user.account_name`,
    -> u.passhash AS `user.passhash`,
    -> u.authority AS `user.authority`,
    -> u.del_flg AS `user.del_flg`,
    -> u.created_at AS `user.created_at`
    -> FROM `posts` p FORCE INDEX (`posts_order_idx`) JOIN `users` u ON p.user_id = u.id
    -> ORDER BY p.created_at DESC LIMIT 30\G
*************************** 1. row ***************************
          id: 1
 select_type: SIMPLE
       table: p
  partitions: NULL
        type: index
possible_keys: NULL
         key: posts_order_idx
     key_len: 4
         ref: NULL
        rows: 30
    filtered: 100.00
       Extra: NULL
*************************** 2. row ***************************
          id: 1
 select_type: SIMPLE
       table: u
  partitions: NULL
        type: eq_ref
possible_keys: PRIMARY
         key: PRIMARY
     key_len: 4
         ref: isuconp.p.user_id
        rows: 1
    filtered: 100.00
       Extra: NULL
2 rows in set, 1 warning (0.00 sec)
```

FORCE INDEX を用いる他に STRAIGHT_JOIN というキーワードを渡す方法もあります。想定とは異なる JOIN クエリの EXPLAIN 結果（図 13）では、SQL クエリ上は posts テーブルから書いているのにも関わらず、user テーブルから処理が開始されました。STRAIGHT_JOIN は SQL クエリに書いた順に処理をするためのヒントとなります（図 15）。

図15 STRAIGHT_JOIN を使った EXPLAIN 結果

```
mysql> EXPLAIN SELECT STRAIGHT_JOIN
    -> p.id AS `id`,
```

```
    -> p.user_id AS `user_id`,
    -> p.body AS `body`,
    -> p.mime AS `mime`,
    -> p.created_at AS `created_at`,
    -> u.id AS `user.id`,
    -> u.account_name AS `user.account_name`,
    -> u.passhash AS `user.passhash`,
    -> u.authority AS `user.authority`,
    -> u.del_flg AS `user.del_flg`,
    -> u.created_at AS `user.created_at`
    -> FROM `posts` p JOIN `users` u ON p.user_id = u.id
    -> ORDER BY p.created_at DESC LIMIT 30\G
*************************** 1. row ***************************
           id: 1
  select_type: SIMPLE
        table: p
   partitions: NULL
         type: index
possible_keys: posts_user_idx
          key: posts_order_idx
      key_len: 4
          ref: NULL
         rows: 30
     filtered: 100.00
        Extra: NULL
*************************** 2. row ***************************
           id: 1
  select_type: SIMPLE
        table: u
   partitions: NULL
         type: eq_ref
possible_keys: PRIMARY
          key: PRIMARY
      key_len: 4
          ref: isuconp.p.user_id
         rows: 1
     filtered: 100.00
        Extra: NULL
2 rows in set, 1 warning (0.00 sec)
```

　MySQL8.0.1以降では、JOIN_ORDER ヒントがサポートされています。INNER JOIN ではなく、LEFT JOIN のクエリの場合は STRAIGHT_JOIN が利用できないため、JOIN_ORDER ヒントを検討すると良いでしょう[注32]。

　また、データベースに格納されるデータやオプティマイザの統計情報によって使用されるインデッ

注32　MySQL :: MySQL 8.0 Reference Manual :: 8.9.3 Optimizer Hints https://dev.mysql.com/doc/refman/8.0/en/optimizer-hints.html#optimizer-hints-join-order

クスが変化することにも注意が必要です。Webサービスが大きくなるにつれてテーブルに格納されるデータは増えるでしょう。ECサイトであれば、あるカテゴリの商品が大幅に増えるなどデータに偏りが生まれることもあります。その際にサービス当初に使えてたインデックスが突然使われなくなったり、フルスキャンを行うクエリに変わってしまったりすることがあります。FORCE INDEX やSTRAIGHT_JOINはそのようなクエリのチューニングに利用できます。

　Webサービスのパフォーマンスに影響が出ないよう、データベースの負荷を監視したり、query-digesterなどを利用してプロダクション環境のデータベースに対して継続してプロファイリングを行い、チューニングすべきクエリを発見し改善を図っていくことが重要です。

▌ 必要なカラムだけ取得しての効率化

　SQLでテーブルの情報を取得する際に、SELECT *と書くことが多くあるでしょう。ここでの*はそのテーブルの全てのカラムの情報を取得するという意味です。カラムをいちいち指定せずに使えるSELECT *は便利ですが、サービスにとって不要な情報まで毎回取得してしまっている可能性があります。private-isuや過去のISUCONの課題でも、画像データがデータベースに書き込まれていることがありました。ISUCON11の予選課題[注33]では、SELECT *によって毎回画像データが取得されていました。

リスト18　ISUCON11予選課題のisuテーブルのスキーマ

```
CREATE TABLE `isu` (
  `id` bigint AUTO_INCREMENT,
  `jia_isu_uuid` CHAR(36) NOT NULL UNIQUE,
  `name` VARCHAR(255) NOT NULL,
  `image` LONGBLOB,
  `character` VARCHAR(255),
  `jia_user_id` VARCHAR(255) NOT NULL,
  `created_at` DATETIME(6) DEFAULT CURRENT_TIMESTAMP(6),
  `updated_at` DATETIME(6) DEFAULT CURRENT_TIMESTAMP(6) ON UPDATE CURRENT_TIMESTAMP(6),
  PRIMARY KEY(`id`)
) ENGINE=InnoDB DEFAULT CHARACTER SET=utf8mb4;
```

　リスト18の環境でSELECT * FROM isuを使ってしまうと、毎回データベースからアプリケーションサーバーに画像データが送られてしまうことになり、その通信コストは大きくなります。こういった場合、必要なときだけ画像データを取得するようにし、画像が必要ない箇所では、以下のようにカラムを指定してSQLを発行すると良いでしょう。

```
SELECT `id`, `jia_isu_uuid`, `name`, `character`, `jia_user_id`, `created_at`, `updated_at` FROM `isu`;
```

注33　https://github.com/isucon/isucon11-qualify/

　MySQL8.0では、INVISIBLE COLUMNという機能が追加されています。INVISIBLE COLUMNではカラムにINVISIBLEというパラメータをつけることで、`SELECT *`した際の出力を抑制できます[注34]。

■ プリペアドステートメントとGo言語における接続設定

　リスト2のpt-query-digestの結果に出てくる`ADMIN PREPARE`、`ADMIN CLOSE STMT`については、ここまで触れてませんが、結果の中では合計10%以上の時間を占有しており、2万回近くと他のクエリよりも圧倒的に多く発行されているのは気になるところです。

　この`ADMIN PREPARE`、`ADMIN CLOSE STMT`は、プリペアドステートメントというデータベースの機能に使われます。プリペアドステートメントでは、データベースを使うクライアントから、まず変数を埋め込み可能な形のSQLを発行し、データベース側でそれを解析しキャッシュしておきます。そして、クライアントから変数のみを送ってSQLを実行します。同じSQLを何度も発行する場合、実行計画をキャッシュしておくことでデータベースの効率が上がり、クエリとパラメータを分離することでSQLインジェクション（アプリケーションの不備によりSQLの一部を書き換え、データベースに不正な命令を送る攻撃方法）などのセキュリティ対策にもなります。

　しかし、Webアプリケーションでは発行するクエリの種類も多く、作成したプリペアドステートメントのキャッシュが効率よく利用されません。結果としてSQLを発行するごとにプリペアドステートメントを準備する、`PREPARE`と作ったステートメントを解放する`CLOSE`のクエリが必要になり、通信の回数が増えてしまい、効率が落ちてしまいがちです。

　言語やフレームワークによりプリペアドステートメントを使用するかの設定は異なりますが、Go言語のMySQLに接続するドライバーである`go-sql-driver/mysql`ではプリペアドステートメントがデフォルトで有効になっています。これを無効にするには、`interpolateParams`というパラメータに`true`を設定します（リスト19）。

リスト19 Goにおけるデータベースへの接続

```
db, err := sql.Open("mysql", "isuconp:@tcp(127.0.0.1:3306)/isuconp?interpolateParams=true")
```

　無効にする場合は、実際のデータベースの負荷やセキュリティの問題はないかを検討の上、行ってください。interpolateParams設定後、pt-query-digestなどでデータベースのプロファイルを取得すると、`ADMIN`の命令が減っていることがわかるでしょう。

注34　INVISIBLE COLUMNについて参考になる記事です。MySQL :: MySQL 8.0 Reference Manual :: 13.1.20.10 Invisible Columns https://dev.mysql.com/doc/refman/8.0/en/invisible-columns.html

■データベースとの接続の永続化と最大接続数

　SQLiteのようなアプリケーション組み込みのデータベースを除き、アプリケーションサーバーからデータベースへの接続はTCPやUnix domain socketを介して行われます。セキュリティに関する取り組みからTCPの上でTLSによる暗号化を行い接続することも増えてきました。TCPの接続はコストが高い処理です。サーバー、クライアント間でTCP接続を行う場合、通信を開始するまでに3回のパケットやりとりをする3ウェイハンドシェイクが行われます。TLSによる暗号化ではさらにパケットのやりとりが追加されます。

　アプリケーションサーバーとデータベースとの間の通信を効率化するためには、一度接続したコネクションをすぐに切断せずに永続化して使い回すことが考えられます。Go言語 `go-sql-driver/mysql` では、接続を制御する2つのパラメータがあります（リスト20）。

リスト20　Go言語の接続に関する設定を行う

```
db.SetMaxOpenConns(8)
db.SetMaxIdleConns(8)
```

　`MaxOpenConns` はアプリケーションからデータベースへの最大コネクション数であり、デフォルトは0（無限大）です。`MaxIdleConns` は利用していない（idle状態）の接続の保持件数です。デフォルトは2です。

　`MaxOpenConns` のデフォルトは無限であるので、アプリケーションサーバーへの同時リクエスト数が増えれば増えるほど、データベースへの接続が増えていきます。データベース側では最大の接続数があり、それを超えると接続エラーが発生します。MySQLでは `max_connections` というパラメータで、MySQLの同時接続数が設定されています。

```
max_connectionsの確認
mysql> SELECT @@max_connections;
+-------------------+
| @@max_connections |
+-------------------+
|               151 |
+-------------------+
1 row in set (0.00 sec)
```

　max_connectionsのデフォルトは151となります。MySQLの再起動なしに動的に変更が可能です。設定を永続化したい場合は、`my.cnf` に追加するか、`SET PERSIST` を使います。

```
最大接続数の変更
mysql> SET GLOBAL max_connections=256;
Query OK, 0 rows affected (0.00 sec)
```

　MySQLはスレッドモデルで実装されており、1つの接続に対して1つのスレッドが割り当てられます。スレッドあたりのメモリ使用量は比較的小さく、接続しただけのidle状態ではCPUへの負荷はほぼないため、max_connectiosはアプリケーションサーバーが複数台（あるいは複数コンテナ）あるような環境では数千以上の大きな数字が設定されます。しかし、小規模なリソースが限られた環境で大量の接続を行ってしまうと、メモリ不足に陥る可能性もあります。

　安定したサービスを実現するためにはアプリケーション側のMaxOpenConnsやMaxIdleConnsを設定し、リソースを使いすぎず、また再接続によるコストが小さくなる値を探すことが重要です。そのためには、3章や4章で紹介した負荷試験を行い、その結果に応じて数値の調整をしていくのをお勧めします。

IO負荷が高いデータベースの場合

　本章では、データベースにおけるインデックスやN+1問題について紹介しましたが、データベースに関わるボトルネックはそれだけではありません。インデックス不足により多くのデータを参照したり、N+1問題が発生したりしている場合はuserのCPUの使用率が高くなりがちです。一方、データのストレージからの読み込み・書き込みが多く、I/O負荷が大きい場合にはCPU使用率のうち、io-waitの数値が高くなります。io-waitとは、CPUの処理上でデータを読み込み・書き込みを待っている時間のことです。

　データが格納されるSSDなどのストレージは、データを処理するCPUや一時的なデータの置き場として利用されるメモリに比べると、データの読み込み速度・書き出し速度が遅いことが知られています。Webサービスの高速化をするためには、ストレージからのデータの読み込み回数を減らし、データを失うことがないよう安全性とのバランスをとりながら、ストレージへの書き込み回数を減らすことが必要となります。

読み取りの高速化 - データサイズの確認・Buffer Poolの活用

　一般的なOSにはディスクキャッシュと呼ばれる機構があり、一度ファイルから読み出したデータはメモリ上にキャッシュとして確保され、次回のアクセスから高速に読み取りが行えるようになっています。Webサービスで利用するデータが小さければ、このディスクキャッシュのメモリ上に全て格納されるため、読み込みでのI/O負荷の問題は発生しません。読み込みを高速化していくためには、負荷試験中のサーバーの負荷と共に、対象となるデータベースのサイズを知ることが大事です。MySQLであれば、/var/lib/mysql以下にデータがあり、*.ibdファイルのサイズを合計したサイズを確認するのが手軽です。

```
private-isuのデータサイズ
ubuntu@private-isu:/var/lib$ sudo ls -lh /var/lib/mysql/isuconp
total 1.4G
-rw-r----- 1 mysql mysql  25M Nov 24 10:18 comments.ibd
-rw-r----- 1 mysql mysql 1.4G Nov 24 10:18 posts.ibd
-rw-r----- 1 mysql mysql 384K Nov 24 10:18 users.ibd
```

　MySQLでは、読み込んだデータおよびインデックスをメモリ上に確保するInnoDB Buffer Poolという機能があります。データベース専用に確保することで、高速なアクセスを実現します。この領域のサイズを決めるのがinnodb_buffer_pool_sizeです。MySQL8.0では、128MBがデフォルトとなります。アプリケー

ションサーバーと共用しないデータベース専用のサーバーが用意される場合は、物理メモリの80％程度を割り当てると良いとされています[注35]。

　また、`innodb_buffer_pool`を活用する場合は、OSによるディスクキャッシュと二重でメモリを確保しないよう、データベースのファイルを読み書きする際に、`O_DIRECT`というフラグを有効にします。MySQLでは、`innodb_flush_method`をリスト21のように指定します。本コラムで紹介している設定はMySQLの設定ファイルのmy.cnfのserverブロックに追記し、MySQLサーバーを再起動することで反映します。

リスト21　O_DIRECTの有効化

```
innodb_flush_method=O_DIRECT
```

更新の高速化 - パフォーマンスとリスクとのバランス

　データ更新時の処理がボトルネックになっている場合は、スロークエリログに更新クエリが記録される可能性あり、`pt-query-digest`などのプロファイリングにより発見できるでしょう。本章にある「pt-query-digestの解析結果のランキング」の`pt-query-digest`の結果では占める時間はまだ低いものの、9番目と13番目に更新クエリがきています。

　MySQLなどRDBMSでは、一度コミットしたデータを失わないように様々な工夫がされています。そのうちの1つが`fsync`です。`fsync`はディスクキャッシュ上に書いたデータを、ストレージデバイスに同期させるOSの命令です。ストレージデバイスの種類にもよりますが、`fsync`にはミリ秒単位の時間がかかることは珍しくありません[注36]。

　更新を高速化するためには、同期的な`fsync`をやめ、OSが行う非同期のフラッシュ操作に任せることが考えられます。ただし、OSによる同期は数秒から数十秒おきに行われるため、コミットからフラッシュが行われる間に電源を失ったり、別の原因でOSがダウンしたりするとデータを失うことになります。更新の高速化と性能は、データを失うリスクとサービスレベルを考慮にいれて選択する必要があります。

　コミット時の動作はMySQL（InnoDB）では、`innodb_flush_log_at_trx_commit`という設定で制御できます（リスト22）。

リスト22　innodb_flush_log_at_trx_commitの設定

```
innodb_flush_log_at_trx_commit = 2
```

　デフォルトは1であり、コミットごとに更新データをログ（REDOログ）に書き、ログをフラッシュします。0にすると更新データを1秒おきにログに書きますが、フラッシュはしません。2にするとコミットのたびにログに書き、1秒ごとにログをフラッシュします。0または2ではクラッシュ時に最大1秒間のデータを失う可能性はありますが、パフォーマンスを優先する設定ができます。

　また、MySQL 8.0では更新ログ（バイナリログ）がデフォルトで有効になっています。バイナリログは、MySQLにおいて複数のサーバに非同期的にデータを複製し、リードレプリカを作成するレプリケーションおよび高可用性構成に必要不可欠です。もし一時的な処理やISUCONなどで冗長化構成が不要でバイナリログが必要ではない場合、無効化することでストレージへの書き込み量を減らすことができます（リスト23）。

注35　https://dev.mysql.com/doc/refman/8.0/en/innodb-parameters.html#sysvar_innodb_buffer_pool_size
注36　サーバー内の処理としてはミリ秒単位の時間は遅い部類です。https://gist.github.com/hellerbarde/2843375

リスト23 バイナリログの無効化設定

```
disable-log-bin = 1
```

また、バイナリログの記録が必要な環境の場合、`sync_binlog`という設定を変更することでI/O処理を軽減できます（リスト24）。

リスト24 ログのフラッシュタイミングの調整

```
sync_binlog = 1000
```

`sync_binlog`のデフォルトは1です。1の場合、コミット（またはコミットグループ）ごとに更新ログをフラッシュします。0にすることでフラッシュ命令をやめ、OSに委任することとなります。1より大きな数字を設定すると、コミットが更新ログに書き込まれた回数ごとにフラッシュをします。ここでもパフォーマンスとリスクとのバランスをとりながら設定を行います。

5-6 まとめ

5章では、Webサービスにおいて重要な役割を果たすデータベースのチューニングについて、以下の項目を紹介してきました。

- RDBMS/NoSQL/NewSQL - データベースの種類と特徴
- データベースのプロファイリング
- インデックスの理解と活用
- N+1問題の発見と解消

データベースは、Webサービスにおいて最もボトルネックとなりやすいシステムの1つです。本章で紹介したプロファイリングを繰り返し行い、インデックスの有効利用やN+1問題の解消をひとつずつ実践していくことが、データベースに関する問題を乗り越えていくために必要となります。

Chapter

6 リバースプロキシの
利用

　ユーザーのリクエストを直接Webアプリケーションが受け付ける構成もありますが、利便性や拡張性を考えるとリバースプロキシをWebアプリケーションの前段に立てる構成の方がお勧めです。リバースプロキシとはユーザーのリクエストを受け取り、そのリクエストを上位のサーバーであるアップストリームサーバーに送る機能です。アプリケーションサーバーをアップストリームサーバーに指定する構成はよく使われるので、その構成を前提に説明します（図1）。

図1　リバースプロキシがアップストリームサーバーにリクエストを送る

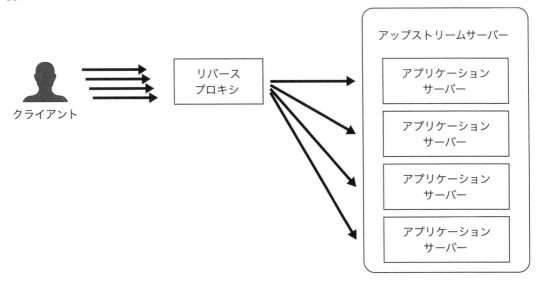

　リバースプロキシには様々な役割があります。代表的なのは、以下のものです。

- 負荷分散（ロードバランス）
- コンテンツのキャッシュ
- HTTPS通信の終端

　ユーザーのリクエストをまずはリバースプロキシで受け付けた後に、アップストリームサーバーとして指定したアプリケーションサーバーに分散してリクエストを送ることで、大量のリクエスト・レスポンスを処理できるシステムが構築できます。Webサービスへのアクセスが増えてアプリケーションサーバーの負荷が問題になった場合、アップストリームサーバーに指定するサーバー台数を増やすことでアプリケーションサーバー1台当たりのアクセス量を減らすことができます。逆に、一部のサーバーにリクエストを偏らせることもできるため、リクエストを送るサーバーを柔軟に制御できます。また、コンテンツのキャッシュやHTTPS通信の終端はユーザーと直接通信をするサーバー上でやる方がパフォーマンス上

有利なため、リバースプロキシ上でやることが多いです。

　リバースプロキシでは、他にも様々な機能が利用されます。HTTPヘッダーの書き換えや IPアドレスなどを使用したアクセス制御はよく使われる機能の1つです。3章2節にある「nginx のアクセスログを集計する」で紹介したリクエストのロギングも重要な機能の1つです。そこで本書のテーマであるパフォーマンス面への影響が大きい機能として、本章では以下の3つについて主に紹介します。

- 転送時のデータ圧縮
- リクエストとレスポンスのバッファリング
- リバースプロキシとアップストリームサーバーのコネクション管理

　なお、リバースプロキシとして nginx[注1]・Envoy[注2]・H2O[注3] などは ISUCON で実際に利用されたことがあります。本章は一例として private-isu の初期実装で使われている nginx を利用してリバースプロキシについて紹介します。

6-1 アプリケーションとプロセス・スレッド

リバースプロキシが必要な理由を深く理解するため、まずはプロセスとスレッドについて説明します（図2）。

図2 PHP と nginx のアーキテクチャの違い

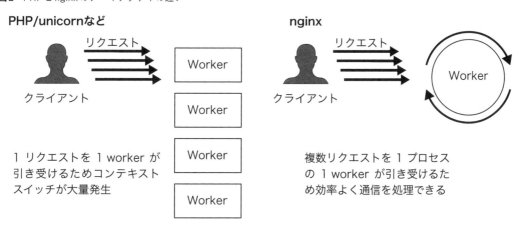

PHP/unicornなど

リクエスト

クライアント　　Worker　Worker　Worker　Worker

1 リクエストを 1 worker が引き受けるためコンテキストスイッチが大量発生

nginx

リクエスト

クライアント　　Worker

複数リクエストを 1 プロセスの 1 worker が引き受けるため効率よく通信を処理できる

注1　https://nginx.org/
注2　https://www.envoyproxy.io/
注3　https://h2o.exampl e.net/

　PHPやunicorn[注4]を利用したRubyで動いているアプリケーションサーバーはマルチプロセス・シングルスレッドで動いており、クライアントからの1リクエストを1プロセスが処理を行っています。そのプロセスは処理を行っている間に他のリクエストを処理できません。そのため、このアーキテクチャではプロセス数と同時に処理できるリクエスト数が一致します。クライアントによっては回線が細いなどの理由で、クライアントにレスポンスを送りきるまでに時間がかかることもあります。その場合もレスポンスを送りきるまで1プロセスが占有されます。1プロセスのメモリ消費量はそれなりに大きいため、1台のサーバー上に大量のプロセスを起動できません。システムによって大きく変わるため一概には言えませんが、Webアプリケーションの場合、1プロセスあたり数十MB〜数百MB程度のメモリを消費すると考えられます。たとえば、1プロセス辺り100MBを消費するとすれば、プロセスを100個起動すれば10GB近いメモリが必要です。如何に大量のプロセスを起動することは難しいかが分かります。

　プロセス数が同時に扱えるリクエスト数の上限であっても、大量のリクエストが来ない限りは十分なパフォーマンスを出せます。しかし、同時に大量のリクエストが来る場合は事情が異なります。このアーキテクチャで実際にリクエストを捌くには、CPUが処理をするプロセスを切り替えるためにコンテキストスイッチを実行する必要があります。コンテキストスイッチを実行した直後はCPU上のキャッシュが新しいプロセス用のキャッシュではないため、キャッシュを切り替える必要があります。キャッシュの切り替えが大量に発生すれば、無視できないレベルでパフォーマンスが落ちるはずです。実際にこのアーキテクチャではクライアント数が1万を超えた辺りでパフォーマンスが極端に落ちると言われています。この問題は、C10K問題と呼ばれます。

　先程のマルチプロセス・シングルスレッドの場合、異なるプロセス同士では通常メモリが共有できないため[注5]、使用するメモリが多くなります。そこで、別のアーキテクチャとしてシングルプロセス・マルチスレッドのアーキテクチャも利用されています。シングルプロセス・マルチスレッドの場合、同じプロセス上のメモリ空間をスレッド同士が共有できるため、使用するメモリが少なく済みます。しかし、スレッドを切り替える時も先程と同様にコンテキストスイッチが発生するので、1スレッドがレスポンスを返すまで占有されるアーキテクチャにすると先程と同様にC10K問題が発生します。

　C10K問題を回避する手法の1つとして、Goのgoroutineを紹介します。Goの場合、goroutineという軽量スレッドと呼ばれる仕組みで、スレッドよりも低コストに並行処理を実装できます。Goのランタイムがプログラム起動時にCPUのコア数分のスレッドを生成します（環境変数`GOMAXPROCS`などを使用することで変更可能です）。Goのランタイムはm個のgoroutineをn個のスレッドで実行するためにm:nスケジューリングと呼ばれる手法を用いた独自のスケジューラを実装しており、そのスケジューラが各goroutineの実行タイミングや実行するスレッドを決定します。そのため、Goのgoroutineを利用してアプリケーションを実装すれば、スレッドのことを意識せずに効率よく並行処

注4　https://rubygems.org/gems/unicorn
注5　7章1節「キャッシュデータ保存に利用されるミドルウェア」で紹介するAPCuは共有メモリセグメントを利用してメモリを共有しています。

理を実装できます。

　紹介したPHPやRubyのunicornで利用されているマルチプロセス・シングルスレッドのアーキテクチャが、Goで利用されている軽量スレッドに比べて劣っているかというとそうではありません。並行処理を実装するには考えることが非常に多いです。たとえば、並行処理では同じメモリに格納されている変数に対して同時に参照と書き込みを行った場合の動作は保証されませんし、書いたコードの実行順番も保証されません。そのため、並行処理を実装する場合は並行処理についてよく学ぶ必要があります。並行処理を実装すると、どうしてもプログラム自体が複雑になってしまい、扱えるプログラマーも少なくなってしまいます。

　次節で紹介するnginxも基本的にはマルチプロセス・シングルスレッドで動作しますが、C10K問題に対してイベント駆動という別のアプローチで解決しています。後ほど詳しく紹介します。

6-2 ┃ リバースプロキシを利用するメリット

　前節で紹介した通り、クライアントとのHTTPコネクションをアプリケーションサーバーで直接扱うのは非効率であることが多いです。アプリケーションサーバーの前にnginxなど他のアーキテクチャで作られたリバースプロキシを前段に置く構成がお勧めです。この構成にすることで、クライアントとの通信は前段のリバースプロキシが行い、アプリケーションサーバーは前段のリバースプロキシとの通信のみを行う構成にできます。この構成であれば、回線が細いなどの理由で遅いクライアントにレスポンスを返す際もリバースプロキシがレスポンスを返してくれるため、遅いクライアントとの通信でアプリケーションサーバーのプロセスが専有されなくなります。アプリケーションサーバーは、安定した通信ができるリバースプロキシに対してレスポンスを返せばよいです。少数のリバースプロキシから多数のアプリケーションサーバーにロードバランスすることで、大量のリクエストを受け付けられるシステムを構築できます。

　また、画像・CSS・JavaScriptなどは静的ファイルであることが多く、静的ファイルに対してはアプリケーション側の処理は不要です。そのようなファイルはアプリケーションサーバーで配信するのではなく、リバースプロキシで直接静的ファイルを返した方がパフォーマンスは上がります。

　リバースプロキシをうまく利用することでマルチプロセス・シングルスレッドのアプリケーションのパフォーマンス問題を軽減できますし、様々な機能が利用できるためGoなど他のアーキテクチャのアプリケーションの前段に置くことも有用です。有用な機能の一部をnginxを例にしてこれから紹介します。

6

リバースプロキシの利用

169

6-3 | nginxとは

nginxはリバースプロキシとして利用される代表的なソフトウェアです。本章ではnginxのアーキテクチャや機能について説明します。nginxはprivate-isuの初期実装でも利用しています。

nginxでは設定ファイルを書くことでリバースプロキシとしてアップストリームに指定したアプリケーションサーバーにリクエストを送ったり、直接静的ファイルを配信できます。設定ファイル上ではifを使った簡単なロジックを利用できます[注6]が、複雑なロジックは利用できません（lua-nginx-moduleやngx_mrubyを利用することでluaやmrubyで処理を書くことができますが、今回は割愛します）。nginxについて詳しく知りたい方は久保達彦、道井俊介著『nginx実践入門』技術評論社、2016年をお勧めします。本章も『nginx実践入門』を参考に紹介します。

なお、nginxにはMainline versionとStable versionの2種類のバージョンが用意されています。Mainline versionが最新ですが、実験的な機能の追加やパラメータのデフォルト値の変更など、大きな変更がマイナーバージョンアップでも行われることがあります。Stable versionはいわゆる安定版で最新機能は入らず、バグフィックスのみが行われます。本番サーバーでは、Stable versionを利用することが推奨されています[注7]。本書では執筆時点で最新のStable versionであるバージョン1.20系を前提に説明します。

まず、private-isuのnginxの設定を見てみます。nginxの設定はAMIとVagrantでは`/etc/nginx/nginx.conf`に書かれています。`/etc/nginx/nginx.conf`の中にリスト1の設定があります。

リスト1 /etc/nginx/nginx.confの設定

```
include /etc/nginx/conf.d/*.conf;
include /etc/nginx/sites-enabled/*;
```

これは`/etc/nginx/conf.d/`ディレクトリの中の拡張子confのファイルと`/etc/nginx/sites-enabled/`ディレクトリの中のファイルを設定として読み込む設定です。`/etc/nginx/sites-enabled/`ディレクトリの中には`/etc/nginx/sites-available/isucon.conf`へのシンボリックリンクがあるので、このファイルがnginxの設定として読み込まれます。`/etc/nginx/sites-available/isucon.conf`ファイルの中はリスト2のようになっています。

注6 nginxのifでは条件にANDやORを利用できませんし、elseも利用できません。一般的なプログラミング言語と同様に扱えると考えてはいけません。他にも期待通りに動かないこともあるので利用しなくて済むなら利用しない方がよいでしょう。期待通りに動かない例としてIf is Evil... when used in location context | NGINX https://www.nginx.com/resources/wiki/start/topics/depth/ifisevil/ も参考にしてください。

注7 Installing NGINX Open Source | NGINX Plus https://docs.nginx.com/nginx/admin-guide/installing-nginx/installing-nginx-open-source/

リスト2　/etc/nginx/sites-available/isucon.conf の設定

```
server {
  listen 80;

  client_max_body_size 10m;
  root /home/isucon/private_isu/webapp/public/;

  location / {
    proxy_set_header Host $host;
    proxy_pass http://localhost:8080;
  }
}
```

それぞれの設定について簡単に説明します。nginxは1つのサーバーで複数のドメインを運用する技術であるバーチャルホストに対応しているため、設定が異なるHTTPサーバーをそれぞれ動作させることができます。それぞれのHTTPサーバー毎の設定を server {} 内に記述します。このHTTPサーバーは80番ポートを使用して起動するため、listen 80; と指定します。client_max_body_size はリクエストボディの最大許容サイズを指定します。nginxではデフォルトが1MBになっているため、大きな画像ファイルなどを扱う場合は大きくします。10m と指定すると10MBまで許容されるようになります。root /home/isucon/private_isu/webapp/public/; という設定は後ほど紹介します。

URLのパス毎に設定をする時に location を使用します。location の後に設定したいパスを指定します。デフォルトは前方一致のため、今回のように location / {} という設定だけを指定した場合は全てのパスで有効になります。proxy_set_header はアップストリームサーバーに送るリクエストのHTTPヘッダーを変更や追加したい場合に利用します。デフォルトでは Host ヘッダーは nginx がアップストリームサーバーにリクエストを送る前に proxy_pass で指定したホスト名に書き換えられるため、今回の場合、localhost:8080 が Host ヘッダーに指定されます。元々クライアントが送ってきた Host ヘッダーをアプリケーションサーバーに送る場合は、proxy_set_header Host $host; と指定する必要があります。今回はこの設定を活用していませんが、非常に良く見る設定です。proxy_pass は nginx をリバースプロキシとして利用する時にアップストリームサーバーを指定する重要な設定です。今回は、http://localhost:8080 がアップストリームサーバーに指定されています。

private-isu の初期実装の nginx の設定では、静的ファイルの配信をアプリケーションサーバーが行っています。リスト3のようにすれば、静的ファイルの配信を nginx 経由で行うことができます。

リスト3　静的ファイルの配信を nginx 経由で行う

```
server {
  listen 80;

  # 省略
```

```
location /css/ {
  root /home/isucon/private_isu/webapp/public/;
}

location /js/ {
  root /home/isucon/private_isu/webapp/public/;
}

location / {
  proxy_set_header Host $host;
  proxy_pass http://localhost:8080;
}
}
```

rootを使用することで公開するディレクトリを指定できます。rootで指定されたディレクトリのパスがURLのパスにそのままマッピングされます。前述のようにlocationの後に指定するパスは前方一致なので、以上のように設定することで/css/style.cssにリクエストをするとlocation /css/の設定が動き、nginxが/home/isucon/private_isu/webapp/public/css/style.cssのファイルを配信します。これによりアプリケーションサーバーへの負荷を減らすことができます。

それに加えて、静的ファイルの配信はリスト4のようにexpiresの設定もしましょう。詳しくは8章5節「HTTPヘッダーを活用してクライアント側にキャッシュさせる」で解説します。

リスト4 expiresの設定

```
location /css/ {
  root /home/isucon/private_isu/webapp/public/;
  expires 1d;
}
```

6-4 ｜ nginxのアーキテクチャ

　nginxはC10K問題を解決するために開発されたWebサーバーです[注8]。様々な用途に利用できますが、本書では主にアプリケーションサーバーの前段に配置する構成で利用します（図3）。

図3　ユーザーとWebアプリケーションの間にnginxを置く

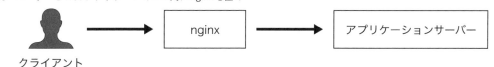

　nginxは基本的にマルチプロセス・シングルスレッドで動作しますが、イベント駆動のアーキテクチャを採用しており、各プロセスが複数のクライアントからのリクエスト・レスポンスを並行して扱うことができます。

　もう少し詳しく見ていきます。nginxは、マスタープロセスとその子プロセスであるワーカープロセスの2種類のプロセスが起動しています（キャッシュを利用する場合、キャッシュを管理するプロセスも起動しますが、今回は割愛します）。リクエストを受け付けるのはワーカープロセスであり、マスタープロセスはワーカープロセスの制御と管理をしています。このように親プロセスが子プロセスを管理し、子プロセスが実際の処理を担当するアーキテクチャは一般的な構成です。各ワーカープロセスがクライアントからのリクエスト・レスポンスの処理をイベント駆動で並行に実行します。nginxはリクエスト・レスポンスに伴うI/O処理を並行かつ高速に扱うため、多重I/OやノンブロッキングI/Oを活用しています。多重I/OとノンブロッキングI/Oについて、簡単に説明します。

　一般的にはファイルの内容を読み込む場合、プログラムはデータの到着を待ちます。書き込みも同様に書き込みが完了するまで待ちます。このI/Oの処理が完了するまで待つ状態をブロッキングと言います。ノンブロッキングI/OはこのブロッキングI/Oを避けることができます。ノンブロッキングI/OはC言語の場合、ファイルをopenする際のフラグ（フラグについては9章2節「Linux Kernelの基礎知識」で解説します）に`O_NONBLOCK`を付与することで利用できます。ノンブロッキングI/Oを使用すればI/O操作でブロックされることがなくなります。その代わり処理がブロックした場合、エラーが発生するため適切にリトライする必要があります。C言語では、グローバル変数の`errno`に`EAGAIN`か`EWOULDBLOCK`（Linuxでは同じ値）が入っている場合にリトライが必要です。

　多重I/OはC言語の場合、`select`・`epoll`（Linux固有）・`kqueue`（BSD固有）を使用することで利用できます。複数のファイルディスクリプタを同時に渡すことができ、いずれかのファイルディスクリ

注8　What is NGINX? - NGINX https://www.nginx.com/resources/glossary/nginx/

プタがI/O可能になった時に通知を受け取ることができます。うまく活用することで、複数のI/Oを効率よく扱うことができます。Linuxの場合、`select`よりも`epoll`の方がパフォーマンスが高いため、Linux上のnginxはデフォルトで`epoll`を利用します。

似た手法としてGo言語などでよく活用されている非同期I/Oを紹介します。一般的にGo言語ではI/Oを通常通りブロッキングするシステムコールで呼び出します。システムコール呼び出しで処理がブロックされるため、ブロックされる処理をgoroutineと呼ばれる軽量スレッド経由で呼び出します。そのgoroutine内の処理がブロックされている間に、他のgoroutineの処理を実行することでマシンのリソースを活用できるようにしています。この手法は非同期I/Oと呼ばれています。

既に紹介したノンブロッキングI/Oや多重I/Oも、OS依存のコードになってしまいますが、Go言語では`syscall`パッケージを利用することで使用できます。ただ、システムコールの使い方をよく知っていないと利用することは難しいです。

nginxはノンブロッキングI/Oと多重I/Oを活用し、イベント駆動でリクエスト・レスポンスを扱うことで同時並行に大量のリクエストを捌くことができます。この手法によりnginxはC10K問題を解決しています。nginxはスレッドを利用していない[注9]ため、1つのワーカープロセスが使用できるCPUは1コアのみです。そのため、ワーカープロセスは複数起動することが一般的です。ワーカープロセス数はnginxの`worker_processes`という設定を指定することで変更できます。デフォルトは1ですが、`auto`と指定することでCPUのコア数を自動で指定できます。

Webアプリケーションの実装において、ノンブロッキングI/Oや多重I/Oの細かい実装方法を知っている必要はないと思いますが、少し知っているだけでもトラブルシューティングなどに活用できることがあります。詳しく知りたい場合は、Robert Love著／千住 治郎訳『Linuxシステムプログラミング』オライリージャパン、2008年の本を参考にしてください。

6-5 nginxによる転送時のデータ圧縮

nginxを利用することでgzipに対応したHTTPクライアントからのリクエストに対して、gzipを使用して圧縮したレスポンスを返すことができます。リクエストのHTTPヘッダーに`Accept-Encoding: gzip`が付与されていればgzipが使えるクライアントなので、レスポンスのBodyをgzip圧縮してレスポンスサイズを小さくできます。現在のブラウザのリクエストのHTTPヘッダーには必ず`Accept-Encoding: gzip`が指定されているので、ブラウザからのリクエストはgzip圧縮したレスポンスを返すことができます。

Webサービスやレスポンスサイズによって異なるため一概には言えませんが、筆者は概算でHTTP

注9　デフォルトは無効ですが、aioを利用することでスレッドプールを利用することができます。パフォーマンスも向上するとされています。
https://www.nginx.com/blog/thread-pools-boost-performance-9x/

レスポンスをgzip圧縮することで大体1/5程度のサイズになると覚えています。レスポンスサイズが小さくなれば、その分高速にレスポンスを返せるようになります。モバイル環境など不安定なネットワークを利用している人もいるため、パフォーマンス上の効果も非常に大きいです。また、ネットワークがインフラコストに占める割合は大きいので、転送量の削減は金銭面でもメリットがあります。

　一例ですが、nginxでgzip圧縮を利用する場合は、リスト5のような設定をすれば利用できます。

リスト5　gzip圧縮を利用する場合の設定

```
gzip on;
gzip_types text/css text/javascript application/javascript application/x-javascript application/json;
gzip_min_length 1k;
```

　1つ1つ解説します。`gzip on`という設定をすることで、gzipを有効にできます。gzip圧縮を利用する場合は、必ず指定する必要があります。`gzip_types`はgzip圧縮するMIMEタイプを指定します。JPEGやPNGなどの画像は既に圧縮されているファイル形式のため、それ以上圧縮できません。しかし、HTML・JSON・CSS・JavaScriptファイルなどは圧縮できるため、gzip圧縮を利用したいファイル形式です。HTMLのMIMEタイプである`text/html`はデフォルトで利用できるので、それ以外のMIMEタイプを追加しています。`gzip_min_length`はgzip圧縮の対象となる最小のファイルサイズを指定します。nginxはレスポンスのボディサイズが入っている`Content-Length`ヘッダーを見てgzip圧縮の対象か判断します。小さいサイズのファイルはgzip圧縮すると、元のファイルよりサイズが大きくなることもあります。デフォルトは20で小さすぎるので1k（1024）など、もう少し大きい値を指定することをお勧めします。

　nginxはビルド時にモジュールを有効にすることで追加で使えるようになる機能があります。ここでは、`ngx_http_gzip_static_module`と`ngx_http_gunzip_module`を紹介します。`ngx_http_gzip_static_module`を使用することで、事前にgzip圧縮したファイルをnginxから配信できます。配信時にgzip圧縮をする必要がなくなるので、その分nginxのCPU消費を抑えることができます。また、Google社が開発したZopfli[注10]を使用してgzipファイルを生成することで、通常よりも高い圧縮率のgzipファイルを用意できるので更にレスポンスサイズを小さくできます。Zopfliを使用すると圧縮処理の時間が長くなるため、リクエストされたタイミングで動的に圧縮する用途には使用できませんが、静的ファイルの場合は1度だけ圧縮すればよいので十分に利用を考えられます。

　gzipに対応していないHTTPクライアントも存在するため、`ngx_http_gzip_static_module`を使用する場合はgzip圧縮したファイルと無圧縮のファイルの両方を用意する必要があります。当然2種類のファイルを配置する手間がかかりますし、ディスク容量も消費します。そこで、`ngx_http_gunzip_module`を使用するとサーバー上にgzip圧縮したファイルのみを配置するだけでよくなります。gzipに

注10　https://github.com/google/zopfli

対応していないHTTPクライアントへレスポンスを返す際にgzipを展開する必要があるので、nginxのCPUを消費する問題はありますが、実際にはgzipに対応していないHTTPクライアントはほとんど存在していません。ほとんどのケースで問題にならないはずです。

　圧縮レベルについて紹介します。圧縮レベルを設定することでどの程度時間をかけて圧縮するかが設定できます。圧縮レベルの低い方が圧縮にかかる時間は短くなりますが、容量が大きくなるので転送量が増えます。ネットワークのコストは高いため少しでも容量を小さくした方が良いと考える人もいるでしょう。しかし、圧縮に時間をかければ、その間はユーザーにレスポンスを返すことが当然できなくなるのでレスポンスタイムの悪化に直結します。Zlib（nginxなどがgzip圧縮に使用しているライブラリ）のデフォルトの圧縮レベルは6です。nginxの場合、`gzip_comp_level`という設定で圧縮レベルを1から9まで設定できます。デフォルトは1です。筆者はZlibのデフォルトの圧縮レベルの6が容量と圧縮にかかる時間のバランスが取れていると考えていますが、Webサービスの構成によって適切な圧縮レベルも異なる可能性があります。圧縮レベルをいくつに設定しているか確認して、適切な設定になっているか調べるとよいでしょう。

　また、gzip圧縮する場所も重要です。たとえば、ユーザーが直接リクエストを送ることができるグローバルIPアドレスを持っているサーバー上にnginxなどのWebサーバーを起動しておき、そのサーバーと同一のネットワークに属している別のサーバー上にアプリケーションサーバーが起動している構成を考えてみます。この場合、nginxのみでgzip圧縮をすれば十分でしょうか？それとも、アプリケーションサーバーでもgzip圧縮をした方がよいでしょうか？

図4　gzip圧縮をnginxでのみ行う場合とアプリケーションサーバーでも行う場合の比較

gzip 圧縮を nginx でのみ行う場合

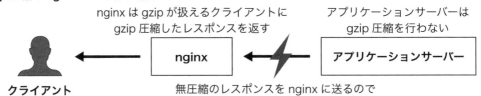

gzip 圧縮をアプリケーションサーバーでも行う場合

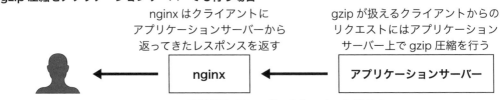

これはアプリケーションサーバーでもgzip圧縮をした方が良いでしょう（図4）。ネットワークのコストはパフォーマンス上も金銭的にも高く、高い確率でボトルネックになるからです。CPUを消費するアプリケーションサーバー上で更にCPUを使用する圧縮処理を行いたくないと考える人もいるかもしれません。しかし、パフォーマンスの高いWebサービスを提供するなら、アプリケーションサーバー上でgzip圧縮することを前提にアプリケーションサーバーの台数や構成を考えましょう。前述の通り、gzip圧縮することで大体レスポンスは1/5程度のサイズになります。アプリケーションサーバー上でgzip圧縮しない場合、nginxとアプリケーションサーバーの間のネットワークの帯域使用量が5倍になると考えれば、如何にアプリケーションサーバー上でgzip圧縮することが重要か分かるのではないでしょうか。

最後に、Brotli[注11]について紹介します。BrotliはGoogle社が2015年に公開した比較的新しい圧縮アルゴリズムです。特徴としてはWebでの利用を念頭においており、Web上でよく利用される単語が多く登録されている辞書ファイルを圧縮に使用することで、容量の小さなHTMLファイルなども効率よく圧縮できる点が挙げられます。現在使われているほとんどのブラウザは対応しており、gzipほどではありませんがブラウザをターゲットにするWebサービスならば普及率は高いと言っていいでしょう。Brotliの欠点としては、以下の点が挙げられます。

- 標準で対応しているソフトウェア・ライブラリが少ない
  - ・nginxも標準では対応しておらず、モジュール[注12]を使用する必要がある
- 圧縮レベルによるがgzipよりも圧縮に時間がかかるため、gzipのようにリクエストされたタイミングで動的に圧縮するという使い方は難しいと考えられる
  - ・事前に圧縮しておける静的ファイルの配信では利用できる
- gzip圧縮を完全に置き換えるところまではいっていないため、使用する場合はHTTPサーバー上でgzipとBrotliの両方に対応する必要がある
  - ・現在使われているほとんどのブラウザは対応しているが、対応していないHTTPクライアントも多く存在している
  - ・静的ファイルのキャッシュを圧縮して配信するシステムを利用した場合、gzip・Brotli・未圧縮と3種類のキャッシュを管理する必要があるため、キャッシュ管理の手間や必要なキャッシュ容量が増える

Brotliを簡単に使用できるCDNなどもあるので、適切に使用すれば転送量を減らせます。CDNについては8章6節「CDN上にHTTPレスポンスをキャッシュする」で詳しく紹介します。

注11　https://github.com/google/brotli
注12　https://github.com/google/ngx_brotli

6-6 | nginxによるリクエスト・レスポンスのバッファリング

nginxはリクエスト・レスポンスをそれぞれバッファリングできるので、遅いクライアントがいた場合にもアプリケーションサーバーの処理がブロックされずに処理を行えます。アプリケーションサーバーはnginxとの通信に専念するだけでよくなるので、遅いクライアントによってアプリケーションサーバーのプロセスが占有されてしまうなどの悩みがなくなります。

nginxは大きなサイズのリクエスト・レスポンスをやりとりする場合、リクエストボディ・レスポンスボディを一時ファイルとしてディスクに書き込みを行います。サーバーの用途によりますが、大容量のファイルがアップロードされるサーバーなどの場合は、これらの一時ファイルの書き込みがサーバーの負荷になることがあります。9章5節「Linuxのディスク I/O」で紹介するディスク I/O や9章6節「CPU使用率」で紹介するCPUのWaitの数値など、適切なサーバーの監視をすれば、どういったタイミングでどのようなファイル I/O が発生しているか分かります。

リクエストのバッファリングに関しては、`client_body_buffer_size` や `client_body_temp_path` の設定を変更することで挙動を変更できます。ファイル I/O が高い場合は tmpfs[注13] でマウントしてあるディレクトリを `client_body_temp_path` に指定することでメモリに書き込みを行わせることができます。しかし、この設定をする場合は十分にメモリが存在することを確認した上で行う必要があります。レスポンスのバッファリングに関しては、`proxy_temp_path` や `proxy_buffer_size` の設定を変更すれば同様の設定が可能です。

nginxの多段構成ではバッファリングを有効にしている必要はない可能性もあります。たとえば、ストレージサーバーをnginxで提供していて、さらに別のnginxの配信サーバーがストレージサーバーのコンテンツを配信している構成を考えてみます。この構成では配信サーバーがユーザーのリクエスト・レスポンスのバッファリングを行うので、ストレージサーバー上のバッファリングを有効にしている必要はない可能性があります。また、`Transfer-Encoding: chunked` を使用してHTTPレスポンスをかたまりで少しずつ送信する場合では、バッファリングを有効にしているとうまく動かないこともあります。

こういった場合は、`proxy_buffering off` の設定を追加すればバッファリングを無効にできます。デフォルトは有効ですし、ほとんどのケースでは有効にしておいた方が良いと筆者は考えますが、紹介した通り例外もあります。無駄な I/O が発生していないかの監視と nginx など使用するミドルウェアの挙動を理解しておけば、どういった設定が必要かが分かります。

[注13] メモリ上の擬似的なファイルシステム。使い方は通常のファイルシステムと変わりませんが、ディスクアクセスが発生しないのでその分高速になります。ファイルシステムについては9章も参照してください。

6-7　nginxとアップストリームサーバーのコネクション管理

　nginxのデフォルトでは、アップストリームサーバーとのコネクションを都度切る設定になっています。コネクションを保持して使い回したい（キープアライブ）場合はHTTP/1.1を利用することと、Connectionヘッダーに空文字を設定する必要があります（リスト6）。

リスト6　アップストリームサーバーとのコネクションを保持する設定

```
location / {
  proxy_http_version 1.1;
  proxy_set_header Connection "";
  proxy_pass http://app;
}
```

　キープアライブを利用することで、アップストリームサーバーへの接続処理を減らすことができます。keepaliveを利用するとキープアライブするコネクション数を指定でき、keepalive_requestsを利用するとコネクションを閉じるまで受け付ける最大のリクエスト数を指定できます（リスト7）。

リスト7　keepaliveとkeepalive_requestsを利用する

```
upstream app {
  server localhost:8080;

  keepalive 32;
  keepalive_requests 10000;
}
```

　大量のリクエストを受け付けるサーバーの場合、コネクションを頻繁に作り直すとパフォーマンスが落ちたり、負荷が上がって適切に動かなくなることがあります。こういった問題に気付くためにも適切な監視をするべきです。たとえば、以下のような監視があるとヒントになるはずです。解決方法については9章8節「Linuxカーネルパラメータ」も参考にしてください。

- Linuxのssコマンドを利用してLinux上で利用しているネットワークやソケットの情報を収集し、グラフ化することでTCPの様々な状態のコネクション数の変動を見る
- nginxのエラーログを監視する
  - upstreamへの接続に失敗したというエラーが出ている可能性がある

リバースプロキシの利用

6-8 | nginx の TLS 通信を高速にする

最近は HTTPS など TLS で暗号化して通信することが一般的です。TLS について詳しくは Ivan Ristić 著、齋藤孝道監訳『プロフェッショナル SSL/TLS』ラムダノート社、2020 年や、nginx の設定に関しては既に紹介した『nginx 実践入門』や Mozilla SSL Configuration Generator[注14] を参照してください。TLS については 8 章 3 節「HTTP クライアントの使い方」でも説明します。

TLS ではクライアント／サーバー間は共通のセッション ID をやりとりするので、セッション ID をキーにしてセッション情報をキャッシュするセッションキャッシュという機能を `ssl_session_cache` という設定で利用できます。他にも証明書の有効性確認を効率化する OCSP stapling も有効にすると良いでしょう。詳しい設定方法は既に紹介した『nginx 実践入門』や Mozilla SSL Configuration Generator を参照してください。

TLS で利用できる鍵にも種類があります。最も利用されているのは RSA 鍵ですが、楕円曲線暗号を利用した ECDSA 鍵も最近は利用されており、RSA 鍵を利用するよりも安全でかつパフォーマンスが高いことで知られています。nginx は複数の鍵を同時に指定できるため、RSA 鍵と ECDSA 鍵の 2 つを指定することで ECDSA 鍵を利用できるクライアントでは ECDSA 鍵を利用できます。

TLS を利用するならば HTTP/2 を利用することも考えられます。HTTP/2 自体、TLS は必須ではありませんが、TLS が有効になっていなければブラウザは HTTP/2 を利用しません。実質的に TLS は必須だと考える必要があります。HTTP/2 では HPACK という技術で HTTP ヘッダーを圧縮できるので転送量を減らせたり、1 つの TCP コネクションで通信を多重化できるなど、パフォーマンス上重要な変更が数多く行われています。詳しくは『詳解 HTTP/2』[注15] を参照してください。nginx では `listen 443 ssl http2` のように listen の設定を変更することで利用できます。また、9 章 6 節「CPU 利用率」で紹介する CPU の暗号化支援機能である AES-NI を活用することで、TLS で多く利用されている AES の暗号化・復号化を高速に処理することができます。

現在広く使われている TLS はバージョン 1.2 ですが[注16]、2018 年に標準規格として承認されたバージョン 1.3 もあります。TLS 1.3 はセキュリティ面の改善だけでなく、必要な通信回数が TLS 1.2 よりも減っているなど、パフォーマンス面での改善も多くあります。nginx では TLS 1.3 に対応した OpenSSL を利用した上で `ssl_protocols TLSv1.2 TLSv1.3;` という設定をすることで TLS 1.3 を利用できます。TLS 1.3 について詳しくは既に紹介した『プロフェッショナル SSL/TLS』の特別版 PDF[注17] に含まれる付録 A TLS 1.3 の章を参考にしてください。

カーネル内で TLS の暗号化・復号化を行う kTLS という技術もあります。TLS の暗号化・復号化をカーネル内で行えばカーネル空間からユーザー空間へのメモリのコピーをせずに効率よく暗号化・復号化

注14　https://ssl-config.mozilla.org/
注15　Barry Pollard 著／北原憲、一ノ瀬太樹、洲崎俊翻訳／新井悠、国分裕、長谷川陽介監修『詳解 HTTP/2』翔泳社、2020 年
注16　Qualys SSL Labs https://www.ssllabs.com/ssl-pulse/https://www.lambdanote.com/products/tls
注17　https://www.lambdanote.com/products/tls

を行えるので、パフォーマンスが上がります[注18]。

6-9 | まとめ

本章では、以下のことを学びました。

- リバースプロキシを前段に置く理由
- プロセス・スレッドについて
- nginxのアーキテクチャ
- nginxを活用した高速化手法

リバースプロキシをうまく活用することでハイパフォーマンスなWebアプリケーションを提供することに近づけます。使いこなせると非常に強い味方になってくれます。

次章では、Webアプリケーション上のキャッシュの取り扱いについて説明します。

6

リバースプロキシの利用

注18　使用できるOSに制限があるなど様々な注意点があるので、利用方法やパフォーマンスについてはこちらのURLを参照してください。
https://www.nginx.com/blog/improving-nginx-performance-with-kernel-tls/

更なる nginx 高速化

　今回紹介しきれなかった更なる nginx の高速化手法について少し紹介します。大量のリクエストを受け付けられるシステムを nginx で構築するためには、9章で紹介する Linux カーネルパラメータの設定をすることも重要です。なお9章7節「Linux における効率的なシステム設定」で紹介する ulimit は nginx の場合、worker_rlimit_nofile という設定でも変更できます。

　また、sendfile と tcp_nopush はデフォルト無効ですが、基本的に両方とも有効にした方が良いでしょう。

　sendfile を有効にした場合、ファイルの読み込みとレスポンス送信に sendfile システムコールを利用することで、カーネル空間からユーザー空間へのメモリのコピーをせずに効率よくファイルの送信を行えるようになります。ただし sendfile はストレージが NFS などでネットワークマウントされている環境など、特殊な環境では問題になるのでそういった環境では無効にする必要があります。

　tcp_nopush は sendfile を有効にしたときのみ有効にできます。sendfile と tcp_nopush を両方とも有効にした場合、送信するパケット数を減らして効率よくファイルの送信が行えます。リスト8のように設定すれば両方とも有効にできます。

リスト8　sendfile と tcp_nopush を両方とも有効にする設定

```
sendfile on;
tcp_nopush on;
```

　open_file_cache という設定を活用することで一度 open したファイルの情報をキャッシュとして一定期間保存します。静的ファイルの配信をする場合はパフォーマンス面の効果が大きい設定ですが、ファイルディスクリプタなどの情報をキャッシュするため、rsync コマンドなどを利用して同じファイル名の内容を変更してもすぐに反映されなくなります。事故になりやすいため、本番環境で運用する場合はよく考えてから利用することをお勧めします。

　このように nginx には様々な機能があります。今回紹介しきれなかった設定も数多くありますし[注19]、今後も様々な機能が追加されると考えられるので常に情報のキャッチアップを行うことがお勧めです。

注19　https://www.nginx.com/blog/10-tips-for-10x-application-performance/ なども参照してください。

7 キャッシュの活用

　大規模なWebサービスでは、さまざまな機能が提供されています。機能が多ければその分、情報を取得する必要があるデータベースや外部のWebサービスへのリクエストの量は増えていきます。扱うデータによっては頻繁に更新処理が行われないため、一定期間同じデータを利用できることがあります。その期間は、Webアプリケーションの仕様により異なります。仕様によっては1秒以下かもしれませんし、数時間程度かもしれません。そういった一定期間同じデータを利用できる場合、そのデータをキャッシュしてデータベースなどへのリクエストを抑えることで、Webアプリケーションを高速にできます。

　その場合、データベースなどへの負荷が下がるため、インフラ代も下げることができます。データベースへのスロークエリ[注1]ならば少しでもリクエスト数を下げればパフォーマンスへの影響は大きいですし、外部サービスへのリクエスト数も少しでも減らせればパフォーマンスへの影響が大きいです。それならば、キャッシュをさまざまなところで使いたいと考える人もいるでしょう。もちろんキャッシュを適切に使えばインフラ代は下がり、レスポンスも高速に返すことができます。

　しかし、キャッシュはプログラム的にも運用上も難しい部分があり、バグを生みやすいです。キャッシュ起因のバグや障害は原因究明が難しくなることも多く、苦い経験をした人も多いでしょう。

　たとえば、管理の手間を考えればスロークエリにならないデータベースへのクエリの結果をキャッシュする必要はありません。リクエスト量にもよりますが、多くの場合は大した負荷にはなりませんし、むしろ更新したはずなのに古いデータが返ってくるなどの不整合が起こりやすくなります。

　本章では、キャッシュの方法や適切な使い方を考えます。moznionさんの発表資料[注2]を参考にしながら紹介していきます。Webアプリケーションにおけるキャッシュには、「Webアプリケーション上で作ったキャッシュをミドルウェアなどに保存して利用する方法」と「HTTPのレスポンス全体をキャッシュする方法」の大きく2つがあります。本章では、Webアプリケーション上のキャッシュを紹介します。HTTPのレスポンスをキャッシュする方法は、8章5節「HTTPヘッダーを活用してクライアント側にキャッシュさせる」と8章6節「CDN上にHTTPレスポンスをキャッシュする」で紹介します。

7-1　キャッシュデータ保存に利用されるミドルウェア

　キャッシュを使用する場合は、キャッシュしたデータをどこに保存するか決める必要があります。そこで、キャッシュを保存するミドルウェアについて紹介します。キャッシュを保存するミドルウェアとして必要とされる機能は、そこまで多くありません。以下の機能があれば、複雑な使い方をしない限り十分です。

注1　本章ではデータベースに負荷をかける遅いクエリのことを指します。5章で紹介したように、スロークエリログを取得すれば設定した閾値以上に時間がかかったクエリをログに出力できます。

注2　『Webアプリケーションのキャッシュ戦略とそのパターン / Pattern and Strategy of Web Application Caching - Speaker Deck』https://speakerdeck.com/moznion/pattern-and-strategy-of-web-application-caching

- keyからvalueが取得できるKVSとしての機能
- TTLを定められ、TTLがすぎたらexpireしてデータを削除する機能

この機能が使用できるミドルウェアは多いですが、Webアプリケーションのキャッシュとして利用されることが多いmemcachedとRedisについて紹介します（表1）。

表1 memcachedとRedisの比較

機能	memcached	Redis
パフォーマンス	非常に高い	高い
ストレージ永続化	基本的に不可[注3]	可
レプリケーション	不可	可
機能	少ない	多い

memcachedは、KVSとして最も著名なミドルウェアでしょう。KVSとして必要な機能を持っており、非常に高いパフォーマンスを出せます。非常に広く使われているため、各言語のライブラリも充実していることが多いです。特にPHPで使用できるMemcached[注4]は、PHPとmemcachedの接続を永続化できるなど、非常に工夫されています。memcachedの欠点としてはストレージを永続化できず、また5章のコラム「IO負荷が高いデータベースの場合」で紹介したレプリケーション機能がないため再起動や障害などで簡単にデータが失われてしまう点です。消えても困らないキャッシュとして以外の用途は想定されていません。

Redisは、KVSとしての機能以外にもさまざまな機能を持っています。コマンドや扱えるデータ構造も多いですし、データの永続化やレプリケーションの機能もあります。Redis ClusterやRedis Sentinelなどを使用することでクラスター構成に組むことも可能です。Redisの欠点として、Redisは基本的にシングルスレッドで動作するため、単純なGET/SET以外のコマンドを実行する場合に、1クライアントの処理で長時間全体の処理がブロックしてしまう可能性が挙げられます。そのため、単純なKVSではない使い方をする場合は、発行するコマンドによってパフォーマンスを出しにくいことがあります。

memcachedとRedisはどちらも著名で非常に有用なミドルウェアです。しかし、依存するミドルウェアを増やせば、その分システムの障害点は増えます。また、別のミドルウェアと通信するコストも無視できません。パフォーマンスのために導入する場合、導入することによってパフォーマンスに寄与していることを確認する必要があります。キャッシュの監視については後ほど紹介します。

キャッシュデータをWebアプリケーションのインメモリに保存する方法もあります。この方法はミドルウェアとの通信コストが不要になるため、Webアプリケーション上で高速に動作します。実装上、

7

キャッシュの活用

注3 Extstoreという機能を使えばmemcachedのメモリ空間をストレージに書き出すことができますが、広く使われているとは言い難い状況です。
https://github.com/memcached/memcached/wiki/Extstore

注4 https://www.php.net/manual/ja/book.memcached.php

注意することは以下の点です。

- シングルプロセス・マルチスレッドのアーキテクチャの場合、並行に読み込み・書き込みができるように適切なロックを取る必要がある
  - ・Goの場合はsync.Mutexパッケージなどを利用することで実装できる
- マルチプロセス・シングルスレッドのアーキテクチャの場合、簡単にはプロセス間でメモリを共有できない
  - ・PHPで利用されているAPCu[注5]では共有メモリセグメントを利用して、複数のプロセスが物理メモリの同じ領域（セグメントと呼ばれる）を共有している
  - ・APCu自体はC言語で実装されており、他の言語で簡単に利用できる仕組みではない
- 実装によってはTTLの実装を自分でする必要がある
  - ・本章で紹介する実装ではTTLの実装がされていない
  - ・PHPで利用されているAPCuにはTTLが設定できる

インメモリキャッシュを利用するのは、以下のデメリットがあります。

- デプロイした時やサーバー追加時にキャッシュがないため、デプロイした直後のパフォーマンス劣化や、デプロイ直後にThundering herd problem（詳しくは後述）が発生し、データベースなどに負荷が集中する可能性がある
  - ・PHPの場合、デプロイをする際にプロセスの再起動を必要としないため、APCuのキャッシュをデプロイ前後で削除しない構成にできる
  - ・アクセスが集中したことを理由にサーバーを追加する場合、キャッシュが存在しないサーバーを追加することでデータベースなどの負荷が更に増すなど、状況を悪化させる可能性がある
- 問題のあるデータをキャッシュしたときに簡単に消せないことが多い

　キャッシュをサーバー上のファイルに保存する方法もあります。こちらもサーバー追加時にキャッシュがない状態から始まるので、インメモリキャッシュと同様のデメリットがあります。実装もフレームワークやライブラリで使用できるものがありますが、自前で実装する場合は並行に読み書きできるのかなど、インメモリキャッシュと同様の実装上の注意点に気をつける必要があります。

　以上のように、インメモリやファイルによるキャッシュは扱いにくいことが多いです。そのため、キャッシュは専用のミドルウェアに保存しておき、インメモリやファイルによるキャッシュはミドルウェアへのリクエストを減らしたいときに補助的に利用することをお勧めします。そうすることで、インメモリキャッシュのメリットである高速というメリットを享受しつつ、デメリットも減らせます。

　インメモリやファイルによるキャッシュを扱う場合は、TTLを短めにする必要があります。理由は

注5　https://www.php.net/manual/ja/book.apcu.php

デメリットとして紹介した通り、インメモリキャッシュは問題のあるデータをキャッシュしたときに簡単に消せないことが多いため、短い期間でキャッシュを破棄した方が扱いやすいからです。また、ミドルウェアへのリクエストを減らすために補助的にインメモリキャッシュを利用する場合、最大でミドルウェア上のキャッシュのTTLとインメモリキャッシュ上のTTLの合計時間がキャッシュとして利用される可能性がある期間になります。そのため、インメモリキャッシュのTTLは短めに設定しないと古いキャッシュが長い期間使い回される可能性があります。

7-2　キャッシュをKVSに保存する際の注意点

キャッシュは5章1節にある「アプリケーションニーズに合わせたNoSQL」でも紹介した通り、RDBMSよりも高速に動作するKVS上へ保存することが一般的です。KVSに保存するには、値を保存するキーを決める必要があります。違うデータを保存するときに同じキーを利用したり、利用するキーを誤ったりすれば、出力するデータが想定したものではなくなります。場合によっては意図しないバグや情報流出に繋がります。

同じデータを大量の異なるキーに保存することも問題です。同じデータを大量の異なるキーに保存すると、データが増えすぎてキャッシュを保存するKVSのメモリやディスク容量が枯渇するといった問題が発生します。また、複数種類のIDを含む場合は : や . など何らかの区切り文字を使用して、キーを混同しないようにする工夫が必要です。たとえば同じIDのデータを混同しないように、ユーザーIDが1234、商品IDが1234のデータをキャッシュしたい場合はそれぞれキーをuser_id:1234、item_id:1234として保存します。

プログラム上のオブジェクトデータをKVS上にそのまま保存できないため、保存する場合は何らかの手法[注6]でオブジェクトデータをシリアライズ化した文字列（バイナリもありえる）をKVS上に保存します。ライブラリによってはミドルウェアへの保存前に自動でシリアライズ処理を行い、その文字列を保存してくれることがあります。その場合、ミドルウェアから読み込むときは、自動でデシリアライズを行ってくれる実装になっていると期待できます。

自動でシリアライズ・デシリアライズ処理を行ってくれるライブラリを利用する場合、シリアライズ手法を途中で変更すると古いデータを読み込めなくなる可能性が高いです。また独自の手法でどのシリアライズ手法を用いているか判定することで、複数のシリアライズ手法を利用している場合、保存したデータを他のライブラリから読み込めないといった問題が発生することがあります。ライブラリを利用する場合は、どのような形式でデータが保存されるのか事前に調べておくと良いでしょう。

注6　言語によらないシリアライズ手法としてJSONやMessagePack（https://msgpack.org/）などが挙げられます。他にもPHPのserialize関数のように、言語に組み込まれているものも存在します。また、大きいデータを保存する際に圧縮してからKVSに保存するライブラリも存在します。

7-3 ｜ いつキャッシュを利用するか

キャッシュを利用することで、以下のようなメリットがあります。

- CPUへの負荷が大きな処理や時間がかかる処理の実行回数を抑えられるので、パフォーマンスが上がる
  - ・インフラコストも下げられる
  - ・外部APIを使用している場合は外部APIの呼び出し回数に制限がある（レートリミット）ことが多いので、その場合はその制限に達しないようにキャッシュを利用する必要がある
- 大量のリクエストに耐えられる仕組みが比較的容易に作れる

これだけ聞くと良いことばかりに見えますが、そうとも限りません。キャッシュの実装は大変難しく、実装にもよりますが、具体的に以下の問題も発生します。

- 古いデータが表示されることがある
  - ・データ上、不整合が発生することもある
  - ・データ更新時にキャッシュの削除・更新を適切に行うことで、ある程度軽減できる
- キャッシュを保存するミドルウェアが新しいWebサービス上の障害点になる
  - ・ミドルウェアの空き容量の不足がないかなど正しく動作しているか監視をする必要がある
  - ・ミドルウェアの再起動などによってミドルウェアに保存したデータが一気に失われることもある
- 想定外のデータを表示してしまい、情報流出に繋がる可能性がある
  - ・重大なセキュリティリスクになることもある
- プログラムの実装が複雑になるため、問題が起こったときの原因究明の難易度が上がる
- キャッシュに乗っていないタイミングで大量にリクエストが来ると、実装によってはキャッシュ生成の重い処理が大量に同時実行されることがある
  - ・Thundering herd problemと呼ばれる問題で詳しくは後述

これらの問題を考えても、導入するメリットが上回ると考えられる場合のみキャッシュを利用します。まずは、キャッシュを使わない方法を模索しましょう。スロークエリになるなら、SQLを見直してスロークエリにならない方法を考えてみましょう。外部APIの場合は、外部APIに頼らなくても良い方法はないか考えてみましょう。それでも解決できず、キャッシュのデメリットを理解した上でパフォーマンスやインフラコストからキャッシュを導入するメリットが大きい場合、キャッシュを導入します。具体的には、以下のことを考慮に入れると良いと筆者は考えています。

- データの不整合がどこまで許されるか
  - ・決済情報など重要なデータは不整合が致命的になるので、キャッシュを使うべきではない
  - ・更新したはずのデータが更新されないとユーザーからバグを疑われる
- データの特性上、本当にキャッシュを使う必要があるか
  - ・ユーザー情報などはユーザー毎にキャッシュが分散するため、有効にキャッシュを使えない可能性がある
  - ・有効に使えないキャッシュが増えると、キャッシュを保存するミドルウェアの容量が足りなくなる可能性がある
  - ・ユーザー情報を取り違えると、重大なセキュリティリスクに繋がる可能性がある
- データの更新頻度はどの程度か
  - ・データが頻繁に更新される場合、キャッシュをしても有効に活用できない可能性がある
  - ・データの鮮度が重要な機能の場合、更新頻度が低いとユーザー体験が悪化する
- データの生成コストを考えているか
  - ・生成コストが低いならキャッシュを使う必要はない
  - ・生成コストが高すぎる場合、キャッシュデータが失われると長時間復旧できないため、生成結果をRDBMSなどデータが失われにくいデータベースに保存する必要がある

適切なキャッシュの設定や手法、監視項目などを本章で解説します。

■十分短いTTLを設定する

キャッシュを導入する場合、適切なTTL (Time To Live) の設定について考える必要があります。キャッシュにおけるTTLとは、キャッシュの生存時間のことです。たとえば、TTLが1時間であれば意図的に書き換えない限り、一度保存したキャッシュは1時間有効になります。TTLを過ぎればexpireし、キャッシュデータを参照できなくなります。

TTLは長ければ長いほどパフォーマンス上のメリットは大きくなりますが、その間はキャッシュのデータが更新されません。実際のデータが更新された場合でも、TTLが切れるまで古いキャッシュのデータが表示され続けることになります。この問題を解決する方法は主に2つです。

- データの特性を考えて、十分短いTTLを設定する
- データが更新された時にキャッシュも同時に更新するようにする

多くの場合、十分短いTTLを設定することをお勧めします。データが更新された時にキャッシュも同時に更新する実装はデータの二重管理になるので、実装が複雑になります。データの特性上、十分短いTTLを各キャッシュに対して設定することで管理も実装も単純にできます。

7-4 具体的なキャッシュ実装方法

　キャッシュの実装方法はいくつかあり、それぞれにメリット・デメリットが存在します。それぞれの方法について紹介します。

　本章ではWebアプリケーションをApp、Webアプリケーションに対してリクエストを送るクライアントをClient、キャッシュしたいコンテンツを保持しているサーバー（データベースサーバーや外部APIなどが代表）をOriginと呼ぶことにします。

　本章で紹介するソースコードは、プログラミング言語としてGoを利用します。キャッシュの保存先は、Goのハッシュマップ実装であるmapを利用してプログラム上の変数に保存します。mapへ並行に読み込み・書き込みをする場合は、適切なロックを取る必要があります。そこで、標準パッケージのsync.Mutexを利用してロックを取っています。あくまでもキャッシュを利用するソースコードの一例として見てください。この手法自体のメリット・デメリットは、7章1節「キャッシュデータ保存に利用されるミドルウェア」で紹介したインメモリに保存する方法を参照してください。

キャッシュにデータがなければ
キャッシュを生成して生成結果を保存する手法

　最初にClientがAppにリクエストをして、キャッシュにデータがあればキャッシュを返し、キャッシュにデータがなければキャッシュを生成して生成結果を保存する手法を紹介します（図1、図2、リスト1）。

図1　キャッシュにデータがない場合のリクエスト

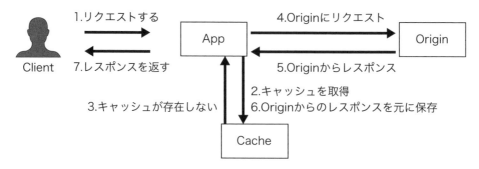

図2 キャッシュにデータがある場合のリクエスト

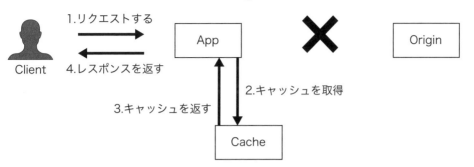

リスト1 キャッシュを生成して生成結果を保存する手法

```go
package main

import (
  "log"
  "sync"
  "time"
)

type Cache struct {
  mu    sync.Mutex
  items map[int]int
}

func NewCache() *Cache {
  m := make(map[int]int)
  c := &Cache{
    items: m,
  }
  return c
}

func (c *Cache) Set(key int, value int) {
  c.mu.Lock()
  c.items[key] = value
  c.mu.Unlock()
}

func (c *Cache) Get(key int) int {
  c.mu.Lock()
  v, ok := c.items[key]
  c.mu.Unlock()

  if ok {
```

7

```
    return v
  }

  v = HeavyGet(key)

  c.Set(key, v)

  return v
}

// 実際にはデータベースへのアクセスなどが発生する
// 今回は仮に1秒sleepしてからkeyの2倍を返す
func HeavyGet(key int) int {
  time.Sleep(time.Second)
  return key * 2
}

func main() {
  mCache := NewCache()
  log.Println(mCache.Get(3))
}
```

この実装のメリットは、以下のものが挙げられます。

- 実装が単純でデータの整合性も保ちやすく、よく使われる手法
- アクセスがあったものだけキャッシュを生成するため効率的

デメリットとしては、以下のものが挙げられます。

- 初回アクセスやキャッシュがなくなったタイミングでリクエストした場合のレスポンスは遅い
- キャッシュに乗っていないタイミングで大量にリクエストが来ると重い処理が大量に同時実行される
  ・App上やAppとOriginの間にあるミドルウェアなどで制御しないとキャッシュ生成中にOriginに対してリクエストが集中することがある
      ・Thundering herd problem（後述）と呼ばれる問題
  ・memcachedのように再起動すると保存したデータが消えるミドルウェアにキャッシュを保存している場合、再起動してキャッシュが消えたときにOriginに対してリクエストが集中する
  ・インメモリキャッシュなど実装方法によってはデプロイやサーバー投入時などにキャッシュがなくなるため、キャッシュがなくなった時にOriginに対してリクエストが集中する

　実装は単純で効率的なため、よく使われる実装です。しかし、以上のようなデメリットもあるため、性質をよく理解した上で使用する必要があります。

Thundering herd problemとは何か

Thundering herd problemは、キャッシュを導入することによって発生する新たな問題です。

先ほど紹介した手法でキャッシュに乗っていないタイミングで同時に大量のリクエストを送った場合、どのようになるかを考えてみます（図3）。最初にリクエストが来た時点でキャッシュを生成するためのリクエストをOriginに送っているはずですが、まだキャッシュができていないため、他のリクエストでも同様にOriginにリクエストを送ります。この状況はキャッシュが生成されるまで続くため、大量のリクエストがAppに来るかつキャッシュがすぐに生成できない状況の場合、Originへのリクエストが大量に発生します。それによりOriginが高負荷になり、Webサービスの継続が難しくなることがあります。

そもそもキャッシュをしたいコンテンツの生成はスロークエリになるなど、Originからのレスポンスに時間がかかることが多いはずです。大量にリクエストが来る環境では、今回の現象は容易に発生するため対策が必要になります。

図3　キャッシュがないコンテンツに同時に大量のリクエストが来た場合

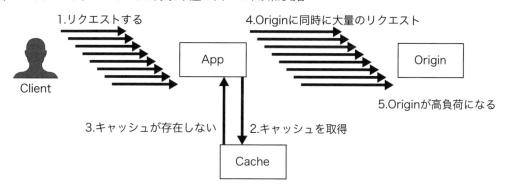

この状況は、システムに突然同時に大量の雷が発生したように見えます。それで、**Thundering herd problem**と呼ばれるようになりました。

先ほど紹介した手法では、Thundering herd problemを防ぐことはできません。そこで緩和策としてキャッシュを取得した際にキャッシュの残り時間も取得し、そのキャッシュの残り時間が指定した時間を下回っている場合は一定の確率でexpireしているとみなし、キャッシュの再構築をする実装をすることも考えられます。このような実装をすることでOriginへの負荷をあまり増やさずに、キャッシュが同時にexpireする確率を減らすことができます。こういった実装が必要かどうかは、実際にThundering herd problemが起こった際にどの程度の負荷が起こりうるのか調べて、必要性を判断するのが良いと筆者は考えています。また、後述するようにThundering herd problemが起こらない手法も存在するので、他の手法を利用することも考えられます。

Webアプリケーション上のキャッシュではありませんが、既に紹介したnginxでは`proxy_cache_`

lock という設定があります。有効にすると、1つのリクエストがキャッシュの更新をする間はproxy_cache_key が同一のリクエストをブロックします。Origin へリクエストを送る前にnginx を通り、かつnginx でOrigin からのHTTP レスポンスをキャッシュする設定にしている場合のみですが、nginx の設定をうまく活用することでThundering herd problem を避けることができます。

キャッシュがなければデフォルト値や古いキャッシュを返し、非同期にキャッシュ更新処理を実行する

　次に紹介する方法は、キャッシュがなければデフォルト値や古いキャッシュを返し、非同期にキャッシュ更新処理を実行する手法です（図4、リスト2）。キャッシュがある場合の動きは図2と同じです。

図4 キャッシュがない場合、非同期にキャッシュを更新する

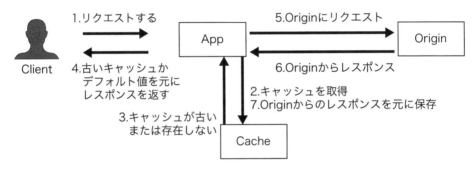

リスト2 非同期にキャッシュ更新処理を実行する手法

```go
package main

import (
  "log"
  "sync"
  "time"
)

const defaultValue = 100

type Cache struct {
  mu    sync.Mutex
  items map[int]int
}

func NewCache() *Cache {
  m := make(map[int]int)
  c := &Cache{
    items: m,
```

```go
    }
    return c
}

func (c *Cache) Set(key int, value int) {
    c.mu.Lock()
    c.items[key] = value
    c.mu.Unlock()
}

func (c *Cache) Get(key int) int {
    c.mu.Lock()
    v, ok := c.items[key]
    c.mu.Unlock()

    if ok {
        return v
    }

    go func() {
        // 非同期にキャッシュ更新処理を実行する
        v := HeavyGet(key)

        c.Set(key, v)
    }()

    return defaultValue
}

// 実際にはデータベースへのアクセスなどが発生する
// 今回は仮に1秒sleepしてからkeyの2倍を返す
func HeavyGet(key int) int {
    time.Sleep(time.Second)
    return key * 2
}

func main() {
    mCache := NewCache()
    // 最初はデフォルト値が返る
    log.Println(mCache.Get(3))
    time.Sleep(time.Second)
    // 次は更新されている
    log.Println(mCache.Get(3))
}
```

　この手法は、Cache-Controlヘッダーでstale-while-revalidateという設定でも使用されています。この実装のメリットは、以下のものが挙げられます。

- レスポンスはほとんどのケースで高速に返せる
- アクセスがあったものだけキャッシュを生成するため効率的

デメリットは、以下のものが挙げられます。

- ロジックが複雑
  - ・キャッシュ更新を非同期に行うため、ジョブキューなどの非同期に処理を実行できる仕組みが必要
- キャッシュがなければデフォルト値を返す実装の場合、キャッシュがないタイミングでリクエストした人には適切なレスポンスを返せない
  - ・古いキャッシュを返す場合も、本来なら使うべきでない古いキャッシュを使用している
- Thundering herd problem は解決していない
  - ・キャッシュ更新時の処理が複数実行されないようにする仕組みは別に必要
  - ・Go では golang.org/x/sync/singleflight を使用することで、同時に発生した複数の呼び出しを1つにまとめることができる

golang.org/x/sync/singleflight を利用したコード例を紹介します。リスト3のようにすることで複数回同時にキャッシュ更新処理が呼び出された場合、2つ目以降は1つ目の実行が終了するのを待つようになります。

リスト3　golang.org/x/sync/singleflightを利用したコード例

```
package main

import (
  "fmt"
  "log"
  "sync"
  "time"

  "golang.org/x/sync/singleflight"
)

var group singleflight.Group

type Cache struct {
  mu     sync.Mutex
  items map[int]int
}

func NewCache() *Cache {
  m := make(map[int]int)
  c := &Cache{
```

```go
      items: m,
    }
    return c
}

func (c *Cache) Set(key int, value int) {
    c.mu.Lock()
    c.items[key] = value
    c.mu.Unlock()
}

func (c *Cache) Get(key int) int {
    c.mu.Lock()
    v, ok := c.items[key]
    c.mu.Unlock()

    if ok {
        return v
    }

    // singleflightを使うと複数回同時に呼び出された場合は2つ目以降は1つ目の実行が終了するのを待つ
    vv, err, _ := group.Do(fmt.Sprintf("cacheGet_%d", key), func() (interface{}, error) {
        value := HeavyGet(key)
        c.Set(key, value)
        return value, nil
    })

    if err != nil {
        panic(err)
    }

    // interface{}型なのでint型にキャスト
    return vv.(int)
}

// 実際にはデータベースへのアクセスなどが発生する
// 今回は仮に1秒sleepしてからkeyの2倍を返す
func HeavyGet(key int) int {
    log.Printf("call HeavyGet %d\n", key)
    time.Sleep(time.Second)
    return key * 2
}

func main() {
    mCache := NewCache()

    for i := 0; i < 100; i++ {
        go func(i int) {
            // 0から9までの各キーをほぼ同時に10回取得するがそれぞれ一度しかHeavyGetは実行されない
```

```
    mCache.Get(i % 10)
  }(i)
}

time.Sleep(2 * time.Second)

for i := 0; i < 10; i++ {
  log.Println(mCache.Get(i))
}
}
```

　リスト4の実行結果を見ると、HeavyGet関数がそれぞれのkeyで1度ずつしか呼び出されていないことが分かります。なお、goroutineの実行順序は保証されていないため、HeavyGet関数の呼び出しの順番は実行の度に変わります。

リスト4　実行結果

```
2022/02/05 18:58:50 call HeavyGet 2
2022/02/05 18:58:50 call HeavyGet 1
2022/02/05 18:58:50 call HeavyGet 7
2022/02/05 18:58:50 call HeavyGet 3
2022/02/05 18:58:50 call HeavyGet 9
2022/02/05 18:58:50 call HeavyGet 0
2022/02/05 18:58:50 call HeavyGet 8
2022/02/05 18:58:50 call HeavyGet 5
2022/02/05 18:58:50 call HeavyGet 4
2022/02/05 18:58:50 call HeavyGet 6
2022/02/05 18:58:52 0
2022/02/05 18:58:52 2
2022/02/05 18:58:52 4
2022/02/05 18:58:52 6
2022/02/05 18:58:52 8
2022/02/05 18:58:52 10
2022/02/05 18:58:52 12
2022/02/05 18:58:52 14
2022/02/05 18:58:52 16
2022/02/05 18:58:52 18
```

バッチ処理などで定期的にキャッシュを更新する

　次に紹介する方法は、バッチ処理などで定期的にキャッシュを更新する手法です（図5）。ここではバッチ処理を実行するサーバーをBatchと呼ぶことにします。

図5　バッチ経由で定期的にキャッシュを更新する

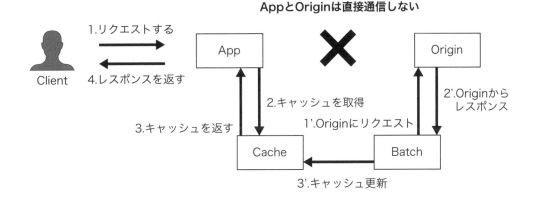

実装としては、Webアプリケーション上はキャッシュから取得するだけなので省略します。この実装のメリットは、以下のものが挙げられます。

- 実装は比較的簡単
- Thundering herd problemが発生しない

デメリットは、以下のものが挙げられます。

- バッチで生成できるデータにしか使えない
- アクセスがほぼ来ないデータも事前に生成する必要があるので、ほぼ使われないキャッシュも管理する必要がある
- 障害でキャッシュが揮発したときに復旧に時間がかかる可能性がある
  - キャッシュが存在しなければ、データを取得できないためエラーになってしまう
  - バッチを実行すれば復旧できるはずだが、実行する必要があるバッチが大量にある場合は復旧の難易度が高い

▌private-isuで実際にキャッシュを利用する

付録Aでも紹介しますが、実際にprivate-isuのコード上でキャッシュを利用してみます。Go実装を利用して、memcachedにキャッシュを保存します。キャッシュするのは、makePosts関数の最初の方で取得している投稿ごとのコメント数です。キャッシュは最初に紹介した、キャッシュにデータがなければキャッシュを生成して生成結果を保存する手法を利用します。リスト5のような変更を入れます。

リスト5 キャッシュを生成して生成結果を保存する手法

```
+var mc *memcache.Client
+
 func init() {
  memdAddr := os.Getenv("ISUCONP_MEMCACHED_ADDRESS")
  if memdAddr == "" {
    memdAddr = "localhost:11211"
  }
  memcacheClient := memcache.New(memdAddr)
  store = gsm.NewMemcacheStore(memcacheClient, "iscogram_", []byte("sendagaya"))
  log.SetFlags(log.Ldate | log.Ltime | log.Lshortfile)
+ mc = memcache.New(memdAddr)
 }
+
 func makePosts(results []Post, csrfToken string, allComments bool) ([]Post, error) {
  var posts []Post

  for _, p := range results {
-    err := db.Get(&p.CommentCount, "SELECT COUNT(*) AS `count` FROM `comments` WHERE `post_id` = ?", p.ID)
-    if err != nil {
+    key := fmt.Sprintf("comments.%d.count", p.ID)
+    val, err := mc.Get(key)
+    if err != nil && err != memcache.ErrCacheMiss {
       return nil, err
     }
+    if err == memcache.ErrCacheMiss {
+      // キャッシュが存在しない場合はMySQLからコメント数を取得する
+      err = db.Get(&p.CommentCount, "SELECT COUNT(*) AS `count` FROM `comments` WHERE `post_id` = ?", p.ID)
+      if err != nil {
+        return nil, err
+      }
+
+      // 10秒でexpireするようにSetする
+      err = mc.Set(&memcache.Item{Key: key, Value: []byte(strconv.Itoa(p.CommentCount)), Expiration: 10})
+      if err != nil {
+        return nil, err
+      }
+    } else {
+      // キャッシュが存在していればキャッシュのデータを代入する
+      p.CommentCount, _ = strconv.Atoi(string(val.Value))
+    }
```

投稿IDが1234であれば、comments.1234.countというキーでコメント数をmemcachedに保存します。まずはmemcachedから値を取得し、値が存在していればその値をコメント数として使用します。存在していなければ今までと同様にMySQLからコメント数を取得し、その値をmemcachedに10秒間だけ保存します。このような実装をすることで、MySQLへのリクエスト数を減らすことができます。

しかし、この実装ではコメントを投稿しても、キャッシュがExpireするまでコメント数が更新されません。そのことが致命的である場合は、コメントが投稿されたときにキャッシュを削除・更新するなど実装を工夫する必要があります。

7-5 ┃ キャッシュを監視する

キャッシュを使用する場合は、キャッシュが適切に使われているかを監視します。以下の2つの項目は監視する必要があります。

- expireしていないのにキャッシュから追い出されたアイテム数（evicted items）
- キャッシュヒット率（cache-hit ratio）

memcachedかRedisを使用してキャッシュを保存している場合、以下の設定を確認すると良いでしょう。

- memcachedのstatsコマンドの以下の項目
  ・evictions、get_hits、get_misses
- RedisのINFOコマンドの以下の項目
  ・evicted_keys、keyspace_hits、keyspace_misses

キャッシュ容量は無限ではありません。キャッシュ容量を超えたデータを保存しようとした場合、設定によりますが、expireする前のデータを削除しようとすることが多いです。expireしていないのにキャッシュから追い出されたアイテム数が非常に多い場合、キャッシュ容量が足りず、適切にキャッシュを利用できていない可能性が高いと言えます。

Webアプリケーションがキャッシュデータを取得した時にキャッシュが存在していた場合はキャッシュヒット、逆にキャッシュが存在しなかった場合はキャッシュミスと言います。キャッシュが存在していたリクエスト数をキャッシュへのリクエスト数で割った値であるキャッシュヒット率は重要な数値です。キャッシュヒット率は高ければ高いほど効率が高く、逆に低ければキャッシュがうまく活用できていません。Webアプリケーションに変更を入れたタイミングで、キャッシュヒット率が激変することもあります。なのでキャッシュヒット率は、継続的に監視し続ける必要があります。

7-6 ｜ まとめ

本章では、次のことを学びました。

- キャッシュの保存に利用するミドルウェア
- キャッシュを使うタイミング
- キャッシュの手法
- Thundering herd problemなど、キャッシュを使う時に発生する問題や注意点
- キャッシュの監視

次章では、Webアプリケーション高速化のテクニックを紹介します。

Chapter

8 押さえておきたい
高速化手法

本章では押さえておきたい重要なWebアプリケーション高速化のテクニックを中心に紹介します。その上で、実際のWebサービスを運用する上で知っておきたい内容についても解説していきます。

8-1 外部コマンド実行ではなく、ライブラリを利用する

アプリケーションから外部コマンドを実行すると、アプリケーションとは別のプロセスを起動する必要があります。別のプロセスを起動するコストがかかりますし、起動したプロセスがメモリを消費するため、メモリの消費量も増えます。パフォーマンスの観点から避ける必要がある実装です。

また、OSコマンドインジェクション脆弱性を作り込みがちなので、セキュリティの観点でも避けた方が良い実装です。どうしても必要な場合は、OSコマンドインジェクション脆弱性にならないか注意して実装する必要があります。セキュリティ周りの詳細についてはIPAが公開している「安全なウェブサイトの作り方[注1]」や書籍なら徳丸浩著『体系的に学ぶ 安全なWebアプリケーションの作り方 第2版』SBクリエイティブ社、2018年を確認することをお勧めします。ここではパフォーマンスからは少し離れますが、OSコマンドインジェクション脆弱性を防ぐ方法を簡単に説明します。対策として、以下の3つが考えられます。

- 外部コマンド呼び出しを利用しない
- 外部コマンドをプログラム上から呼び出す際に外部から入力されたパラメータを渡さない
- 外部コマンドに渡すパラメータを安全な関数を使用してエスケープする

ここでは外部コマンドと表現しましたが、OSコマンドインジェクション脆弱性は、bashなどのシェルを起動して、その起動されたシェルが外部コマンドを実行する際にプログラムから渡された文字列をシェルとして解釈することで発生します。多くの言語では外部コマンド呼び出しをすると、シェルを経由することがほとんどです。そのため、プログラム上で外部コマンドを呼び出す際に、OSコマンドインジェクション脆弱性にならないように気をつける必要があります。

OSコマンドインジェクション脆弱性対策のため、外部コマンドに渡すパラメータをエスケープするためにPHPならescapeshellarg関数、RubyにはShellwords.shellescape関数が標準で用意されています。なお、PHPはproc_open、RubyはIO.popenなどの関数で渡すパラメータを工夫することによりシェルを経由しないコマンド実行も利用できます。詳しくは、それぞれの言語のドキュメントを参考にしてください。

Goのexec.Commandは、シェルを経由しません。そのため、一般的な使い方であればOSコマンド

注1 https://www.ipa.go.jp/security/vuln/websecurity.html

インジェクション脆弱性は発生しませんし、外部コマンドに渡すパラメータをエスケープするための
関数も標準では用意されていません。しかし、後ほど紹介するprivate-isuの初期実装では、他の言語
と同じ実装にするためにbashを呼び出しています。そのため、private-isuのGo実装ではOSコマン
ドインジェクション脆弱性が発生する可能性がある実装になっています。private-isuのGo実装では
自作したエスケープ関数を呼び出していますが、本来は実績のある安全なエスケープ関数を使用する
必要があるでしょう。

　実際にprivate-isuでの例を見ていきます。Goの初期実装では、ログイン時にリスト1の関数を使用
してopensslコマンドを実行しています。

リスト1　opensslコマンドを実行するGoの初期実装

```
func digest(src string) string {
  out, err := exec.Command("/bin/bash", "-c", `printf "%s" `+escapeshellarg(src)+` | openssl dgst 🔽
-sha512 | sed 's/^.*= //'`).Output()
  (省略)
```

　Ruby実装も紹介します。Rubyの外部コマンド呼び出しはシェルを経由するため、リスト2の実装
でGo実装と同様の挙動になります。

リスト2　opensslコマンドを実行するRubyの初期実装

```
def digest(src)
  `printf "%s" #{Shellwords.shellescape(src)} | openssl dgst -sha512 | sed 's/^.*= //'`.strip
end
```

　この処理はopensslコマンドを利用して入力文字列のSHA512ハッシュ値を出力していますが、こ
の程度の処理であれば標準ライブラリを利用する実装をすればよいでしょう。初期実装ではopenssl
コマンドのプロセス起動をするので、前述の通りプロセス起動自体のコストもありますし、メモリも
余計に消費する実装です。特に、ログインの度に呼び出されるこの処理は呼び出し頻度も高いです。
たとえば、Goだとリスト3の実装で元の実装と同様の動作をします。

リスト3　Goの実装

```
import (
  "fmt"
  "crypto/sha512"
  (省略)
)

func digest(src string) string {
  return fmt.Sprintf("%x", sha512.Sum512([]byte(src)))
}
```

8

押さえておきたい高速化手法

Rubyでは、リスト4のように実装できます。

リスト4　Rubyの実装

```
require 'openssl'
（省略）

def digest(src)
  return OpenSSL::Digest::SHA512.hexdigest(src)
end
```

外部コマンド呼び出しでシェルを起動するべきではない？

　外部コマンド呼び出しを実行する場合、Goではexecパッケージを利用しますし、PHPではexec関数を利用することが多いです。そのため外部コマンド呼び出しをexecと呼ぶことがありますが、システムコール的にはforkとexec[注2]の2つを呼び出します。この2つのシステムコールについて簡単に紹介します。forkとexecに関しては9章3節「Linuxのプロセス管理」も参考にしてください。

　Linuxではプロセスを新しく作る方法はなく、プロセスのコピーを作るforkが新しいプロセスを作る唯一の方法です。forkで作られた新しいプロセスを子プロセス、元のプロセスを親プロセスと呼びます。forkシステムコールを呼び出した時にプロセスがコピーされ、メモリの内容も同じプロセスが作られるため、プロセスの中からそのプロセスが親プロセスなのか子プロセスなのか基本的に判断できません。ただしforkシステムコールの返り値が子プロセスでは0、親プロセスでは子プロセスのプロセスIDになるので、そこでプロセスが親プロセスなのか子プロセスなのか判断できます。

　execシステムコールを呼び出すと実行するバイナリ[注3]をメモリにロードし、そのプロセスのメモリの内容を書き換えてプログラムを実行します。forkをせずにexecシステムコールだけを実行するとそのプロセスのメモリが書き換えられてしまい、プログラム上の後続の処理を実行できなくなってしまいます。そのため基本的にexecシステムコールだけを実行することはなく、forkシステムコールを実行した後に子プロセス上だけでexecシステムコールを実行します。そうすることで子プロセス上で指定したバイナリを実行しつつ、親プロセスは後続の処理を実行することができます。

　外部コマンドを起動する際にシェルを経由すれば、*がカレントディレクトリ上のファイル名に展開されたり、private-isuの初期実装のようにパイプが使えたりと、シェルが提供する様々な機能が使えるので、シェルで実行するコマンドがそのまま使えます。しかし、それらのシェルが提供する機能をGoのexec.Commandでは利用できません。Goのexec.Commandはforkした後に子プロセスでexecシステムコールをシェルを経由せずに直接呼び出します。なのでGoのexec.Commandを使用する時はシェルを経由しないことを意識する必要があります。

　たとえば、シェル上でコマンドを実行する時に*という文字列を渡したいとします。シェル上でecho *を実行するとカレントディレクトリ上のファイル一覧が出力されることからも分かるように、シェル上では*が展開されます。*を文字列として渡す場合は'*'のように'で囲います。'はシェル上で除去されてコマンドに

注2　正式なシステムコール名はexecveですが、今回はexecと表現します。
注3　#!/bin/shのように最初の1行目を#!から始まるスクリプトファイルも指定することができます。shebangと呼ばれます。

引き渡されます。しかし、execシステムコールには展開などの機能はなく、渡した文字列をそのまま文字列として解釈します。なのでGoのexec.Command経由で＊を文字列として渡す場合はそのまま＊を渡します。

そのため、シェル上で実行しているコマンドをそのままGoで実行しようとするとうまくいかないことがあります。その時はシェル上で解釈されることを期待している引数になっていないか、確認する必要があります。

execシステムコールでは実行するバイナリは1つしか指定できませんし、引数として渡した値も文字列としてしか解釈しないので、ユーザーの入力を引数に渡すだけであればOSコマンドインジェクション脆弱性が起こる余地はありません。エスケープ関数も漏れがある可能性がある[注4]ので、そもそもシェルを経由しない方がセキュリティ上は安全です。外部コマンド呼び出しは多くの言語でシェルを経由しますが、シェルを経由しないコマンド実行方法が用意されている言語もあるのでぜひ調べてみてください。

裏話をすれば、private-isuの問題は新卒研修も兼ねて作問をしました。そこでOSコマンドインジェクション脆弱性の説明をするためにopensslコマンドを実行する初期実装を用意したという経緯があります。パフォーマンス上も直した方がよい実装なので避けるようにしましょう。

実装する言語によって高速になるのか

Goは、他の言語に比べて高速であると言われることもあります。本当にそう言えるのか考えてみます。

Webアプリケーションを作成する場合、さまざまなライブラリを使用して作成することがほとんどです。特にJSONを扱うライブラリやMySQLといった、データベースとの接続を管理するドライバーなどを使用していないWebアプリケーションはまずないと言って良いと思います。当然そういったライブラリの内部実装は言語によって異なります。特にGoでJSONを扱う標準ライブラリのencoding/jsonやHTMLのテンプレートを扱うhtml/templateなどは、PHPなどの他言語に性能で負けることもあります。そういったライブラリに依存しているWebアプリケーションが非常に多いことを考えれば、必ずしもGoだから速いとは言えません。

また、Goは正規表現エンジンの特性が他の言語と異なる点も、Goのパフォーマンスの話題でよく挙げられます。Goで正規表現を扱える標準パッケージのregexpパッケージはPerlやPHPなどで扱える正規表現エンジンとは異なるアルゴリズムを利用しているため、性能特性が異なります。Goの正規表現エンジンはPerlやPHPなどの正規表現エンジンでは性能劣化する正規表現でも性能が落ちにくいですが、その代わりPerlやPHPなどの正規表現エンジンで高速に動作する正規表現を高速に処理できません[注5]。実際にWebアプリケーションでよく使われる正規表現はPerlやPHPで高速に扱えることが多く、他の言語のWebアプリケーションで正規表現を使用している処理をGoに移植すると、Goの方が低速になることがよくあります。

Goのstringsパッケージには文字列を処理する関数が豊富に用意されているため、正規表現で実装する前にstringsパッケージの関数で実現できないか検討するとよいでしょう。たとえば、特定の複数の文字を置換したい場合は、strings.NewReplacerをリスト5のように利用できます。

注4　PHPの標準関数のescapeshellcmdは漏れがあることが指摘されています。「PHPのescapeshellcmdの危険性｜徳丸浩の日記」https://blog.tokumaru.org/2011/01/php-escapeshellcmd-is-dangerous.html

注5　PerlやPHPで高速に動作する正規表現を書く方法について知りたい場合、Jeffrey E.F. Friedl著『詳説 正規表現 第3版』オライリー・ジャパン、2008年を参照してください。また、Goの正規表現エンジンの実装についてはregexpパッケージ内に貼られているリンクに詳しく書かれています。「Regular Expression Matching Can Be Simple And Fast」https://swtch.com/~rsc/regexp/regexp1.html

リスト5　strings.NewReplacer の利用

```
r := strings.NewReplacer("<", "&lt;", ">", "&gt;")
fmt.Println(r.Replace("This is <b>HTML</b>!")) // This is &lt;b&gt;HTML&lt;/b&gt;!
```

　ここまでGoにとって不利な話を書きましたが、Goには他の言語では容易にできない実装が比較的容易に行えるメリットがあります。たとえば、PHPはマルチプロセス・シングルスレッドで動作しますが、Goはシングルプロセス・マルチスレッドで動作します。この特徴を利用することで、インメモリキャッシュやgoroutineによる処理のバックグラウンド実行などが、Goでは比較的容易に実装できます。そういった特徴を活用する場合は、Goで実装した方が高速なWebアプリケーションを作成しやすいと言えるでしょう。

　しかし、他の言語でも似たようなアプローチを取ることは可能です。たとえばPHPの場合、7章1節「キャッシュデータ保存に利用されるミドルウェア」で紹介したAPCuを使うことで任意のPHPの変数の値をキャッシュできます。処理のバックグラウンド実行もRubyの場合、Sidekiq[注6]を利用することで、Redisをデータストアとして処理のバックグラウンド実行を実装できます。アーキテクチャの異なるPHPやRubyでも工夫をすればGoと似たような実装ができるので「特定の言語で実装したから速い」とは一概には言えません。

　言語によってさまざまな差がありますが、各サービスの使用している言語やアーキテクチャ上、適切な方法を考えて実装することが高速なWebアプリケーションを提供する上では重要です。

8-2　開発用の設定で冗長なログを出力しない

　ライブラリやフレームワークによっては開発用と本番用の設定があり、開発用の設定ではログを多く出力することがあります。開発中はさまざまなログを見られた方が便利かもしれませんが、実際の運用では大量のログを出力すればファイル書き込みなどが実行されるため、パフォーマンスに影響があります。また開発用の設定では本番環境だと不要な処理が追加されることもあり、フレームワーク全体の処理速度が低下することもあります。

　たとえば、ISUCON11予選問題[注7]の初期実装のGo実装ではデバッグモードが有効になっていました。またログレベルもDEBUGに設定されていたため、本番環境には適さない設定でした。そのため、高速化のためにはリスト6のようにデバッグモードを無効にしたり、ログレベルを変更する必要がありました。

リスト6　デバッグモードの無効、ログレベルを変更

```
func main() {
  e := echo.New()
- e.Debug = true
- e.Logger.SetLevel(log.DEBUG)
+ e.Debug = false
+ e.Logger.SetLevel(log.ERROR)
```

注6　https://github.com/mperham/sidekiq
注7　https://github.com/isucon/isucon11-qualify

　ライブラリやフレームワークによってはデフォルトが開発用の設定になっており、本番環境で動かす場合は設定変更が必要なものもあります。本番環境が開発用の設定で動作していないかどうか、本番環境の運用が始まる前に確認しましょう。

　ミドルウェアも同様です。たとえば、MySQLにはデフォルト無効ですが一般クエリーログ（General Query Log）の設定があり、MySQLクライアントから受け取ったすべてのクエリをログに書き込む設定があります。またスロークエリログで`long_query_time`を0に設定すれば実行時間が0秒以上かかったクエリをログに保存するため、すべてのクエリがログに書き込まれます。必要なログもありますが、必要以上にログを書き込む設定になっていないか確認しましょう。

8-3 | HTTPクライアントの使い方

　最近はAPIを提供する複数のWebアプリケーションを連携させて、1つのWebサービスを提供するマイクロサービスと呼ばれる開発手法も広く使われています。この開発手法を使うと、1つのWebアプリケーションであるマイクロサービス同士の通信が非常に多くなるため、HTTPクライアントの扱い方もパフォーマンス面で非常に重要です。パフォーマンス上、HTTPクライアントの扱い方で確認した方がよい項目は以下のものが挙げられます。

- 同一ホストへのコネクションを使い回す
- 適切なタイムアウトを設定する
- 同一ホストに大量のリクエストを送る場合、対象ホストへのコネクション数の制限を確認する

それぞれ解説していきます。

同一ホストへのコネクションを使い回す

　HTTPクライアントが通信先ホストとのTCPコネクションを使い回せない場合、HTTPリクエストを送信するたびにTCPのハンドシェイクが必要になります。そうなるとサーバー間の必要な通信回数が増えますし、9章8節「Linuxカーネルパラメータ」で紹介するローカルポートを大量に消費します。できる限り、TCPコネクションを使い回した方がパフォーマンスは上がります。

　また、最近のWebサービスは暗号化されていないHTTPではなく、HTTPSなどTLSで暗号化して提供することが非常に一般的です。TLSを使用する場合は暗号通信を開始するため、TCPに加えてTLS上でもどのような設定で暗号通信するかサーバーとクライアント間で決定するために、ハンドシェ

イク処理が必要になります[注8]。このハンドシェイク処理により、TLSセッションを確立することができます。TLSのハンドシェイクでは、サーバーとクライアント間にて数回の通信が行われます。TLSのハンドシェイクや通信はCPUを多く必要とする処理なので、TLSセッションを一度確立したらできる限り使い回すとパフォーマンス面で有利です。

Goの場合、標準パッケージにある`http.Client`の変数を使い回すことで、TCPコネクションとTLSセッションをできる限り使い回すことができます。Goはマルチスレッドで動作する言語のため、通常1つの変数を複数のスレッドから使用する場合は不整合が発生しないか確認する必要があります。しかし、`http.Client`は内部的に対策がされているため、並行に使用しても問題ありません。そのため、`http.Client`の変数を1つ作って、常に使い回すようにプログラムを記述することで、効率のよいプログラムを実装できます。

Goの`http.Get`関数はグローバル変数の`http.DefaultClient`を内部的に使い回しているので、本件については問題ありません。しかし、後述の理由により、`http.DefaultClient`を本番環境で利用することはお勧めしません。

ただし、Goの`http.Client`には他にも注意点があります。Goはレスポンスの Body の Close を忘れるとTCPコネクションが再利用されないため、リスト7のコードのように`res.Body.Close()`を必ず実行するようにします。また、`res.Body.Close()`を実行していても、レスポンスの Body を Read せずに Close すると都度TCPコネクションが切断されます。そのため、リスト7のように`io.ReadAll`などを使ってレスポンスの Body を読み切る必要があります[注9]。こういった細かい注意点があるため、各ライブラリの使い方を調べて、実装したプログラムが想定した挙動をしているか確認するようにしましょう。

リスト7　res.Body.Close()を実行して、レスポンスのBodyを読み切る

```
res, err := http.DefaultClient.Do(req)
if err != nil {
  log.Fatal(err)
}
defer res.Body.Close()

_, err = io.ReadAll(res.Body)
if err != nil {
  log.Fatal(err)
}
```

基本的にこれらのコネクションを保持するのはOSのプロセス単位です。そのため、マルチプロセスで動く言語の場合、1プロセスにつき最低1コネクションを保持して使い回すことになります。た

注8　詳しくは Ivan Ristić 著、齋藤孝道監訳『プロフェッショナルSSL/TLS』ラムダノート社、2020年を参照してください。
注9　「Goでnet/httpを使う時のこまごまとした注意 - Qiita」https://qiita.com/ono_matope/items/60e96c01b43c64ed1d18

だし、PHPの場合、言語仕様上コネクションを1リクエストの処理中でしか使い回すことができません。PHPは外部Webサービスに対して大量のリクエストを送る実装をするには不向きな言語なのです。

しかし、PHPでもこの問題をある程度回避する方法があります。PHPが動いているアプリケーションサーバーと同じサーバー上や、同じデータセンター内などネットワーク上近いところでHTTPプロキシサーバーを立てて、HTTPプロキシサーバーが外部WebサービスとのTCPコネクション・TLSセッションを保持する構成にすることです。HTTPプロキシサーバーがTLSの復号化をすれば、HTTPプロキシサーバーとPHPの間は暗号化をせずに通信できます。

図1　HTTPプロキシサーバーを利用してPHPで外部Webサービスとのコネクションを使い回す構成

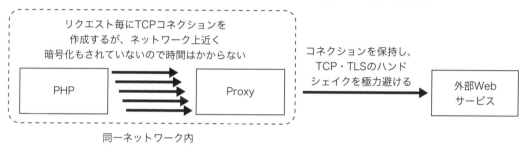

この構成を利用してもPHPとHTTPプロキシサーバーの間の通信でTCPコネクションが保持されないことに変わりはありませんが、PHPとHTTPプロキシサーバー間はネットワーク上、近くにあるのでTCPコネクションを生成するのにほとんど時間はかかりません（図1）。また暗号化がされていない通信なので、TLSのハンドシェイクは不要です。時間がかかる外部WebサービスとのTCPとTLSのハンドシェイクの回数をHTTPプロキシサーバーが最低限にします。実際にこの構成にするためのソフトウェアも存在[注10]しています。

■ 適切なタイムアウトを設定する

外部Webサービスへの通信は常に成功するとは限りません。障害が起こりうることを意識する必要があります。タイムアウトが設定されていなかったり、設定されていても非常に長い設定になっていれば、外部Webサービスが障害になりレスポンスが返ってこなくなった時に、Webアプリケーションサーバーの1リクエストの処理にかかる時間が非常に長くなってしまいます。そうなるとWebアプリケーションサーバー上で処理中のリクエストが大量に溜まり、高負荷になることがあります。そのため、安定したWebサービスを提供するには適切なタイムアウトの設定が必須です。

Goの`http.Client`のデフォルトはタイムアウトが設定されておらず、レスポンスが返ってくるまで無限に待ってしまいます。リスト8のように、必ずTimeoutを指定しましょう。先程紹介した`http.`

注10　本書の著者の1人である長野雅広氏が公開している、https://github.com/kazeburo/chocon が代表的です。Goで実装されています。

DefaultClient には、Timeout が設定されていません。内部的に http.DefaultClient を使用する http.Get 関数にも Timeout が設定されていないため、本番環境で利用することはお勧めしません。Timeout を指定した http.Client を用意して、そちらを使用する方がよいでしょう。

リスト8　Timeout を指定する

```
hClient := http.Client{
  Timeout: 5 * time.Second,
}
```

　PHP は HTTP などを扱える著名なライブラリである libcurl がサポートされているので、cURL 関数が利用できます。cURL 関数を利用する場合は cURL 関数の実行にかけられる時間の最大値を設定できる CURLOPT_TIMEOUT の他に CURLOPT_CONNECTTIMEOUT という接続の試行を待ち続ける秒数を指定する設定があります。両方共指定する必要があるので忘れないようにしましょう。PHP の主要な HTTP クライアントのライブラリも内部では cURL 関数を使用していることが多いため、ドキュメントをよく確認して必要な設定を確認しましょう。

　また、リクエストの特性によってタイムアウトの値を分けることも有効です。たとえば、データの更新をしない GET リクエストは短めのタイムアウトを設定し、データの更新をする POST リクエストは長めのタイムアウトを設定するなどです。一般的にデータの更新をしないリクエストの方が多いので、十分効果が期待できます。

▌同一ホストに大量のリクエストを送る場合、対象ホストへのコネクション数の制限を確認する

　ライブラリやネットワークのシステムによっては外部 Web サービスへ負荷をかけにくいようにしたいなどの理由で、対象ホストへのコネクション数が制限されていることがあります。そのため同一ホストに大量のリクエストを送る場合、ドキュメントを確認して、制限がどうなっているか確認する必要があります。Go の http.Client の場合、同一ホストへのコネクション数のデフォルト値は http.DefaultMaxIdleConnsPerHost の 2 に制限されています。

　この設定を変えたい場合は http.Client の内部で保持している http.Transport の設定を変更します。それに合わせて http.Transport の中で確認した方が良い他の設定をリスト 9 で紹介します。

リスト9　http.Transport で確認した方が良い設定

```
hClient := http.Client{
  Timeout:   5 * time.Second,
  Transport: &http.Transport{
    MaxIdleConns:       500,
```

```
    MaxIdleConnsPerHost: 200,
    IdleConnTimeout:     120 * time.Second,
  },
}
```

　MaxIdleConnsPerHostが先程紹介した同一ホストへのコネクション数の設定でデフォルトは2になっています。MaxIdleConnsは通信している全体で保持できるコネクション数の上限でデフォルト値は100です。IdleConnTimeoutは通信していない（アイドル状態）コネクションをいつまで保持するかの設定でデフォルト値は90秒です。Webサービスの性質によっても適切な設定は異なる可能性があるため、リクエストを送る側とリクエストを受ける外部のWebサービス側双方がどの程度の負荷に耐えられるかなどを調べて適切な設定をする必要があります。

8-4 静的ファイル配信をリバースプロキシから直接配信する

　private-isuでは画像データがMySQLに保存されており、画像をアプリケーションから配信しています。この処理には、以下の問題があります。

- MySQLから大きなデータを読み込むのでMySQLのメモリやネットワーク帯域などが逼迫する
- 画像データをアプリケーションサーバーに読み込ませる必要があるため、アプリケーションサーバーのメモリにも画像データを乗せる必要がある
- nginxに画像データを配信しきるまでアプリケーションサーバーは処理し続ける必要がある

　今回のアプリケーションの場合、アップロードされた画像を編集する機能はありませんし、認証する機能もありません。そのため、画像データをあらかじめファイルとして保存しておき、nginxから直接配信すればMySQLとアプリケーションサーバーの処理を省けます。6章3節「nginxとは」で紹介したように静的ファイルの配信は、アプリケーションを経由せずにnginxで直接配信することがお勧めです。今回のユーザー投稿の画像も、静的ファイルとして書き出してnginxから直接配信するとアプリケーションの負荷が下がり、スコアが上がります。

　アプリケーション上では拡張子からContent-Typeを付与する処理が存在していますが、nginxの場合はファイルの拡張子から/etc/mime.typesファイルの内容に従ってContent-Typeを付与します。たとえばファイルの拡張子がpngの場合、Content-Typeはimage/pngが付与されます。よって、ファイルの拡張子を適切につけることでContent-Typeを付与する処理は行えるので、nginxで実装する必要はありません。

　すべての画像ファイルを用意するのは時間がかかるので、nginxのtry_filesという設定を活用で

8

押さえておきたい高速化手法

きます。try_filesはパラメータに指定したファイルパスを前から順番にチェックし、ファイルがあればそのファイルの内容をレスポンスとして返し、どのファイルも存在しなかった場合は最後に指定した転送先URIへ内部リダイレクトを行う設定です。この設定を利用することで画像ファイルがあれば画像ファイルをそのままレスポンスとして返し、ファイルがなければアプリケーションサーバーにリクエストを送ってくれます。

なので、たとえばnginx上でリスト10のような設定をして、画像ファイルは /home/isucon/ private_isu/webapp/public/image/ ディレクトリ上に配置すれば画像ファイルがすべて用意できていなくてもアプリケーションは正常に動きます。try_filesは、Ruby on Railsなどでもよく使われる設定です。動作は分かりにくいですが、使いこなすと便利です。

リスト10　/home/isucon/private_isu/webapp/public/image/ ディレクトリ上に画像ファイルを配置する

```
server {
  # 省略
  location /image/ {
    root /home/isucon/private_isu/webapp/public/;
    try_files $uri @app;
  }

  location @app {
    proxy_pass http://localhost:8080;
  }
}
```

今回の問題では関係ありませんが、画像を配信する際にアプリケーションでの認証を要求したい場合はどうでしょうか。たとえば、nginxではX-Accel-Redirectという特殊なヘッダーを使用できます。アプリケーション上で認証した後、アプリケーションからX-Accel-Redirectヘッダーを返すことで、nginx内で別のpathに内部リダイレクトを行うことができます。このヘッダーを利用することでアプリケーションサーバーから直接ファイルを配信せずに、nginxからファイルを配信する構成にできます。6章で説明した通り、アプリケーションサーバーが大きなサイズのファイルを直接配信することはパフォーマンス上避ける必要があります。認証が必要なファイルを配信する場合はX-Accel-Redirectヘッダーを活用することで、アプリケーションサーバーから大きなサイズのファイル配信を避けるとよいでしょう。

なお、アプリケーションの仕様に画像ファイルの変更が含まれる場合は、URLも同時に変更することを考えましょう。次節で紹介するように画像ファイルはCDNなどのキャッシュで返すことも多いですし、ブラウザ上でキャッシュを有効にするのが普通です。キャッシュを有効にしていて配信する画像を変更したい場合、キャッシュに関係する適切なヘッダーを返しつつ、CDNのキャッシュも削除をする必要があります。CDN事業者によってはCDNのキャッシュを削除するのに時間がかかることもありますし、クライアント側のキャッシュを削除することは基本的にできないと考える必要があります。画像ファイルを変更する場合は、URLも同時に変更する仕様にすることをお勧めします。

クエリ文字列を使用して、クライアント側のキャッシュを無効にする

ファイル名を変更できない場合にキャッシュを無効にする手法として、クエリ文字列に日付や何らかの文字列を付与することもよく使われます（`app.js?v=random_string`のようなURLのことです）。ブラウザはクエリ文字列も含めたURLが一致しているかどうかで、キャッシュを使えるか判定しています。クエリ文字列を付与することで、クライアント側のキャッシュが意図せず使われることを避けることができます。

後ほど紹介しますが、CDNやリバースプロキシ上でコンテンツをキャッシュできます。その場合、同一のキャッシュを利用できるかをどう判定するかは設定によります。nginxは`proxy_cache_key`の設定で判定しています。デフォルトでは`$scheme$proxy_host$request_uri`という設定で、`$request_uri`にはクエリ文字列も含まれるため、URLスキームとクエリ文字列を含めたURL全体をキャッシュのキーとして利用します。つまり、クエリ文字列を付与することでnginx上も別のキャッシュとなります。なので、クエリ文字列を付与することでクライアント側・サーバー側の両方のキャッシュを無効にできます。この手法はキャッシュバスターと呼ばれることがあります。この手法で気をつけることは、以下の3点です。

- サーバーのキャッシュキーにクエリ文字列が含まれている
- ファイルが変更されたら必ずクエリ文字列に渡す値を更新する
- ファイルが変更されていないなら同じクエリ文字列を使い続けることでキャッシュの更新を最低限にする

なお、クエリ文字列に渡す値が推測可能なら、外部の人間がサーバー側のキャッシュを作成する可能性があります。またデプロイ方法に問題がある場合、デプロイタイミングによって古いファイルを配信するサーバーと新しいファイルを配信するサーバーが混在することがあります。この状態でクエリ文字列に渡す値が更新されると、古いファイルがキャッシュされてしまうことがあります。CDNやリバースプロキシが想定外のキャッシュを持ちうることを想定して、システム構成を考える必要があります。

8-5 HTTPヘッダーを活用してクライアント側にキャッシュさせる

画像ファイルやCSS・JavaScriptのファイルなどは更新頻度が低く、かつ同じコンテンツを何回も参照することがあります。参照する度にコンテンツをダウンロードするのはリソースの無駄ですし、パフォーマンス上もよくありません。

こういった場合にCache-Controlヘッダーを活用すれば、無駄な通信が発生しないWebサービスを構築できます。Cache-Controlヘッダーは非常に機能が多く、複雑です。今回、紹介するのは本当にごく一部の機能なので、詳しく知りたい方は田中祥平著『Web配信の技術 ―HTTPキャッシュ・リバースプロキシ・CDNを活用する』技術評論社、2021年を参照してください。後ほど簡単に紹介するCDNについても、こちらの本で学ぶことができます。

サーバーで配信しているファイルがブラウザなどのクライアントが保持しているコンテンツと同一

のものか判定するために「HTTP条件付きリクエスト」と呼ばれるリクエストが存在しています（図2）。ブラウザやnginxなど数多くのソフトウェアが対応しているため、適切な設定をすることで利用できます。

図2　HTTP条件付きリクエスト

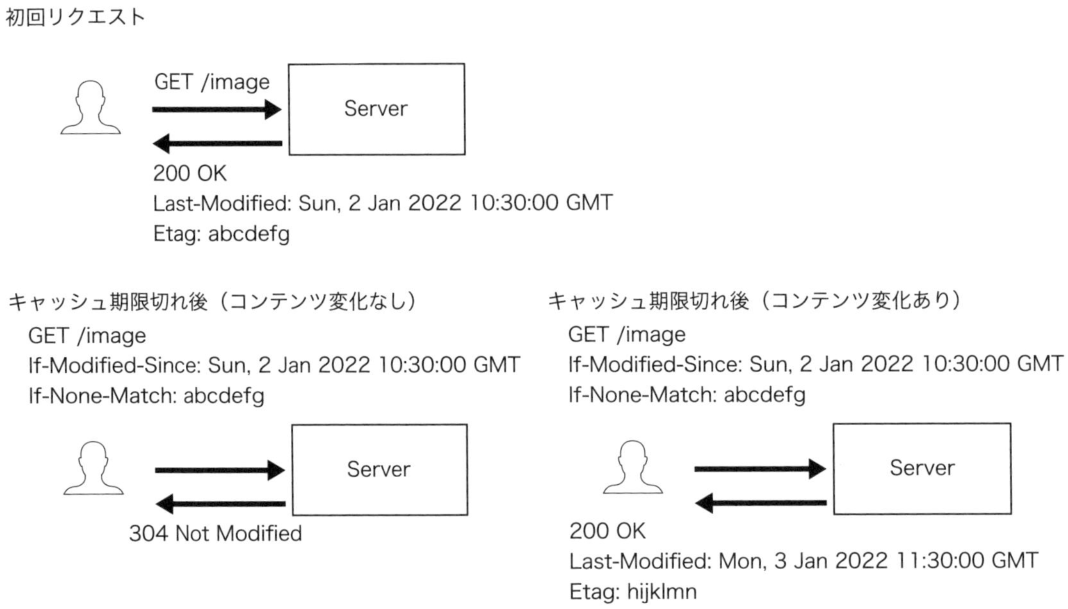
初回リクエスト
GET /image
Server
200 OK
Last-Modified: Sun, 2 Jan 2022 10:30:00 GMT
Etag: abcdefg
キャッシュ期限切れ後（コンテンツ変化なし）
GET /image
If-Modified-Since: Sun, 2 Jan 2022 10:30:00 GMT
If-None-Match: abcdefg
Server
304 Not Modified
キャッシュ期限切れ後（コンテンツ変化あり）
GET /image
If-Modified-Since: Sun, 2 Jan 2022 10:30:00 GMT
If-None-Match: abcdefg
Server
200 OK
Last-Modified: Mon, 3 Jan 2022 11:30:00 GMT
Etag: hijklmn

HTTP条件付きリクエストは、以下のような動作です。

- 初回もしくはキャッシュが存在しない場合、リクエストは通常通り送る
  - レスポンスとして`Last-Modified`・`ETag`ヘッダーのいずれかもしくは両方が返ってくるのでブラウザはその値を保存しておく
  - `Last-Modified`には最終更新時刻が、`ETag`にはリソース固有のユニークな文字列が入っている
- キャッシュが期限切れをした後のリクエストでは、リクエストのヘッダーとして`If-Modified-Since`・`If-None-Match`ヘッダーを付与する
  - `If-Modified-Since`ヘッダーには保存しておいた`Last-Modified`、`If-None-Match`ヘッダーには保存しておいた`ETag`ヘッダーの内容をそれぞれ付与する
  - コンテンツに変化がなければ、レスポンスとしてレスポンスボディは空で、HTTPのレスポンスステータスコードとして`304 NOT MODIFIED`を返す
  - コンテンツに変化があれば、レスポンスとして新しいコンテンツデータと更新された`Last-Modified`・`ETag`ヘッダーをそれぞれ返す

このキャッシュをそれぞれのシステムがいつまで有効かを記述できるHTTPヘッダーが`Cache-`

Controlヘッダーです。たとえば、`Cache-Control: max-age=86400`というヘッダーを返せば、86400秒＝24時間＝1日キャッシュが有効になります。どれくらいの期間を指定するかはサービスの特性にもよりますが、静的ファイルは基本的にコンテンツに変更が入りませんし、1年以上の大きな数値を指定しているサービスもよく見ます。極端に大きい値でなければ、1年以上の数値を指定しても特に問題はないでしょう。Cache-Controlヘッダーでキャッシュを使用している静的ファイルを変更する場合、ファイル名を変更するか、コラムで紹介した通りクエリ文字列を利用して古いファイルが利用されないようにします。

　`304 NOT MODIFIED`のレスポンスはレスポンスボディを空にできるため、実際にファイルを配信する時に比べると転送量を大幅に減らせます。たとえば、private-isuでは画像を全てファイルに書き込んだ後であれば、リスト11のような設定をすることでHTTP条件付きリクエストを使用でき、かつCache-Controlヘッダーをレスポンスに含むことができます。

リスト11　Cache-Controlヘッダーをレスポンスに含む設定

```
server {
  # 省略
  location /image/ {
    root /home/isucon/private_isu/webapp/public/;
    expires 1d;
  }
```

`expires 1d;`と設定をすることで`Cache-Control: max-age=86400`というヘッダーを返すので、各クライアントが1日間キャッシュを保持できます。実際にHTTP条件付きリクエストを活用するには`Last-Modified`・`ETag`ヘッダーのどちらかが必要です。nginxでファイルを配信する場合、`Last-Modified`ヘッダーはファイルの更新時刻（mtime）から、`ETag`ヘッダーはファイルの更新時刻とファイルサイズから計算して自動で付与されます。そのため、`expires`の設定をすることでHTTP条件付きリクエストを使用できます。

　private-isuのベンチマーカーは今回解説したHTTP条件付きリクエストに対応しているため、今回解説した手法でスコアを上げることができます。実際のWebサービスでも設定を忘れているサービスを見ることがありますが、非常に効果の大きい最適化なので設定されているか必ず確認しましょう。

　既に紹介したように、Cache-Controlヘッダーは他にもさまざまな機能があり複雑です。次節で紹介するProxyやCDNなど経路上のキャッシュに関する設定もあります。その複雑さ故に、実際のソフトウェアがすべてのCache-Controlヘッダーの機能を仕様通りに実装していると期待できません。private-isuのベンチマーカーもすべてのCache-Controlヘッダーの機能を実装していません。Cache-Controlヘッダーを実際に利用する場合は仕様をよく調べたり、想定通りに動くか実際に確認してから利用することをお勧めします。

　実際に画像などの静的ファイルの配信サーバーを運用する場合の注意点を紹介します。配信サーバーが1台だけではそのサーバーに障害があったときに配信できなくなってしまうので、複数台構成である必要があります。その場合、サーバーによって異なるLast-Modified・ETagヘッダーを返すようになっているとクライアントが適切にキャッシュを利用できません。nginxでファイルを配信する場合は既に紹介した通り、ファイルの更新時刻が同じなら同じLast-Modifiedヘッダーが、ファイルの更新時刻とファイルサイズが同じなら同じETagヘッダーの値が生成できます。同じファイルならファイルサイズは同じはずなので、ファイルの更新時刻が同じであれば同じETagを生成できます。ETagを有効にする場合は、複数のサーバー全台で同じETagをレスポンスとして返せるか必ず確認しましょう。

　ファイル更新時刻をサーバー間で合わせたい場合、rsyncコマンドを利用できます。rsyncコマンドはローカルのファイルをリモートにコピーしたり、逆にリモートのファイルをローカルにコピーしたりしたいときなどに利用できるコマンドです。ファイル更新時刻をサーバー間で同期したい場合、-tオプションを付与する必要があります。-aオプションに-tオプションが含まれるので、-aオプションでも同じ機能を利用できます。

　そもそもLast-Modified・ETagヘッダーは、どちらか片方が存在すれば十分です。紛らわしいので、Last-Modifiedヘッダーのみを有効にして、ETagヘッダーを無効にしてもよいと筆者は考えています。nginxの場合、etag off;とすることで無効にできます（デフォルト有効）。

　このようにサーバーで配信する場合はいくつか考慮することがありますが、転送量を減らせるのでパフォーマンスへの寄与は大きいです。設定を忘れていないか、ぜひ確認してみましょう。

8-6 ┃ CDN上にHTTPレスポンスをキャッシュする

　前章で紹介したキャッシュはアプリケーション上の実装を工夫する手法でしたが、HTTPレスポンス自体をCDNなどでキャッシュしてアプリケーションサーバーへのリクエスト数を減らす方法もあります。まずはCDNについて紹介をして、その後にCDNやProxyを活用してキャッシュさせる方法を紹介します。

▋CDNで世界中どこからアクセスしても高速なサービスを提供する

　CDNについて簡単に紹介します。日本のデータセンター内のサーバーからコンテンツを配信しているとします。そのコンテンツの配信を（たとえばテレビCMを打つなどの理由で）突然大量に配信する必要が出たとします。データセンターでは契約している接続帯域以上の通信をすることは基本的にできませんし、突然増やすことも難しいことがほとんどです。接続帯域を増やすことができたとしても、お金がかなりかかるはずです。

　また、日本国外からのアクセスを考えてみます。日本のデータセンターから国外への配信は、必ず海底ケーブルを通ります。海底ケーブルを通れば物理的な距離もありますし、国によっては海底ケーブルの陸揚げ局の帯域が狭く、途中でパケットがロストしてしまい、パケットの再送が必要になることもあります。日本国外からのアクセスを考慮すれば、日本のデータセンターからコンテンツを配信するだけでは安定性・パフォーマンス面どちらも期待することは難しいです。

　CDNを提供しているCDN事業者は世界中に高品質なネットワークを保有しており、クライアントから近くにある（距離だけでなく、ネットワーク的に安定している）エッジサーバーも保有しています。CDNを利用することでクライアントはまず近くにあるエッジサーバーと通信をし、その後はCDN事業者が保有する安定したネットワークを通ってコンテンツにアクセスできます。またクライアントとエッジサーバーの配信経路の最適化も行っているため、安定性やパフォーマンス面も期待できます。課金体系も従量課金の事業者が多いです。そのため、突然通信が増えたとしても、従量課金分の料金を払うだけで大丈夫なことがほとんどです。

　日本は国土が狭いことと、高品質なネットワークが全国に張り巡らされているため、日本国内からのアクセスのみを考慮するなら、日本国内のデータセンターからの配信で困らないかもしれません。しかし、非常に国土が広い国の場合はエッジサーバーを提供できるCDNを利用することが事実上必須なこともあります。それ以外にもさまざまな機能が使えるため、CDN導入を前提にWebサービスを設計することも最近は多いです。以下にCDNの機能の一部を挙げます。

- 柔軟なキャッシュ設定
  - ・エッジサーバーでキャッシュをすれば高速にレスポンスをクライアントに返せる
- アクセスログなどのログ保存
- HTTPのリクエスト・レスポンスの書き換え
- DDoS対策
  - ・大量のリクエストやトラフィックをWebサービスに送ることでWebサービスを提供できなくする攻撃を防ぐ
- Web Application Firewall
  - ・攻撃と思われる悪意のあるリクエストを遮断したり、ログを取得する機能

　CDNはサービスが開始された当初においては静的コンテンツの配信用途で使われていました。しかし、現在ではWebの高速化と安全性を高める多様な機能を備えるようになっています。これまでの経緯からCDNはキャッシュを前提に使うものだと考えられることもありますが、キャッシュを利用しなくても十分利用するメリットがあります。詳しい機能は各CDNのドキュメントなどを参照してください。代表的なCDNにAkamai・Fastly・Cloudflare・Amazon CloudFront・Google Cloud CDNなどがあります。

押さえておきたい高速化手法

Cache-Controlを活用してCDNやProxy上にキャッシュさせる

前節で紹介した通り、Cache-Controlヘッダーには ProxyやCDNなど経路上のキャッシュに関する設定も行えます。また、CDN上で利用できる CDN-Cache-Controlヘッダーも策定中[注11]です。この手法を利用するメリットは、以下のものです。

- クライアントから近いCDNのエッジからレスポンスを直接返せるため、最速でレスポンスを返せる
- アプリケーションサーバーのリクエストを減らせるのでインフラコストを下げられる

デメリットは以下のものが挙げられます。

- CDNの挙動に対して詳しくなければキャッシュしてはいけないレスポンスをキャッシュするなどの事故を起こしやすい
- アプリケーションの設計をキャッシュが活用しやすい設計にする必要があるので難易度が高い

CDNの挙動は各社のサービスにより異なるので、利用するCDNのサービスのドキュメントをよく確認してください。キャッシュの設定はリバースプロキシ上でも行えるため、今回はnginxの挙動について簡単に紹介します。データセンター内にコンテンツ配信サーバーをnginxで構築する際にも使えますし、CDNの挙動を理解する上でも参考になります。

nginxは proxy_cache を利用することでレスポンスをキャッシュできます。デフォルトではキャッシュすることが危ないレスポンスは、極力キャッシュしないような設定になっています。たとえば、proxy_cache_methods でキャッシュを使うHTTPメソッドを指定できます。デフォルトは、GETとHEADが指定されています。設定を変更できますが、デフォルトではPOSTメソッドはキャッシュされません。

また、Set-Cookieヘッダーが含まれているレスポンスは、デフォルトではキャッシュしません。proxy_ignore_headers を利用することでこの挙動は変更できますが、nginx上でキャッシュできるレスポンスは各ユーザー固有のレスポンスではないはずです。各ユーザー固有のレスポンスでないならば、Set-Cookieヘッダーは不要のはずです。もしSet-Cookieヘッダーが含まれているなら、アプリケーション側を修正してSet-Cookieヘッダーを返さないようにした方がよいでしょう。

このようにいくつかの条件を満たしていれば、Cache-Controlヘッダーの内容を確認して、Cache-Controlヘッダーに指定された時間、nginxにコンテンツをキャッシュさせることができます。

今回はnginxの挙動について紹介しましたが、何をキャッシュできると見なすかはCDNにより異なります。またデフォルトでは、キャッシュできない設定になっているレスポンスを設定次第でキャッ

注11　策定中の仕様のため、利用する場合は必ず最新の仕様と利用するCDNの状況を確認してください。https://datatracker.ietf.org/doc/html/draft-cdn-control-header-01

シュさせることができるCDNもあります。しかし、このような設定は危険度が高い設定になるので使用する場合は本当に必要か考えてから設定しましょう。このようにHTTPのレスポンス自体をキャッシュする手法は効果が大きいですが、実際に行うには考慮することが多くあります。システムも複雑になるため利用するかどうかはよく考えてから利用してください。

クラウド事業者のオブジェクトストレージサービスを利用する

　本章ではnginxを使って直接コンテンツを配信する方法を中心に解説しましたが、最近はAmazon S3（以下、S3）やGoogle Cloud Storage（以下、GCS）のようなオブジェクトストレージサービスを利用してファイルを配信をすることが多いと思います。その場合、今回解説した内容を理解している必要はあるのでしょうか。

　答えはYesです。クラウド事業者によって仕様が異なるため一概には言えませんが、以下の内容を確認します。

- Content-Typeはどう決まるのか
- gzip圧縮できるコンテンツの場合、gzip圧縮されているか
- Cache-Controlヘッダーの設定はどうするのか
- CDNを前段に入れる場合、gzip圧縮やCache-Control周りがそれぞれどう動くのか

　多くのオブジェクトストレージサービスはアップロード時に指定したContent-Typeを保存します。GCSの標準ツールであるgsutilやS3の標準ツールであるAWS CLIは拡張子からContent-Typeを類推して付与する機能がありますが、オプションによります。またAPIを使ってアップロードした場合は、都度Content-Typeを付与する必要があります。

　なお、ブラウザはMIME Sniffingと呼ばれる仕様により、コンテンツの中身や拡張子などを元にContent-Typeを類推する仕様があるため、Content-Typeが間違っていても正しく動いているように見えることがあります。しかし、HTTPのレスポンスとしては誤っているため避ける必要があります。また、このMIME Sniffingはセキュリティ上の問題も指摘されているので、X-Content-Type-Options: nosniffというヘッダーを付与して常に無効にする方がよいでしょう。詳しくは、米内貴志著『Webブラウザセキュリティ ― Webアプリケーションの安全性を支える仕組みを整理する』ラムダノート社、2021年を参照してください。

　gzip圧縮はオブジェクトストレージサービス側が自動でやってくれることは少なく、特殊な設定をする必要があることも多いです。オブジェクトストレージサービスから直接ユーザーに配信はせずに、CDNでコンテンツの配信をすることが多いため、オブジェクトストレージサービスではなくCDN側で圧縮するという手段もあります。ただし、6章5節「nginxによる転送時のデータ圧縮」で紹介した通り、JPEGやPNGなどの画像は既に圧縮されているファイル形式のため、二重に圧縮しないように気をつけましょう。

　Cache-Controlヘッダーも都度設定する必要があります。この設定を忘れているサービスが散見されますが、CDN・ブラウザ共にキャッシュができなくなる可能性があるので必ず確認しましょう。またGCSはCDNの機能も持っているため、GCS自体がCache-Controlヘッダーを解釈します。GCSで直接配信するな

ら便利ですが、CDNを前段に入れる場合はGCSと利用するCDNの仕様[注12]をよく確認しましょう。以上のように、クラウド事業者のオブジェクトストレージサービスを利用する場合でもここまで解説した内容を理解した上で利用する必要があります。

8-7 | まとめ

　本章では、以下のことを学びました。さまざまな内容がありますが、実際のサービス運用で重要な内容が多いので、ぜひ理解して活用してください。

- アプリケーションから外部コマンドを呼び出すデメリット
- デバッグモードで冗長なログを出力しない
- HTTPクライアントの適切な扱い方
- 静的ファイル配信をする際の注意点
- Cache-Controlヘッダーの活用方法
- CDNの利用

Chapter 9

OSの基礎知識とチューニング

　Webサービスを提供する上では意識することが少ないかもしれませんが、アプリケーションやデータベースは必ず物理的なハードウェアリソースを利用して動作しています。これらのハードウェアリソースは、LinuxなどのOSが提供するインターフェースを介して操作します。OSの役割はこのようなレイヤー構造を提供することで、どのようなハードウェアを利用するかを意識することなく、アプリケーションを実装できるようにすることです。OSの動作について学び、アプリケーションやデータベースがなぜ遅くなっているかについての解像度を高めることでチューニングがより確実に進められるでしょう。

　本章ではLinuxをメインターゲットとして扱い、前半ではLinuxにおいてどのような高速化の取り組みが行われているかを紹介し、後半では具体的に遭遇することの多いトラブルとそれに対するチューニングテクニックについて紹介します。

9-1　流れを見極める

　OSのような低いレイヤーは普段Webアプリケーションの開発を主務としている方にとっては「とっつきづらい」「難しそう」という印象を持つ方もいるかもしれません。しかし、チューニングを行うという観点においてはWebアプリケーションに対する取り組み方と大きな違いはありません。自らが実装した挙動がどのような流れで処理を行っていて、その過程のどこにボトルネックがあるかを見つけ出し、ボトルネックを解消するという流れをとります。ボトルネックの解消のためには枯渇しているリソースの利用を抑えたり、利用効率を上げたりするという点においても同じです。

　ただし、OSのソースコードを書き換えた上で手軽にデプロイといった作業は、あまり採用されません[注1]。Linuxではコードを書き換えずともカーネルの挙動を変える機能として**カーネルパラメータ**が存在します。これらの設定を変更することで、だいたいのユースケースには対応できます。カーネルパラメータを利用することでLinuxのビルドをせずとも挙動を変更できるため、まずはこちらの変更を行いチューニングします。多くの処理を行っているOSレイヤーであるからこそ、どのようなパラメータが存在し、どの処理の挙動が変わるのかを把握しておきましょう。

9-2　Linux Kernelの基礎知識

　Linuxは、OSとしてのコア機能をLinux Kernelと呼ばれるソフトウェアが担っています。OS上で動作するアプリケーションは**システムコール**と呼ばれる命令を用いてLinux Kernelの機能を利用しています。このようにアプリケーションとOSのコア部分の間にインターフェースを設けて実装を分割することで、さまざまなハードウェアごとの違いなど、OS上で動作するアプリケーションがOS以下

注1　もちろん必要であれば、パッチを当てたOSをサービスで利用することはあります。

のレイヤーにおける違いを意識することなく利用できるようになっています。

　通常、WebアプリケーションなどをLinux上で動作させる場合、アプリケーションがネットワーク通信やストレージへの読み書きを行うことは多くあるでしょう。これらの操作は最終的にネットワーク通信であればNIC（Network Interface Card）、ストレージへの読み書きであればHDD、SATA SSD、NVMe SSDなどの大容量記録デバイスなどのハードウェアを用いて行います。動作するハードウェアは時代によって変遷を遂げており、さまざまな製品が日々登場しています。製品によっては利用方法に違いが発生することもありますが、どんな製品を利用していても、アプリケーションの実装を変更せずに済んでいるのはOSによる恩恵です。

　straceコマンドを用いることで、コマンドを実行する際に利用しているシステムコールを見ることができます。日常的に実行しているコマンドも、多くのシステムコールを用いてOSとのやり取りが実現されていることが分かります。次に、lsコマンドを実行した際のstraceコマンドの結果を示します。

```
# log.txtというファイルのみがカレントディレクトリに存在する環境
$ ls
log.txt

# straceコマンドの引数としてlsコマンドを指定して、lsコマンドが利用しているシステムコールを表示する
$ strace ls
execve("/usr/bin/ls", ["ls"], 0x7fffd8cc9680 /* 26 vars */) = 0
brk(NULL)                               = 0x563beabe8000
arch_prctl(0x3001 /* ARCH_??? */, 0x7ffe6a801060) = -1 EINVAL (Invalid argument)
access("/etc/ld.so.preload", R_OK)      = -1 ENOENT (No such file or directory)
openat(AT_FDCWD, "/etc/ld.so.cache", O_RDONLY|O_CLOEXEC) = 3
fstat(3, {st_mode=S_IFREG|0644, st_size=23216, ...}) = 0
mmap(NULL, 23216, PROT_READ, MAP_PRIVATE, 3, 0) = 0x7f020943c000
close(3)                                = 0
openat(AT_FDCWD, "/lib/x86_64-linux-gnu/libselinux.so.1", O_RDONLY|O_CLOEXEC) = 3

(中略)

close(2)                                = 0
exit_group(0)                           = ?
+++ exited with 0 +++

# strace ls コマンドで表示される出力の行数を数える
# 最終行に exited with 0 の表示があるため、実行されたシステムコールは166個であることがわかる
$ strace ls 2>&1 | wc -l
167
```

　システムコールの一例として、open(2)を紹介します。これはLinuxにおいてアプリケーションから取り扱うためのファイルを開いたり、作成したりするシステムコールです。open(2)のman pagesよりC言語ライブラリにおける利用例を引用します。

```
$ man 2 open
OPEN(2)                              Linux Programmer's Manual                              OPEN(2)

NAME
      open, openat, creat - open and possibly create a file

SYNOPSIS
      #include <sys/types.h>
      #include <sys/stat.h>
      #include <fcntl.h>

      int open(const char *pathname, int flags);
      int open(const char *pathname, int flags, mode_t mode);
<以下略>
```

　open()関数は開きたいファイルパス（pathname）、開くためのフラグ（flags）、開く際の挙動を指定するモード（mode_t）を引数に持ちます。

　フラグ（flags）は、そのファイルを読み込みだけ（O_RDONLY）か、書き込みだけ（O_WRONLY）か、読み書きどちらも行う（O_RDWR）かの指定を行います。モード（mode_t）は、ファイルに書き込む際にファイルの最後から追記を行う（O_APPEND）モードや、ファイルが存在しなかった場合に開く前に作成する（O_CREAT）モード[注2]などがあります。どの引数においても、読み書きするファイルがどのようなハードウェアで書き込まれていて、どのようなファイルシステム上で読み書きが行われるのかを指定するものはありません。これはシステムコールを用いることにより、ハードウェアやOSレイヤーのシステムを隠蔽していることによる恩恵です。

　これらの隠蔽されたシステムコールを境界線として、Linux Kernel側を**カーネル空間**（カーネルランド）、システムコールを利用するLinux OS上のアプリケーションが動作する部分を**ユーザ空間**（ユーザランド）と呼びます（図1）。カーネル空間で処理が完結する場合は、ユーザ空間と比較してオーバヘッドが少なく、より高速に動作する傾向にあります。そのため、ミドルウェアなど速度が要求されるアプリケーションは直接カーネル空間で処理を行うよう実装する例も多くあります。

図1　ユーザ空間とカーネル空間の関係図

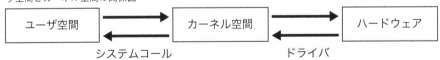

　C言語でのライブラリ実装について紹介しましたが、他のプログラミング言語においてもフラグやモードを参考にファイルを開く関数を実装している例があります。Goの**os.OpenFile()**関数やRubyの

注2　O_CREATEの打ち間違いではなく、O_CREATというフラグが存在します。これはUNIXにおける有名な打ち間違いです。Goにおいては O_CREATE となっており、O_CREAT と打ち間違えた本人によって修正されています。コミットログにもその旨が記載されています。https://github.com/golang/go/commit/c90d392ce3d3203e0c32b3f98d1e68c4c2b4c49b

Kernel.#open()などは引数にフラグやモードをとります。これらのファイルオープンフラグやモードは、C言語ライブラリにおけるものを参考にされており、同じ考え方を適用することができます。ファイルを読み込むだけで良いユースケースであれば、書き込む用のファイルオープンを行わないことで効率的にファイルを取り扱えます。Webアプリケーションの開発においても、システムコールを始めとするLinux Kernelの知識は大きく役立ちます。

open(2)の(2)って何？

　本書を始めとしてopen(2)など、文字列の後ろに数字を括弧で囲う表記がしばしば見られます。これはLinuxにおけるマニュアル、Linux man pagesの章番号を指しています。これらは、「The Linux man-pages project」（https://www.kernel.org/doc/man-pages/）によって管理されています。

　openという文字列を用いているLinux関連のシステムは多く存在しています。それぞれの指し示すものを確定させるために章番号を付けて表記することがあります。たとえば、open(1)はopenという指定されているアプリケーションでファイルを開くコマンドを指します。前述したとおり、open(2)はopenと呼ばれるシステムコールを指します。

　「The Linux man-pages project」では、章番号とその内容についての対応を定めています。一部抜粋し、翻訳したものを表1に示します。全文に関しては「The Linux man-pages project」のサイトを確認してください。

表1　「The Linux man-pages project」の章番号と内容の対応

章番号	概要
1	Linux上のユーザが実行できるコマンド
2	システムコール
3	C言語で実装されたライブラリ
8	Linux上の管理者権限を持ったユーザが実行できるコマンド

　全てのプログラムがこの章番号の仕様に沿っているわけではありませんが、概ねこの章番号どおりにマニュアルが整備されています。

　LinuxやmacOSなどでは、manコマンドによってマニュアルを見ることができます。次に、manコマンドのマニュアルを見るコマンド（つまり、man(1)）を示します。

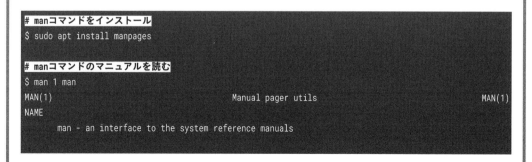

```
# manコマンドをインストール
$ sudo apt install manpages

# manコマンドのマニュアルを読む
$ man 1 man
MAN(1)                              Manual pager utils                              MAN(1)
NAME
       man - an interface to the system reference manuals
```

OSの基礎知識とチューニング

9

```
SYNOPSIS
       man [man options] [[section] page ...] ...
       man -k [apropos options] regexp ...
       man -K [man options] [section] term ...
       man -f [whatis options] page ...
```

　コマンドの簡単な説明や利用例、オプションなどが記載されていることが分かります。主に開発者が書いていることが多いため、貴重な知見を得られることもあります。普段、何気なく使っているコマンドのマニュアルを読んでみると驚きの発見があったりします。また、自分が開発しているコマンドやライブラリのマニュアルをmanpages形式で記載すると、同じくman(1)で読めるようになります。コマンドやライブラリを自作した際は、ぜひ挑戦してみてください。

9-3 ｜ Linuxのプロセス管理

　ユーザ空間で動作するアプリケーションは全て**プロセス**として扱われます。psコマンドを用いることで、動作しているプロセスの一覧を確認できます。次に、psコマンドの動作例を示します。

```
$ ps axufww
USER       PID %CPU %MEM    VSZ   RSS TTY      STAT START   TIME COMMAND
root         2  0.0  0.0      0     0 ?        S    04:22   0:00 [kthreadd]
root         3  0.0  0.0      0     0 ?        I<   04:22   0:00  \_ [rcu_gp]
root         4  0.0  0.0      0     0 ?        I<   04:22   0:00  \_ [rcu_par_gp]
root         5  0.0  0.0      0     0 ?        I    04:22   0:00  \_ [kworker/0:0-events]
root         6  0.0  0.0      0     0 ?        I<   04:22   0:00  \_ [kworker/0:0H-kblockd]
root         7  0.0  0.0      0     0 ?        I    04:22   0:00  \_ [kworker/0:1-cgroup_destroy]

(中略)

root         1  0.0  1.0 168648 10896 ?       Ss   Nov19   0:11 /lib/systemd/systemd --system ⏎
--deserialize 30
root       475  0.0  1.8 345876 18272 ?       SLsl Nov19   2:49 /sbin/multipathd -d -s
root       674  0.0  0.2   8536  2452 ?       Ss   Nov19   0:00 /usr/sbin/cron -f
root       679  0.0  0.3  81828  3120 ?       Ssl  Nov19   0:08 /usr/sbin/irqbalance --foreground
(以下略)
```

　PID（Process ID）は各プロセスごとに割り振られるIDです。プロセスが起動するごとにPIDを1つずつインクリメントして管理しています。

　PIDが1である、Linuxにおいて最初に起動されるプロセスは**init**と呼ばれています。Linuxにおけるプロセスは親子関係があり、プロセスを起動するためには親プロセスを元にして子プロセスを作成

します。この中で全てのプロセスの親となるのが**init**です。近年ではinitの実装として、systemdが多く使われています。

　プロセスはそれぞれ親子構造となっているため、木のような構造になっています。以下に、SSHした先のサーバーでpsコマンドを実行した際の結果を示します。psコマンドのfオプションによって木構造で表示することができます。

```
$ ps axufww
USER        PID %CPU %MEM    VSZ   RSS TTY      STAT START   TIME COMMAND
root        747  0.0  0.4  12176  4880 ?        Ss   04:22   0:00 sshd: /usr/sbin/sshd -D (略)
root       1908  0.0  0.8  13796  8828 ?        Ss   04:25   0:00  \_ sshd: ubuntu [priv]
ubuntu     2019  0.0  0.5  13928  5844 ?        S    04:25   0:00      \_ sshd: ubuntu@pts/0
ubuntu     2023  0.0  0.5  10180  5284 pts/0    Ss   04:25   0:00          \_ -bash
ubuntu     2070  0.0  0.3  10776  3400 pts/0    R+   04:26   0:00              \_ ps axufww
```

　/usr/sbin/sshd（PID=747）を親プロセスとしてubuntuユーザがログインしてきた際にプロセスを生成（PID=1908）し、そのプロセスは更にbashやpsなどのコマンドを実行するために子プロセスを生成していることが分かります。このように親プロセスが子プロセスを生成することを「forkする」と呼びます。子プロセスを生成するためのシステムコールがfork(2)であることから、この名前が付いています。

　fork(2)は自らのプロセスをコピーします。その後、execve(2)というシステムコールを用いてバイナリを実行するアーキテクチャを取っています。上記の例で言うなれば、以下のような流れをとります。

- bash（PID=2023）が1度自分のプロセスをコピー（fork(2)）し、PID=2070を生成
- PID=2070にて実行するバイナリを /usr/bin/ps に書き換え
- PID=2070を実行（execve(2)）

　子プロセスを生成する大きな理由は、そのプロセス専用に独立したリソース空間の構築と確保にあります。LinuxにおけるCPUやメモリなどのリソースは、プロセスごとに割り当てられています。しかし、それぞれのプロセスが物理的にリソースを確保するのではなく、「仮想CPU」「仮想メモリ」と呼ばれるLinux Kernel上で仮想化されたリソースを利用しています。

　対比して、Linux Kernel上で直接物理的なリソースを利用する際には「実CPU」「実メモリ」などと呼びます注3。Linux Kernelによってリソースを仮想化することで、ユーザ空間のプロセスは実メモリを意識することなく効率的にリソースを利用できます。どのように効率的に利用しているのかについてはリソースごとに手法や登場人物が違うため、ここでは割愛します。

9

OSの基礎知識とチューニング

注3　「物理メモリ」など、他にもさまざまな呼ばれ方があります。

　重要なのは、各プロセスごとにマシンのリソースが確保され利用できるということです。CPUやメモリのリソースだけではなく、ディスクの読み書きやネットワーク通信処理などを分散することもできます。また、それぞれ割り当てられたリソースを共有して利用した上で並列に処理を行う**スレッド**と呼ばれる概念があります。スレッドは1プロセス内に1つ以上存在しており、**マルチスレッド**と呼ばれる複数のスレッドが1プロセス内に存在するアーキテクチャが多く採られています。実際のアプリケーションにおいてプロセスやスレッドがどのように利用されるのか、およびどのように使い分けられるのかについては6章1節「アプリケーションとプロセス・スレッド」を再度確認してください。

9-4 ┃ Linuxのネットワーク

　本節では、Webアプリケーションとは切っても切り離せないLinuxにおけるネットワーク通信について紹介します。

■ ネットワークのメトリクス

　ネットワークにおいて重要なメトリクスは、スループットとレイテンシです。1章2節「高速なWebサービスとは」で述べたように、スループットは同時に処理できる量、レイテンシはネットワーク通信を処理するためにかかった時間を指します。これらの値を元にボトルネックを判定するためには、Linuxにおいてどのようにパケットが処理されているのかを頭に浮かべておく必要があります。例として、HTTPリクエストを受け取るときの流れを図2に示します。

図2　HTTPリクエストを受信する流れ

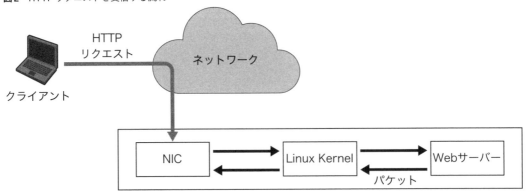

　HTTPのリクエストを最終的に受け取り処理するのはWebサーバーです。Linux Kernelにおいて、NICから受け取った情報はHTTPリクエストとして認識しておらず、パケットという単位で処理を行っ

ています。HTTPリクエストに限らず、Linux Kernelではさまざまなプロトコルの通信を行っています。これらのプロトコルごとの処理を全てLinux Kernelでは取り扱わず、パケットとして扱うことで取り扱いがしやすくなっています。

サーバーがクライアントからHTTPリクエストを受信したとき、サーバーに搭載されたNICが光信号などでその情報を受け取ります。受け取った光信号はNIC内で電気信号に変換された後にドライバを通して電気信号がカーネル空間でパケットとして処理され、最終的にユーザランドのWebサーバーまで辿り着きます。一概に「ネットワークが速い」という評価を行うことが難しいとされています。なぜなら、ネットワーク通信には必ず1つのマシンだけではなく、通信先のマシンが必要になり、このマシンをどこにどのように配置するかによって大きく計測条件が変わるためです。

ネットワーク通信における、**スループット**は一定時間で処理できるパケットの量であり、**レイテンシ**は通信を開始してから終了するまでの所要時間を指します。ネットワークを評価する際には、どの地点からどの地点までのマシンにおいて計測を行うべきであるのかを意識します。スループットもレイテンシも、Webサービスを提供する上では意識する必要のある重要なメトリクスです。スループットがどれほど大きくとも、レイテンシが高ければ届くまでに時間がかかり結果として遅くなります。また、レイテンシがどれほど低くとも、スループットが小さければ1度に送信できるファイルサイズが非常に小さくなるため非効率です。これらのメトリクスはWebアプリケーションが動作するネットワークの性質に関わります。

改善したい場合は利用しているネットワークの変更を検討し、自社でネットワークを設計している場合はアーキテクチャや利用しているハードウェアを再検討します。

Linux Kernelにおけるパケット処理の効率化

ネットワークを効率的に利用するために、Linux Kernelはその時代の変遷とともにより高速な通信を行えるよう進化しています。ここではその一例として、**RSS**（Receive-side Scaling）について紹介します。

「Webサービスを提供する」というのは、言い換えるとネットワーク上にWebアプリケーションを公開するとも言えます。WebアプリケーションはLinux上に起動しており、インターネットや外部のネットワークから多くのHTTPリクエストを受け取り処理を行います。Webサービスを提供する場合は単一のWebアプリケーションのみで提供することは稀で、5章1節「データベースの種類と選択」で扱ったようにデータベースなどのミドルウェアと組み合わせる場合が多いです。この場合、Webアプリケーションが動作しているサーバーはユーザからのリクエストだけではなくデータベースが動作しているサーバーともネットワーク経由の通信を行います。

1台のサーバー上において実行されるパケット処理は非常に多く存在し、また受信側のホストではどのタイミングでパケットが受信されるのかを事前に予測することはできません。そのため、Linux KernelはパケットをNICから受け取った段階でCPUに対して「即座にパケットを処理せよ」という割

り込み命令を出します。これは**Interrupt**と呼ばれています。

　一般的に、1つのCPUは複数の演算を完全に同時には行うことができません。そのため、複数のプロセスを動作させるために「超高速に処理するプロセスを切り替えることで疑似的に同時にプロセスが動作しているように見せる」というアプローチを採用しています。このアプローチを実現するために**コンテキストスイッチ**という概念を導入しています。

図3　コンテキストスイッチの概要図

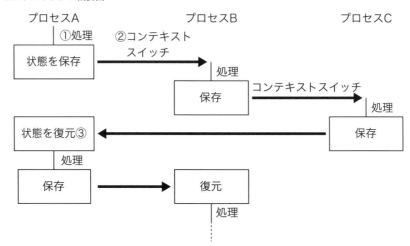

　プロセスAの処理を行っている間、他のプロセス（プロセスB、プロセスC）の処理を行うことはできません。高速にプロセスAの処理を行い（図3①）、その状態を保存した上でプロセスBに切り替え（スイッチ）を行います（図3②）。また、プロセスAの処理に戻ってきた際には以前保存しておいた状態を復元し（図3③）、そのプロセス処理を再度行います。この切り替えにかかる時間を**コンテキストスイッチコスト**とも呼びます。

　このようなアーキテクチャを取っている場合に、どのタイミングで届くのか分からないパケットの処理はいつ行うのでしょうか。一定のタイミングでパケットが届いているのかを確認するpollingが考えられますが、実際に確認する必要のないタイミングが多くなってしまうため非効率です。これを効率化するために「Interrupt」という概念が利用されています。NICなどのハードウェアデバイスに対して定期的な確認を行わず、Interruptが届いたタイミングでのみプロセス処理の順番に割り込んで処理を行うことで効率的にパケット処理を行うことができます。また、Interruptの中にもいくつかの種類が存在しており、パケット処理やキーボード入力など即時処理が必要なものを「ハードウェア割り込み」、割り込みの中でも遅れて実行するものを「ソフト割り込み」と定義づけされています。

　パケット処理においては、パケットが受信した時に発生するものに「ハードウェア割り込み」、その後TCP/UDPなどのプロトコルを解釈する処理に「ソフト割り込み」を利用しています。このとき、

複数のCPUコアを搭載している場合でもパケットの受け取りに用いたコアとその後の解釈に利用するコアは同一にする設計が採られています。CPUにはコア毎に処理を行うためのキャッシュが搭載されており、同じコアを利用することでこのキャッシュが効率的に利用できることが大きな理由です。そのため、以前はパケットの処理を行うコアは特定の1コアが利用されていました。これはTCPなどのパケットの並びが決まっているプロトコルにおいて、複数のコアを用いてそれぞれ処理してしまうと、再度パケットを並び替える処理が発生してしまうためです。

1つ1つのパケット処理はそれほどCPU負荷の高い処理ではありませんが、時代の変遷に伴って同時に処理するパケットの数が増えてくることにより問題が生じました。NICの高速化は常に進んでおり、本書の執筆時点では業務用途では10Gbps以上が一般的、100Gbpsや400Gbpsを扱う話も聞こえてくるようになりました。対してCPU1コアの性能上昇は止まってはいないもののそれほど進んでおらず、1ソケットに多くのコアを搭載できるような進化を遂げています。

実際の環境ではあまり起きえない環境ではありますが、仮にEthernetにおいてもっとも小さなフレームサイズである64byteのフレームが大量に送信された場合、大量の割り込みが発生します。具体的には、10GbpsのNICを利用していた場合、10Gbyteを64byteで割った数である約16億回[注4]の割り込みが1秒間に発生します。割り込みが発生することでそのCPUコアで行うはずであった処理が停止してしまうため、NICの性能向上に伴って1コアで処理を行う限界が到来しました。

これに対応するため、Linux Kernelを始めとするソフトウェア側、NICなどのハードウェア側ともに多くの発明が導入されています。

Linux Kernelでは、**Linux NAPI**と呼ばれる仕組みが導入されています。これはできるだけ割り込み命令を減らしながら遅延の少ない形でパケットを処理するために、割り込み命令を用いた手法とポーリング手法を組み合わせて利用しています。

NICなどのハードウェア側では、**RSS**（Receive Side Scaling）と呼ばれる技術が利用されています。当初より、NICからLinux Kernelに送信する前段階としてパケットキューと呼ばれるキューがNICに実装されていました。これをCPUコアの数だけ増やすことでNIC側で送信するCPUコアを複数に分散することができ、マルチコアなCPUの進化に対応することができました。現代ではPCに内蔵するタイプのNICであればほぼRSSに対応しているため、複数のコアに分散してパケット処理を行うことができるでしょう。

また、近年のNICにおいては「ハードウェアオフロード」の機能を持つNICもかなり多くなってきました。当初はTCP/UDPのチェックサム処理をハードウェアで処理できる程度でしたが、現在はVXLAN[注5]などのトンネルプロトコルの終端やOpenVSwitch[注6]などで表現されるパケットの処理、

注4　(10 * 1024 * 1024 * 1024) / 64 = 167,772,160

注5　Virtual eXtensible Local Area Networkの略。L3ネットワーク上に仮想的なL2ネットワークを実現するプロトコル。VM基盤（OpenStack neutron）やコンテナ基盤（flannel）においてNodeを跨いだL2ネットワークの実現に用いられている。

注6　オープンソースで開発されている仮想ネットワークスイッチ。さまざまなプロトコルに対応しており、仮想的にネットワークを利用する場合に多く採用されている。

TLS暗号化/復号処理などさまざまなハードウェアオフロードがNIC上で可能になり、より高速なパケット処理が行えるようになっています。

9-5 ┃ Linuxのディスク I/O

　ストレージへの読み書きもLinux Kernelが担う大きな役割です。本節ではストレージの概念、および効率的な利用方法について解説します。

　システムコールの説明でもあったように、アプリケーションログやデータベースに対しての書き込みなど、全てのファイルの読み書きはOSを介して物理的なディスクに行われます。これらのディスクは物理的にマシンに搭載されていることもあれば、ネットワークを経由して仮想的に接続されていることもあります。メモリと比較すると低速ではありますが、その代わり安価に大容量のデータを保存できます。Webアプリケーションの速度を高速化させるためには、無駄なディスクの読み書きをできるだけ減らし、メモリ上のみで処理が完結することが理論上は最適です。しかし、残念ながら全てをメモリ上のみでやり取りすることは現実的には不可能でしょう。

　Webアプリケーションはテキストなどのサイズの小さいものをやり取りしていましたが、現在では動画や3Dモデルなどのサイズが大きいファイルをやり取りするような場面が多くなってきました。このようなファイルはメモリ上で処理を完結することはできず、ディスクへの読み書きを行う必要があります。Webアプリケーションを高速化するためには、これらの読み書きを最適化する必要があるでしょう。そんな時のために、自分が利用しているディスクがどのような特性を持っているのかについて認識しておくことも高速化の手がかりになります。HDD（Hard Disk Drive）であれば磁気ディスクを実際に回転させて読み書きを行っているため、保存領域の最初から逐次的に読み書きを行う**シーケンシャルリード／シーケンシャルライト**は比較的高速に行えます。

　しかし、現代の用途では保存領域の上から綺麗に読み書きするのは現実的ではなく、実際には書き込み位置が特定されない**ランダムリード／ランダムライト**が重視されます。磁気ディスクを利用せずNANDフラッシュメモリを用意した上で、その中に書き込む現代のSSD（Solid State Drive）は、HDDと比較してランダムリード／ランダムライトを高速に行うことができます。

┃ ストレージの種類

　Linuxにおいては、HDDやSSDなどのディスクを実際に読み書きするために**ファイルシステム**を利用しています。いくつかのLinuxディストリビューションでは標準としてext4やXFS、ZFSなどのファイルシステムを採用しています。

　他にも、ファイルを1つのオブジェクトという単位で管理する**オブジェクトストレージ**という方式

があります。ファイルシステムのように「ディレクトリがあり、その中にファイルが存在する」というような構造を持っておらず、ファイルを書き込む際に ID が発行され、その ID を元に読み書きを行うストレージです。

SDS (Software Defined Storage) であることを実現するソフトウェアの 1 つである Ceph[注7] は、オブジェクトストレージを実現するソフトウェアの 1 つです。Ceph ではこのオブジェクトストレージを用いて仮想的なディスクを提供する機能も持っています。この機能で利用できる仮想ディスクは Ceph が提供するオブジェクトストレージを束ねて 1 つのディスクを実現しています。

このような仮想ディスクの場合、シーケンシャルリード／ライトが HDD と比較して非常に低速になります。HDD の場合は磁気ディスクを一方向に回すことでシーケンシャルなデータの高速な操作が可能でしたが、Ceph の提供する仮想ディスクは「束ねたオブジェクトストレージの中で次に読み込むべきオブジェクトはどこか」を毎回探した上でデータの操作を行う必要があるためです。このように、利用しているディスクによって得意としている性質が異なることを覚えておいてください。

■ ストレージの性能とは - スループット、レイテンシ、IOPS

ストレージ性能は、スループット・レイテンシ・IOPS (Input/Output Per Second) の 3 つに大きく分けられます。スループットとレイテンシは、ともに 1 章 2 節「高速な Web サービスとは」で説明した概念です。スループットは一定時間において処理を行えたファイルサイズを指し、レイテンシは一度読み書きなどの処理を行う際に発生する遅延を指します。

IOPS はその名前のとおり、1 秒間において何回 Input と Output、つまり読み書きができるのかについての指標です。この数字が大きければ大きいほど多くの読み書きができることになります。100IOPS が担保されているストレージの場合、1 秒間において 100 個のファイルを開いて読むことができることを指します。もちろん、2 章 8 節「モニタリングの注意点」で述べたように IOPS を比較する際にはそれ以外の計測条件を同一にしておくことを忘れないでください。計測の際にシーケンシャルだったのかランダムだったのか、それぞれの計測で用いたファイルのサイズが大きかったのか小さかったのかなどの条件が複雑に絡みます。

スループットと IOPS の違いが分かりづらいですが、読み書きを行うファイルサイズによって「よりどちらの値を重視すべきであるのか」が変わります。小さなファイルを大量に扱う Web アプリケーションであった場合はスループットよりも IOPS を重視し、大きなファイルを扱う場合は IOPS よりもスループットを重視します。

一例として、1MB のファイルを 100 個扱う場合と、1KB のファイルを 102400 個扱う場合を考えてみます。どちらの場合においても、結果として扱うファイルサイズは同じ 100MB です。「IOPS：100、スループット：1MB/sec」の性能を持つストレージで、合計 100MB のデータを扱う状況を想定

します。このとき、「1MBのファイルを100個扱う場合」ではIOPSとスループットのどちらにおいても1秒間で処理できる上限であるため、処理するのにかかる時間は1秒です。

「1KBのファイルを102400個扱う場合」だとIOPSがボトルネックとなってしまい、1秒では全てのファイルを処理することができません。1秒待って100個のファイルを扱い、また1秒経って次の100個を……と繰り返す必要があります。102400個全てのファイルを処理するのに10秒以上かかってしまいます。

前者の大きなファイルを扱う例としてはユーザから投稿された動画を保存するサーバーなどが挙げられます。動画のような大きなファイルを、多くのユーザからアップロードされたりダウンロードされるようなサーバーにおいてはレイテンシの低いストレージが必要になります。反対に後者の小さなファイルを大量に扱う例としては、テキストや画像などを大量に配信するコンテンツ基盤やデータベースサーバーなどが挙げられます。このようなサーバーには高いIOPSを持ったストレージを利用することが多いです。

また、単純化のために省略しましたが、本来はこの計算における「1度に扱えるファイルサイズ」には上限があります。これを**ブロックサイズ**と言います。ファイルシステムは効率の良いサイズにファイルを分割し、その単位でI/Oを行います。ext4におけるブロックサイズは、4096byteに設定されています。

「1MBのファイルを100個扱う場合」では100IOPSで1秒以内に処理が可能であると述べましたが、実際にはこの限りではありません。1MBのファイルを4096byteごとに分割した上でI/Oを行うため、1秒以内に処理を終わらせる場合はより多くのIOPSが必要になります。

現代では1台の物理的なマシンに直接インストールされたOSを利用するのではなく、仮想化技術をもって **Virtual Machine**（以下、VM）[注8] としてサーバーが提供される場面が多くなっています。その際には、仮想的なディスク（ブロックストレージと呼びます）をネットワーク経由でVMのホストマシンに接続し、そのブロックストレージをVM用のディスクとして利用するアーキテクチャが多く採用されます。このようなアーキテクチャにすることで、ホストマシンが不意に壊れてしまった場合でもVMのデータを守ることができ、他のホストマシンに接続し直すことで高速にVMを再起動できます。

VM上のOSからは通常のストレージとして接続しているように見えますが、実際にはネットワーク経由で接続されています。既存の構成であればディスクは物理的な線で接続されていたため、レイテンシは安定していました。しかし、ネットワーク経由に接続されることでIP処理などのオーバヘッドが加わり、ネットワーク上のレイテンシがそのままストレージへのレイテンシとなります。直接接続の場合と比較して遅くなることも多いですが、それよりも厄介なのはレイテンシが「不安定になる」という事象が発生することです。

IOPSやスループットが高ければ高いほど、レイテンシが低ければ低いほど、高速なストレージと

注8　物理的なリソースを分割し、仮想的なリソースを割り当ててOSを起動させる仮想化技術があります。仮想化技術を用いて起動したサーバーをVirtual Machineと呼びます。

して便利に扱うことが可能です。現代のストレージにおいて極端に 1 つの値が低いということは少ないですが、性能を比較する際にはどのようなファイルを取り扱うかを念頭におくことでどの性能をより重視すべきであるのかが分かるようになります。

ストレージの性質を調査

ストレージの性能について理解が進んだところで、現在利用しているストレージがどのような性能値を持っているのかを調べましょう。自分が利用しているストレージの性質を理解することで、Web アプリケーションからファイルの読み書きをする際に効率的に行えるようになります。

現在、利用しているファイルシステムの性能を計測するためには、`fio` コマンドを利用できます。次に、`fio` コマンドの実行例を示します。詳細なオプションについての説明は今回は割愛しますので、`fio` コマンドのマニュアルを参照してください。

```
$ fio -filename=./testfile -direct=1 -rw=read -bs=4k -size=2G -runtime=10 -group_reporting -name=file
file: (g=0): rw=read, bs=(R) 4096B-4096B, (W) 4096B-4096B, (T) 4096B-4096B, ioengine=psync, iodepth=1
fio-3.16
Starting 1 process
file: Laying out IO file (1 file / 2048MiB)
Jobs: 1 (f=1): [R(1)][90.9%][r=5701KiB/s][r=1425 IOPS][eta 00m:01s]
file: (groupid=0, jobs=1): err= 0: pid=985: Mon Nov 22 05:28:18 2021
  read: IOPS=1533, BW=6133KiB/s (6280kB/s)(59.9MiB/10001msec)
    clat (usec): min=350, max=6082, avg=646.60, stdev=458.70
     lat (usec): min=352, max=6083, avg=647.74, stdev=458.72
    clat percentiles (usec):
     |  1.00th=[  392],  5.00th=[  416], 10.00th=[  445], 20.00th=[  469],
     | 30.00th=[  486], 40.00th=[  510], 50.00th=[  529], 60.00th=[  553],
     | 70.00th=[  570], 80.00th=[  611], 90.00th=[  742], 95.00th=[ 1582],
     | 99.00th=[ 2900], 99.50th=[ 3359], 99.90th=[ 4080], 99.95th=[ 4424],
     | 99.99th=[ 5080]
   bw (  KiB/s): min= 4720, max= 7368, per=99.84%, avg=6122.26, stdev=721.69, samples=19
   iops        : min= 1180, max= 1842, avg=1530.53, stdev=180.42, samples=19
  lat (usec)   : 500=36.32%, 750=53.81%, 1000=2.17%
  lat (msec)   : 2=4.23%, 4=3.33%, 10=0.13%
  cpu          : usr=1.58%, sys=4.76%, ctx=15337, majf=0, minf=11
  IO depths    : 1=100.0%, 2=0.0%, 4=0.0%, 8=0.0%, 16=0.0%, 32=0.0%, >=64=0.0%
     submit    : 0=0.0%, 4=100.0%, 8=0.0%, 16=0.0%, 32=0.0%, 64=0.0%, >=64=0.0%
     complete  : 0=0.0%, 4=100.0%, 8=0.0%, 16=0.0%, 32=0.0%, 64=0.0%, >=64=0.0%
     issued rwts: total=15334,0,0,0 short=0,0,0,0 dropped=0,0,0,0
     latency   : target=0, window=0, percentile=100.00%, depth=1

Run status group 0 (all jobs):
   READ: bw=6133KiB/s (6280kB/s), 6133KiB/s-6133KiB/s (6280kB/s-6280kB/s), io=59.9MiB (62.8MB),
run=10001-10001msec
```

```
Disk stats (read/write):
  xvda: ios=15056/0, merge=0/0, ticks=9419/0, in_queue=80, util=99.10%
```

　出力の中でIOPSは次に対応します。

```
file: (groupid=0, jobs=1): err= 0: pid=985: Mon Nov 22 05:28:18 2021
  read: IOPS=1533, BW=6133KiB/s (6280kB/s)(59.9MiB/10001msec)
<省略>
   iops        : min= 1180, max= 1842, avg=1530.53, stdev=180.42, samples=19
```

　スループットは次に対応します。bwはband witdhの略です。

```
file: (groupid=0, jobs=1): err= 0: pid=985: Mon Nov 22 05:28:18 2021
  read: IOPS=1533, BW=6133KiB/s (6280kB/s)(59.9MiB/10001msec)
<省略>
   bw  (  KiB/s): min= 4720, max= 7368, per=99.84%, avg=6122.26, stdev=721.69, samples=19
```

　レイテンシは、次に対応します。latはlatencyの略です。lat、clat、slatなどの表示がありますが、ざっくり確認するだけであればclatの値を見るのが良いでしょう。1度、I/Oを行うコマンドを実行してから、その応答が返るまでの時間を示しています。詳細についてはfioコマンドのマニュアルを参照してください。

```
file: (groupid=0, jobs=1): err= 0: pid=985: Mon Nov 22 05:28:18 2021
  read: IOPS=1533, BW=6133KiB/s (6280kB/s)(59.9MiB/10001msec)
    clat (usec): min=350, max=6082, avg=646.60, stdev=458.70
     lat (usec): min=352, max=6083, avg=647.74, stdev=458.72
    clat percentiles (usec):
     |  1.00th=[  392],  5.00th=[  416], 10.00th=[  445], 20.00th=[  469],
     | 30.00th=[  486], 40.00th=[  510], 50.00th=[  529], 60.00th=[  553],
     | 70.00th=[  570], 80.00th=[  611], 90.00th=[  742], 95.00th=[ 1582],
     | 99.00th=[ 2900], 99.50th=[ 3359], 99.90th=[ 4080], 99.95th=[ 4424],
     | 99.99th=[ 5080]
   lat (usec)   : 500=36.32%, 750=53.81%, 1000=2.17%
   lat (msec)   : 2=4.23%, 4=3.33%, 10=0.13%
```

■ ディスクマウントのオプション

物理的もしくはネットワーク経由で接続されたブロックストレージを Web アプリケーションからファイルシステムとして読み書きできるようにするために、ディスクを「マウント」する必要があります。接続されたブロックストレージのことを、**ブロックデバイス**と呼びます。

現在、どのディレクトリにどのブロックデバイスがマウントされているのかは、lsblk コマンドと df コマンドで確認できます。次に確認するコマンドを示します。

```
# lsblkコマンドを用いて接続されているブロックデバイス一覧を確認する
$ lsblk
NAME    MAJ:MIN RM  SIZE RO TYPE MOUNTPOINT
loop0    7:0     0 55.5M  1 loop /snap/core18/1997
loop1    7:1     0 32.3M  1 loop /snap/snapd/11588
loop2    7:2     0 70.4M  1 loop /snap/lxd/19647
sda      8:0     0   40G  0 disk
└─sda1   8:1     0   40G  0 part /

# /dev/sdaというブロックデバイスは / (ルートディスク)にマウントされている
$ lsblk /dev/sda
NAME    MAJ:MIN RM SIZE RO TYPE MOUNTPOINT
sda      8:0     0  40G  0 disk
└─sda1   8:1     0  40G  0 part /

# ルートディスクは/dev/sda1というブロックデバイスがext4というファイルシステムでマウントされている
$ df -hT /
Filesystem     Type  Size  Used Avail Use% Mounted on
/dev/sda1      ext4   39G  2.1G   37G   6% /
```

lsblk コマンドの結果から /dev/sda というブロックデバイスが存在しており、df コマンドの結果からそのブロックデバイスが ext4 というファイルシステムでマウントされていることが分かります。ディスクに対して読み書きをする場合は、多くの場合でこのようにマウントする必要があります[注9]。/dev/sda1 の末尾に付いている 1 は、/dev/sda の中で論理的にデバイスを分割した 1 番目という意味です。

マウントする際には、ディスクをどのように扱うのかについてもオプションで設定できます。現在のマウント設定は mount コマンドで確認できます。次に現在マウントされているディスクの設定を確認するコマンドを示します。

```
# mountコマンドを用いて/dev/sdaのマウントオプションを確認する
$ mount | grep "/dev/sda"
/dev/sda1 on / type ext4 (rw,relatime)
```

注9　ブロックデバイスのどの部分にどのようにファイルが置かれているのかを自分で決定できる場合、ブロックデバイスに直接読み書きすることも可能です。ファイルシステムが行っている処理をスキップできるためより高速ですが、ファイルシステムが行っている処理を代わりに実装する必要があるため、頻繁に採られる手法ではありません。

/dev/sda1は、rw（Read/Writeの両方を行うことが可能）とrelatime（ファイルが最後にアクセスされた時間の保存タイミングの制御オプション）[注10]のオプションが有効化されていることが分かります。

　これらのオプションは、/etc/fstabファイルで変更できます。/etc/fstabは、OSが起動するときに自動でディスクをマウントする設定を書くファイルです。

```
# /etc/fstab ファイルには自動マウントの設定が記載されている
$ cat /etc/fstab
LABEL=cloudimg-rootfs   /       ext4   defaults        0 1
```

　defaultsと書くことで、ファイルシステムにおけるマウントオプションのデフォルト設定が利用されます。マウントオプションは、多くの環境ではOSが設定するデフォルト設定を用いることで便利かつ高速に利用できますが、運用や利用しているハードウェアによっては変更することでより効率的にディスクを用いることができます。

　実際に設定を変更することで高速化する一例を紹介します。NVMe SSDなどの高速なディスクはファイルを削除する際に「ファイルのメタデータだけを削除しておき、後からファイルの実体を消す」という手法を採っています。しばらく時間が経ったあとに完全に削除を行います。多くのLinux環境ではfstrimというコマンドが定期的に実行されており、このコマンドが定期的にディスクからファイルの完全削除を行っています。

　しかし、後からゆっくり削除を行うということは、削除を行う時間帯にディスクへの負荷が発生するということでもあります。突発的に負荷が高い状況が発生するよりは、全体としては遅くても負荷が安定してほしいという状況があります。その設定として、マウントオプションにdiscardがあります。discardオプションはメタデータのみの削除ではなく、ファイルの削除と同時に実データの完全削除も同時に行うオプションです。この際に送信される命令が**TRIM命令**です。

　毎回、TRIM命令が送信されるため全体としてはディスクの負荷が上がりますが、fstrimの定期的な実行を行う必要がなくなり突発的な負荷を回避できます。前述のとおり、/etc/fstabファイルに設定を記載することで、discardオプションを有効化できます。

```
# /etc/fstabを書き換え、discardオプションを有効化する
$ cat /etc/fstab
LABEL=cloudimg-rootfs   /       ext4   defaults,discard        0 1

# 再起動し反映させる
$ sudo reboot
# mountコマンドを実行すると、discardオプションが有効化されている
$ mount | grep sda
```

注10　OSは「atime」という特定のファイルにアクセスされた時間を保存する機構があります。このatimeを書き込むタイミングを制御するオプションの1つがrelatimeです。

```
/dev/sda1 on / type ext4 (rw,relatime,discard)
```

このように、利用しているデバイスやその状況によっては、マウントオプションを変更することで効率的にリソースを利用できます。

マウントオプションやファイルシステムのさまざまな活用法

Raspberry Pi というシングルボードコンピュータでは、ルートディスクに SD カードを利用することが一般的です。しかし、SD カードの読み書き寿命は HDD や SSD と比較すると非常に短いです。読み書きを多く行う環境では、すぐに SD カードが壊れてしまいシステムが停止してしまう可能性があります。

そのため、OS をインストールした後に ro（Read Only、読み込みだけ可能）オプションを用いてマウントし、SD カードへの書き込みを禁止する手法が知られています。こうすることで SD カードへの負荷を大幅に減らすことができるため、SD カードの寿命を大幅に伸ばすことができます。この手法は古くからユーザによって利用されてきたテクニックですが、Raspberry Pi コミュニティが提供する Raspberry Pi OS に搭載されている設定用コマンドである raspi-config コマンドにも、2019 年から当該の設定を行うオプションが追加されました[注11]。

ディスクへの書き込みができなくなるため、アプリケーションが正常に動かなくなってしまいます。そのため、overlayfs というファイルシステムを用いてメモリ上にファイルの書き込みを摸似し対策します。overlayfs へ書き込まれた内容はメモリ上に展開されるため、電源が落ちた場合は書き込んでいた情報も消えてしまいますが、Raspberry Pi 上に保存せずに外部のデータベースなどに保存するといった手法で回避できます。

I/O スケジューラ

I/O における設定の 1 つに **I/O スケジューラ** があります。その名のとおり、Linux におけるディスクの読み書きをどのように行うのかを制御しているスケジューラに何を利用するのかを決定するパラメータです。SSD の登場により、多くの変更があったパラメータでもあります。

前述のとおり、HDD は内部に磁気ディスクが搭載されており、特定のファイルを読み書きするためには、そのファイルの位置まで磁気ディスクをシークさせる必要がありました。これを考慮して、読み書きを行う順序を入れ替えて最小限のシークで読み書きを効率的に行うようスケジューリングをする **CFQ（Completely Fair Queueing）スケジューラ** が多くの Linux ディストリビューションで採用されていました。

しかし、HDD と比較して SSD は磁気ディスクの代わりに NAND を利用するためシークすることによる遅延が存在しないので、シークを考慮して読み書きする順序を交換する必要がなくなっています。そのため、シークを考慮せずにより高速な I/O スケジューラを採用する Linux ディストリビューショ

注11　https://github.com/RPi-Distro/raspi-config/commit/5d7664812bbeb8a31cb77b70326fab1b257e0946

9

OS の基礎知識とチューニング

ンも増えてきました。現在利用している I/O スケジューラは、/sys/block/<デバイス名>/queue/scheduler に記載されています。次に現在設定されている I/O スケジューラを確認するコマンドを示します。

```
# /dev/sda の I/Oスケジューラを確認する
$ cat /sys/block/sda/queue/scheduler
[mq-deadline] none
```

Ubuntu 20.04 では、**mq-deadline（Multi-Queue Deadline）スケジューラ**が採用されています。Ubuntu にて以前利用されていた、Deadline スケジューラをマルチキューに処理できるように改良された I/O スケジューラです。名前のとおり制限時間（Deadline）が設定されており、読み書きを行っている中で制限時間に達した I/O リクエストがあれば、そのリクエストを最優先で処理するスケジューラです。この他にも Facebook 社の開発した Kyber スケジューラ（Budget Fair Queueing）や CFQ スケジューラを改良した BFQ スケジューラなどが開発され、いくつかの Linux ディストリビューションによって採用されています。

進化する低レイヤ

　今回は Web サービスを高速化するという題材を理解するため、Linux Kernel の概念や今までに行われてきた高速化の手法などを主に説明しましたが、Linux Kernel やパケット処理手法、ストレージは令和になった現代でもより進化が進んでいます。

　本文中にも述べたとおり、NIC のハードウェアオフロードを始めとした進化はより進んでいます。2021 年に Netflix から出されたレポート（https://people.freebsd.org/~gallatin/talks/euro2021.pdf）によれば[注12]、400Gbps クラスのパケット処理が現実的であることが示されています。**kTLS** と呼ばれる手法によって、TLS セッションが確立されたあとの暗号化された結果を NIC 上で保持することで、暗号化処理のために CPU を経由することを回避でき、より高速に動画が配信できるというレポートです。

　ストレージの分野においても、NAND フラッシュを利用した SSD をより高速に動作させるために、従来の SATA 接続から PCI Express 経由で接続できるような NVMe プロトコルを採用することも増えてきました。NVMe プロトコルを採用した SSD が存在していたり、エンタープライズなストレージアプライアンスでは SATA 接続ではなく、NAND フラッシュを直接扱うことで接続プロトコルにおけるボトルネックを廃し更に高速化を可能にした事例も存在します。

　また、ブロックストレージをネットワーク越しに接続する方法として iSCSI が古くから採用されてきました。この部分も NVMe プロトコルをネットワーク経由で接続する NVMe over Fabric や NVMe over TCP などの技術も提案され、より高速・安定・低負荷でネットワーク経由でのストレージ提供が可能になる未来があります。

　Linux Kernel においても、eBPF（extended Berkeley Packet Filter）[注13]という仕組みが導入されており、

注12　本レポートは Linux ではなく、FreeBSD で実現されています。
注13　https://ebpf.io/

採用しているプロダクトが多く登場しています。eBPFはカーネル空間に用意されたsandbox VirtualMachine上で動作する処理系です。カーネル上で動作するため非常に高速に動作し、カーネル上のパケット処理に対してフックを行うことができます。実装の由来からパケットフィルタの名前こそ付いていますが、その柔軟性と動作速度からネットワーク関連の多くのプロダクトで使われています。パケットを直接操作できるため、セキュリティや可観測性（Observability）の向上やモニタリングなどにも利用されています。

　eBPFプログラムの作成・実行用のツールセットに、BCC（BPF Compiler Collection）があります[注14]。このリポジトリのexamplesやtoolsディレクトリにはI/Oのレイテンシを計測したり、stat(2)のようなシステムコールを発行したプロセスを表示したり、MySQLのスロークエリを表示したりするようなものもあります。

　また、eBPFを始めとして近年のテクノロジーはGoやRustなどのC言語以外のプログラミング言語に向けたSDKが提供されることも多くなってきました。以前のOSレイヤーを扱うようなソフトウェアがC言語の実装のみ提供する例が多かったことを考えると、近年登場した言語でも利用できる例が増えています。

　Linuxは1991/09/17にリリースされ、2021年には30周年となりました。「Linux Kernelなど低レイヤの知識は10年間変わらない」とも言われることがありますが、Linuxを取り巻く時代の変化にともなって現在もLinuxは進化し続けています。今回このコラムで取り上げた技術もあくまで一例であり、これ以外にも多くの新機能や新技術が登場しています。もちろん10年前の知識が活きる場面もありますが、最新の情報は常にキャッチアップしていくことでより高速化が行えるように感じます。

9-6 ｜ CPU利用率

9

OSの基礎知識とチューニング

　ここまではLinux Kernelにおける概念や高速化の取り組みを紹介しました。本節からは、実際にチューニングを行う際に必要となる概念について紹介します。

　チューニングを行う上で、常に注意することが必要な値として**CPU利用率**が挙げられます。ここまでの章でも何度か言及がありましたが、具体的にはどのような値なのでしょうか。

　CPU（Central Processing Unit）はその名のとおり、汎用的な処理を行う部品です。さまざまな演算を処理する機能を持っており、GPU（Graphics Processing Unit）などの専用チップが搭載されていない限りはCPU上で処理が行われます。CPU利用率は、CPUが持つ計算リソースをどの程度の割合利用しているのかを指します。

　もちろんLinuxにおいても、多くの演算処理をCPUで行っています。どのような処理を行っているのかを目視で確認できるコマンドとして、topコマンドがあります。次に、topコマンドの実行例を示します。2章4節「手動でのモニタリング」で示したものと同じです。

```
$ top
top - 00:00:00 up 1 min,  1 user,  load average: 0.51, 0.29, 0.11
```

注14　https://github.com/iovisor/bcc

```
Tasks: 107 total,   1 running, 106 sleeping,   0 stopped,   0 zombie
%Cpu(s):  0.5 us,  0.0 sy,  0.0 ni, 99.5 id,  0.0 wa,  0.0 hi,  0.0 si,  0.0 st
MiB Mem :   3496.5 total,   3003.6 free,    143.5 used,    349.5 buff/cache
MiB Swap:      0.0 total,      0.0 free,      0.0 used.   3192.8 avail Mem

    PID USER      PR  NI    VIRT    RES    SHR S  %CPU  %MEM     TIME+ COMMAND
      1 root      20   0  103016  12656   8348 S   0.0   0.4   0:01.78 /sbin/init
      2 root      20   0       0      0      0 S   0.0   0.0   0:00.00 [kthreadd]
      3 root       0 -20       0      0      0 I   0.0   0.0   0:00.00 [rcu_gp]
      4 root       0 -20       0      0      0 I   0.0   0.0   0:00.00 [rcu_par_gp]
(以下略)
```

　2章4節「手動でのモニタリング」でも述べたとおり、%Cpu(s)がCPU利用率を示しています。top
コマンドの引数に -1 を付けるか、topコマンドを実行した状態で1を入力することでCPUが複数コア
あった場合にそれぞれのコアの状態を確認できます。

```
$ top -1
top - 00:00:00 up 1 min,  1 user,  load average: 0.00, 0.04, 0.01
Tasks:  98 total,   1 running,  97 sleeping,   0 stopped,   0 zombie
%Cpu0  :  0.0 us,  0.0 sy,  0.0 ni,100.0 id,  0.0 wa,  0.0 hi,  0.0 si,  0.0 st
%Cpu1  :  0.0 us,  0.0 sy,  0.0 ni,100.0 id,  0.0 wa,  0.0 hi,  0.0 si,  0.0 st
MiB Mem :    981.0 total,    493.2 free,    137.3 used,    350.5 buff/cache
MiB Swap:      0.0 total,      0.0 free,      0.0 used.    693.2 avail Mem

    PID USER      PR  NI    VIRT    RES    SHR S  %CPU  %MEM     TIME+ COMMAND
      1 root      20   0  103152  12812   8468 S   0.0   1.3   0:01.58 /sbin/init
      2 root      20   0       0      0      0 S   0.0   0.0   0:00.00 [kthreadd]
      3 root       0 -20       0      0      0 I   0.0   0.0   0:00.00 [rcu_gp]
      4 root       0 -20       0      0      0 I   0.0   0.0   0:00.00 [rcu_par_gp]
(以下略)
```

　もともと%Cpu(s)という表記だった部分が%Cpu0と%Cpu1に分かれました。このマシンはCPUが2
コアであるため、2行に分かれます。%Cpu(s)として1行のみが表示されている場合は、全てのコアに
おける平均値が表示されています。「全てのコアのCPU利用率が50%」と「%Cpu0が100%、%Cpu1が
0%」の状態を見分けるためにも、目視で確認する際には複数行表示にしておくことを推奨します。

　また、%Cpuで表示されている項目もそれぞれ勘所を掴んでおきましょう。それぞれCPUリソース
がどのぐらい利用されているかをざっくり把握することで最初のボトルネック特定に役立ちます。

■ us - User：ユーザ空間におけるCPU利用率

　「システムコールを利用するLinux OS上のアプリケーションが動作する部分」であるユーザ空間に
おけるCPU利用率を指します。Webアプリケーションが動作するような環境であれば、まさに実装

しデプロイされているWebアプリケーションが多くのCPUを利用している場合に上昇する値です。

sy - System：カーネル空間におけるCPU利用率

「Linux Kernel内の処理」であるカーネル空間におけるCPU利用率を指します。プロセスのforkが多く発生している環境やコンテキストスイッチを行っている時間が長くなっている環境においてはカーネル空間の処理が大きくなるため、syの値が上昇します。Webアプリケーションを運用する場合においては、WebアプリケーションやミドルウェアがCPUの支援処理を利用する際に大きく上昇することも多いです。

一例としては、WebサーバーのApache HTTP ServerやnginxがHTTPSを終端する際にTLS暗号化・復号処理を、CPUの暗号化支援機能であるAES-NIを利用することがあります。現在、TLSの暗号化アルゴリズムとして多く利用されているAESの暗号化・復号をCPUにおいて高速に処理できます。これを利用することで、HTTPSコネクションを多く生成・破棄しているようなサーバーにおいてはLinux Kernelにおける処理が多くを占めることになるため、syの値が上昇します。

ni - Nice：nice値（優先度）が変更されたプロセスのCPU利用率

Linuxのプロセスには、それぞれ優先度が定義されています。CPU1コアで複数のプロセスを処理するために、コンテキストスイッチを用いて動作するプロセスを切り替えてマルチプロセスを実現していると書きました。このときにどのプロセスを優先して切り替えるのかの優先度を示すのが**nice値**です。psコマンドを用いて確認できます。次にpsコマンドを用いて、nice値を表示している図を示します。

```
$ ps -axf -o pid,ppid,ni,args
   PID    PPID  NI COMMAND
(中略)
   750       1   0 sshd: /usr/sbin/sshd -D -o ...
  4066     750   0  \_ sshd: ubuntu [priv]
  4183    4066   0      \_ sshd: ubuntu@pts/0
  4184    4183   0          \_ -bash
  4827    4184   0              \_ ps -axf -o pid,ppid,ni,args
(以下略)
```

NIと書かれているところがそのプロセスのnice値です。Linuxでは、-20（最高優先度）から19（最低優先度）までが定義されており、数字が小さい方が優先度が高いです。特に指定がない場合は、fork(2)の際に親プロセスの定義がそのままコピーされます。PID=1のプロセスの優先度は多くの実装で0のため、ユーザ空間で動作する多くのプロセスは0になっています。

この場合のpsコマンド（PID=4827）のnice値は0であることが分かります。これは、psコマンド

OSの基礎知識とチューニング

の親プロセスである bash プロセス（PID=4184）の nice 値が 0 であることから由来します。

この nice 値は柔軟に変更することができます。実際に ps コマンドの nice 値を下げた状態で実行してみましょう。nice(1) コマンドは、引数にとったコマンドの nice 値を変更した上でプロセスを実行するコマンドです。このコマンドを用いて優先度が下がっている図を次に示します。

```
$ nice -n19 ps -axf -o pid,ppid,ni,args
    PID    PPID  NI COMMAND

    750       1   0 sshd: /usr/sbin/sshd -D -o AuthorizedKeysCommand /usr/share/ec2-instance-connect/eic ↩
_run_authorized_keys %u %f -o AuthorizedKeysCommandUser ec2-instance-connect [listener] 0 of 10-100 startups
   4066     750   0  \_ sshd: ubuntu [priv]
   4183    4066   0     \_ sshd: ubuntu@pts/0
   4184    4183   0        \_ -bash
   4834    4184  19           \_ ps -axf -o pid,ppid,ni,args
```

nice(1) コマンドを用いなかった例と比較して、NI で表示されている値が 19 になっていることが分かります。このようにプロセスの優先度を下げることで CPU によるリソース割当の優先度が下がります。ps コマンド 1 回を実行する程度であれば速度に大きく差は出ませんが、より負荷の高いデーモンプロセスなどではあえて性能を下げることで他の優先すべきプロセスに CPU リソースを与えることができます。

renice(1) コマンドを使うことで、実行中のプロセスの nice 値を変更できます。bash プロセスの優先度（PID=4184）を下げる例を次に示します。

```
$ renice -n 19 -p 4184
4184 (process ID) old priority 0, new priority 19

$ ps -axf -o pid,ppid,ni,args
    PID    PPID  NI COMMAND

    750       1   0 sshd: /usr/sbin/sshd -D -o AuthorizedKeysCommand /usr/share/ec2-instance-connect/eic ↩
_run_authorized_keys %u %f -o AuthorizedKeysCommandUser ec2-instance-connect [listener] 0 of 10-100 startups
   4066     750   0  \_ sshd: ubuntu [priv]
   4183    4066   0     \_ sshd: ubuntu@pts/0
   4184    4183  19        \_ -bash
   4863    4184  19           \_ ps -axf -o pid,ppid,ni,args
```

renice(1) コマンドを使うことで bash プロセスの優先度が下がり、bash プロセスから fork(2) された ps コマンドの優先度も同じく下がることが確認できました。

nice 値はプロセススケジューラが参照するプロセスの優先度ですが、Linux に存在する I/O スケジューラの優先度を変更するための ionice(1) コマンドも存在します。実際にサービスが運用しているサーバー

においてログファイルの圧縮や削除のような大きなI/O処理を行う際に、サービスに影響が出ないよう ionice(1) コマンドで優先度を下げるなどの運用を行うことがあります。

id - Idle：利用されていないCPU

id は「利用されていないCPU」の割合を示しています。そのため、CPUの大まかな利用率を知りたい場合は、100からidの値を引いた値を参照すれば他の値の合計値となります。

wa - Wait：I/O処理を待っているプロセスのCPU利用率

マルチスレッドでの処理を行わない場合、プロセスがI/O処理を行っていると、そのプロセスはI/O処理が終わるまで他の処理を行うことができません。wa はプロセスの中でもディスクなどへのI/O処理を待っているプロセスのCPU利用率です。

wa の値が上がっている場合は、ディスクなどへの読み書きの終了を待っているプロセスが多く存在していることを示しています。Webアプリケーションの運用においては、ディスクへの読み書きを行わないよう設計を変更したり、極力読み書きを減らすような変更を行ったりする必要があります。

hi - Hardware Interrupt：ハードウェア割り込みプロセスの利用率

9章4節「Linuxのネットワーク」で解説した、ハードウェア割り込みを利用しているプロセスの利用率を指します。

si - Soft Interrupt：ソフト割り込みプロセスの利用率

同じく9章4節「Linuxのネットワーク」で解説した、ソフト割り込みを利用しているプロセスの利用率を指します。

st - Steal：ハイパーバイザによって利用されているCPU利用率

st は、パブリッククラウドなど仮想化された環境のLinux上で利用されるCPU利用率です。物理的なホストにインストールされたOS上でVMを起動する場合、物理的なCPUのリソースをVMに割り当ててVMのプロセスを動作させます。このときにVM上のLinuxが認識しているCPUは仮想化技術によって作られたCPUであり、物理的なCPU演算が必要なときのみホスト側のCPUリソースを使って演算を行います。

しかし、ホストOS側もコンテキストスイッチを用いてプロセスを動作させているため、どうしてもVMが必要なタイミングでCPUリソースを割り当てられない時間が存在します。特に、同じCPUコアに複数のVMが割り当てられた上にVM内にCPU負荷の高いプロセスが存在した場合はほかの

9

OSの基礎知識とチューニング

VMの影響を受けることが多くなります。そのような「利用できるはずが出来なかったCPU時間」の率を示しているのがstです[注15]。

　stが高くなっている場合、ゲストOS側の設定変更などでは下がりません。また、ホストOSの管理者（パブリッククラウドであればパブリッククラウド事業者）がどのようにVMのスケジューリングを行っているのかを把握できない場合は高くなっていたとしても対処が難しい項目です。

　パブリッククラウド事業者によっては、インスタンスの課金をCPUコア占有ではなく、利用時間で課金を行う場合があります。このような場合に、事前に購入してあったCPU利用時間を使い切ることでもstが高くなることがあります。その場合は、契約内容や利用しているプランを変更することでstの値を下げることができます。

　また、VMの再起動を行うことでVMが稼働する物理的なホストが変わるような仕様を持つパブリッククラウド事業者も存在します。これにより利用するコアが変化し問題が解消できることもあります。

CPU利用率は低いほうが良いのか？

　CPU利用率が100%使い切っている状態というのは、それ以上のCPU負荷が捌ききれない状態を指します。WebアプリケーションであればすでにHTTPリクエストが捌ききれず障害状態になっていることが多く、その状態はぜひとも避けたいと感じるでしょう。

　しかし、逆にCPU利用率がほぼ0%な状態はどうでしょうか。単純に考えるならサーバー上に十二分なリソースが残っている状態ですし、どんどんアクセス数が増えても現状は問題のない状態を表しています。サービスの障害はできるだけ避けたいため、余裕はあればあるほど良いと考える方も多いのではないでしょうか。

　現代はパブリッククラウドを利用するシーンがほとんどになってきました。パブリッククラウドはCPUやメモリなどのシステムリソースに対して課金を行うため、大きなリソースを持ったマシンもお金を払えば簡単に利用できるようになりました。逆に言うなら、「リソースが余っている分は余分にお金を払っている状態」とも言えます。

　パブリッククラウドのようにリソースを柔軟に操作できる環境において、リソースを無駄にしている状況は正常ではないのかもしれません。もちろん、ある程度余裕を持っておかなれば無駄な障害を発生させてしまう要因にもなるため、ある程度はリソースに余裕を持つことが必要です。

9-7　Linuxにおける効率的なシステム設定

　ここまででLinuxにおけるリソース管理の概念について説明しました。本節はそれらを踏まえた上で、Webサービスを提供する際に頻出するLinuxのパラメータとその効果について説明します。

注15　Stealは直訳すると「窃盗」「盗む」です。

ulimit

ulimit（User limit）は、プロセスが利用できるリソースの制限を設定する概念です。各プロセスはどのリソースをどのぐらい利用できるのかについて、制限がかけられています。次にulimitでかけられている制限を確認する例を示します。

```
# ulimitによって現在動作しているプロセスの制限すべてを確認する
$ ulimit -a
core file size          (blocks, -c) 0
data seg size           (kbytes, -d) unlimited
scheduling priority             (-e) 0
file size               (blocks, -f) unlimited
pending signals                 (-i) 3869
max locked memory       (kbytes, -l) 65536
max memory size         (kbytes, -m) unlimited
open files                      (-n) 1024
pipe size            (512 bytes, -p) 8
POSIX message queues     (bytes, -q) 819200
real-time priority              (-r) 0
stack size              (kbytes, -s) 8192
cpu time               (seconds, -t) unlimited
max user processes              (-u) 3869
virtual memory          (kbytes, -v) unlimited
file locks                      (-x) unlimited
```

ulimitはプロセス単位で設定されており、ulimit -aを実行すると表示されるのは現在起動しているシェルプロセスの制限です。

また、現在動作しているプロセスのulimitは、/procファイルシステム以下を見ることで確認できます。/procはLinuxにおいてprocfsという特殊なファイルシステムです。その名のとおり、プロセス（process）に関する情報が記載されていたり、設定を変更したりすることのできるファイルシステムです。実際に動作しているデーモンのulimitを確認するコマンドを示します。今回は例として、private-isu環境のmysqldを取り上げます。

```
# psコマンドでmysqldのPIDを確認する
$ ps axufww | grep mysql
mysql       674  0.1 33.1 1742176 332512 ?     Ssl  Nov23   1:05 /usr/sbin/mysqld

# mysqld(PID=674) のプロセスのlimitを確認する
$ cat /proc/674/limits
Limit                     Soft Limit           Hard Limit           Units
Max cpu time              unlimited            unlimited            seconds
Max file size             unlimited            unlimited            bytes
Max data size             unlimited            unlimited            bytes
```

```
Max stack size          8388608              unlimited              bytes
Max core file size      0                    unlimited              bytes
Max resident set        unlimited            unlimited              bytes
Max processes           3869                 3869                   processes
Max open files          10000                10000                  files
Max locked memory       65536                65536                  bytes
Max address space       unlimited            unlimited              bytes
Max file locks          unlimited            unlimited              locks
Max pending signals     3869                 3869                   signals
Max msgqueue size       819200               819200                 bytes
Max nice priority       0                    0
Max realtime priority   0                    0
Max realtime timeout    unlimited            unlimited              us
```

　Limitが制限項目、Unitsがその項目の単位を表しています。Hard Limitはそのサーバーの管理者、つまりroot権限でなければ設定が変更できない値です。Soft Limitはプロセスを所有しているユーザ権限でも変更できますが、Hard Limitよりも大きい値を設定することはできません。unlimitedは制限を行っていないことを指します。今回の例であれば、Max cpu time（CPU時間をどの程度利用できるのか）においては制限がないことが分かります。この場合はこのmysqldはリソースがある限りCPU演算を行うことができます。

　特にWebサービスを運用する上でよく遭遇する制限は、Max open filesです。この値を例にして、ulimitの変更方法を説明します。Max open filesはそのプロセスがopenすることのできるファイルの最大数です。プロセスがファイルをopen(2)を用いて開いた際に、Linux Kernelではopenされたファイルをプロセスから扱うためのインターフェースとして**ファイルディスクリプタ**と呼ばれる番号が割り当てられ、プロセスはこの番号を指定することでOSに対してファイルの読み書きを行うことができるようになります。

　Linux Kernelではこの番号とともにファイルの状態などを管理するテーブル（**ファイルテーブル**と言います）を持っており、open(2)が行われるとテーブルにエントリを追加し、close(2)が行われるとそのテーブルから当該エントリを削除します。Max open filesは、正確にはこのファイルディスクリプタの上限値を示しています。open(2)の返り値は、このファイルディスクリプタです。

　ファイルディスクリプタは、あくまでインターフェースです。物理的なファイルであればopen(2)によって読み書きが可能になりますが、これと同じインターフェースでsocket(2)というシステムコールを使うことでソケットの利用も行うことができます。現在のmysqldは10000が指定されているため、10000個のファイルやソケットを同時にopenすることができます。逆に、これよりも大きい数をopenしようとするとどうなるのでしょうか。

　次にMySQLのプロセスにおいて、Max open filesの設定が足りない場合のMySQLにおけるエラーログを示します。説明のため、Max open filesに10を設定し、mysqldにファイルを10個のみopen

できるような設定に変更しています。

```
$ cat /var/log/mysql/error.log

2021-11-23T19:21:29.600935Z 0 [Warning] [MY-010139] [Server] Changed limits: max_open_files: 10 ↵
(requested 8161)
2021-11-23T19:21:29.866271Z 0 [System] [MY-010116] [Server] /usr/sbin/mysqld ↵
(mysqld 8.0.25-0ubuntu0.20.04.1) starting as process 6732
2021-11-23T19:21:29.872655Z 0 [Warning] [MY-012364] [InnoDB] innodb_open_files should not be greater than ↵
the open_files_limit.
2021-11-23T19:21:29.875636Z 1 [System] [MY-013576] [InnoDB] InnoDB initialization has started.
2021-11-23T19:21:29.963721Z 1 [ERROR] [MY-012592] [InnoDB] Operating system error number 24 in a file ↵
operation.
2021-11-23T19:21:29.963824Z 1 [ERROR] [MY-012596] [InnoDB] Error number 24 means 'Too many open files'
2021-11-23T19:21:29.963944Z 1 [ERROR] [MY-012646] [InnoDB] File ./ib_logfile1: 'open' returned OS error ↵
124. Cannot continue operation
2021-11-23T19:21:29.964044Z 1 [ERROR] [MY-012981] [InnoDB] Cannot continue operation.
```

Too many open filesはファイルをopenできなかった際に出る頻出のエラーメッセージです。max_open_files: 10 (requested 8161)のログより、8161個のファイルをopenしようとしたものの、制限値として10個しかopenできない状況であったため起動できなかった、ということがログに記されています。

MySQLのようなデータベースアプリケーションに限らず、ミドルウェアの多くは効率的に処理を行うためファイルの読み書きを行う場合があります。特にパケットを多くやりとりする環境ではコネクションも多く生成されるため、同時に利用するファイルの数も増える傾向にあります。アクセスが多くなった際に突然デーモンが落ちてしまい障害が発生することもあるため、事前に制限を上げておく必要があります。

systemdを利用している環境においては、systemdのUnitファイルにて設定を変更できます。例として、private-isu環境におけるmysqldの設定を変更します。「systemdのUnitファイル」は、systemdで管理されているサービスがどのように起動するのかを示したファイルです。private-isu環境では/lib/systemd/system/mysql.serviceにMySQLの設定ファイルがあります。利用しているディストリビューションによって位置が変わることもあるため、ファイルパスはこの限りではありません。

systemdにおけるサービス名が分かっている場合は、systemctl statusコマンドの出力結果にファイルパスが出力されているため、こちらで確認してください。

```
# systemctl statusコマンドを用いて、mysql.serviceの設定ファイルパスを確認する
$ systemctl status mysql.service
● mysql.service - MySQL Community Server
     Loaded: loaded (/lib/systemd/system/mysql.service; enabled; vendor preset: enabled)
    Drop-In: /etc/systemd/system/mysql.service.d
             └─limits.conf
```

```
    Active: active (running) since Wed 2021-11-24 04:33:32 JST; 4min 30s ago
   Process: 6913 ExecStartPre=/usr/share/mysql/mysql-systemd-start pre (code=exited, status=0/SUCCESS)
  Main PID: 6931 (mysqld)
    Status: "Server is operational"
     Tasks: 37 (limit: 1160)
    Memory: 334.1M
    CGroup: /system.slice/mysql.service
            └─6931 /usr/sbin/mysqld

Nov 24 04:33:31 ip-172-31-35-200 systemd[1]: Starting MySQL Community Server...
Nov 24 04:33:32 ip-172-31-35-200 systemd[1]: Started MySQL Community Server.
```

/lib/systemd/system/mysql.service が今回扱う mysqld の Unit ファイルです。このファイルを直接編集しても設定を変更することは可能ですが、このファイルはパッケージメンテナによって管理されていることが多いため変更することは推奨されません。systemd では、今回のように自らの環境向けに設定値を上書きしたい際に利用できるファイルパスが設定されています。

次に、mysqld の Max open files の値を 1006500 まで増やすように変更するコマンドの例を示します。

```
# mysqld.serviceの設定変更は、/etc/systemd/system/mysql.service.d配下にファイルを置くことで実現できる
# 当該ディレクトリを作成
$ sudo mkdir -p /etc/systemd/system/mysql.service.d

# Max open filesに対応する設定値であるLimitNOFILEを増やすよう設定値を記載する
$ cat /etc/systemd/system/mysql.service.d/limits.conf
[Service]
LimitNOFILE=1006500

# Unitファイルの更新を反映する
$ sudo systemctl daemon-reload

# mysqldプロセスに反映するためmysql.serviceを再起動する
$ sudo systemctl restart mysql.service
```

これにより mysqld プロセスにおける Max open files の値が 1006500 まで増加しました。確認のため再度 /proc 以下を確認します。次に、/proc 配下から制限値を確認するコマンドを示します。

```
# mysqldプロセスのPIDを調べる
$ ps axufww | grep mysql
mysql       6931  0.1 35.9 1741600 360652 ?       Ssl  04:33   0:03 /usr/sbin/mysqld

# mysqldプロセス(PID=6931)の Max open filesの設定を確認する
$ cat /proc/6931/limits | grep 'Max open files'
Max open files            1006500               1006500                files
```

　無事に制限値が1006500に上昇していることを確認できました。今回は1006500という値を設定しましたが、これは非常に大きい値です。実際にはアプリケーションごとに正しく動作するであろう値を設定します。

　今回はMySQLを取り扱いましたが、MySQLでは類似の設定項目として`open_files_limit`という設定項目があります。コネクションを生成するたびにファイルの読み込みが発生するため、`open_files_limit`は`max_connection`などの設定値を参考に決定されます[注16]。具体的には以下の値の中で最も大きいものが採用されます。

- `10 + max_connections + ( table_open_cache * 2)`
- `max_connections * 5`
- `ulimit`で設定された項目[注17]

`Max open files`は、扱うコネクション数や利用しているアプリケーションの特性などで適正な値が決まります。

9-8　Linuxカーネルパラメータ

　次にLinuxにおけるカーネルパラメータについて取り扱います。本章の最初でも述べたとおり、Linuxではコアのコードを書き換えることなく挙動を変えるパラメータがいくつも存在しています。カーネルパラメータは多くの種類が存在しているため、本書でその全てを取り上げることはできません[注18]。今回はWebサービスを提供する際に利用するカーネルパラメータを取り上げ、設定を変更する方法を紹介します。

net.core.somaxconn

　Linuxがパケットを受け取る際には`listen(2)`というシステムコールを用いてソケットへの接続を待ちます。無事に接続が行われた場合は`accept(2)`を用いて通信が開始されます。このとき、`accept(2)`は接続待ちとなっている接続要求のキューから1つを取り出して接続を行います。`listen(2)`において扱うソケットがTCPソケットの場合は、`listen(2)`によって待つ際にSYNパケットを受け取ってコネクションを生成できるかを待つ挙動になります。

　この「接続要求のキュー」は、**backlog**と呼ばれています。`net.core.somaxconn`はこのキューがど

注16　`open_files_limit`、`max_connection`、`table_open_cache`などの値は設定ファイルに書かれた値をデフォルト値として動的に変更されるものです。詳細についてはMySQLのドキュメント（https://dev.mysql.com/doc/refman/8.0/ja/server-system-variables.html）を参照してください。

注17　MySQL 8.0.19で追加されました。

注18　もし全てを紹介する書籍があれば、その内容だけで一冊の本になるでしょう。

の程度受け入れられるのかを設定するカーネルパラメータです。backlogが溢れた場合、Linux Kernel は新たに接続を行うことができないと判断してパケットを破棄してしまいます（図4）。そのため、同時にHTTPリクエストを多く受信するような環境においてはリソースに余裕があったとしてもコネクションが生成されず性能が落ちてしまいます。

図4 キュー不足が起きるとパケットが破棄される

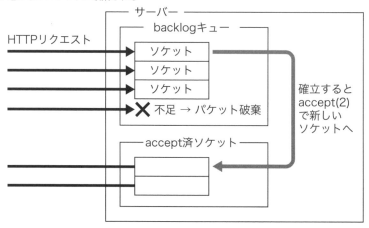

net.core.somaxconn の設定を変更することで、このキューのサイズを増やすことができます。これによりLinux上のリソースをより多く利用することができるようになります。現在のカーネルパラメータの値を確認するのには、sysctl コマンドを利用します。次に net.core.somaxconn の現在の値を確認するコマンドを示します。

```
# sysctlによってカーネルパラメータの設定値を確認する
$ sysctl net.core.somaxconn
net.core.somaxconn = 4096
```

net.core.somaxconn は、Linux 5.4からデフォルト値が4096になりました。それ以前のLinuxでは長らく128であったため、大きく増加しています。この値をさらに大きくすることにより、さらに接続数を増やすことができます。今回はその倍の8192まで増加させます。

一時的に設定値を書き換える際には sysctl コマンドを、永続的に書き換える場合は /etc/sysctl. conf ファイル、または /etc/sysctl.d/ 配下にあるファイルを利用します。次に、net.core. somaxconn を8192まで増加させる設定を示します。

```
# 一時的に書き換える場合は sysctl -wコマンドで変更ができる
$ sudo sysctl -w net.core.somaxconn=8192
```

```
net.core.somaxconn = 8192
$ sysctl net.core.somaxconn
net.core.somaxconn = 8192

# 恒久的に書き換える場合は/etc/sysctl.conf、または/etc/sysctl.d/配下のファイルに記載する
# 今回は/etc/sysctl.confの最終行に設定を追加した
$ tail /etc/sysctl.conf
#

##############################################################
# Magic system request Key
# 0=disable, 1=enable all, >1 bitmask of sysrq functions
# See https://www.kernel.org/doc/html/latest/admin-guide/sysrq.html
# for what other values do
#kernel.sysrq=438

net.core.somaxconn=8192

# sysctl -pコマンドで設定を更新する
$ sudo sysctl -p
net.core.somaxconn = 8192
```

net.ipv4.ip_local_port_range

LinuxでTCP/UDPの通信を行う場合、サーバー側のポートはHTTPなら80、HTTPSなら443番ポートが利用されることはよく知られています。これらは**System Ports**と呼ばれており[注19]、サーバー側でパケットをlisten(2)する際によく利用されるポートです。1番ポートから1023番ポートまでがこれに当たります。

対して、パケットの通信を行うためにはクライアント側にもポートが必要です。クライアント側のポートなど、動的に利用できるポート領域は**Ephemeral Ports**と呼ばれています。Linux 5.4環境においては、32768番ポートから60999番ポートが利用されることがデフォルトで設定されています。クライアント側のソフトウェアは、Ephemeral Portsの中から利用可能なポートを動的に確保し利用します。net.ipv4.ip_local_port_rangeは、動的に確保するポートの範囲を設定するカーネルパラメータです。

次に、net.ipv4.ip_local_port_rangeの現在の設定を確認するコマンドを示します。

```
sysctl net.ipv4.ip_local_port_range
net.ipv4.ip_local_port_range = 32768    60999
```

アプリケーションサーバーがMySQLなどのデータベースや他のシステムに接続する場合など、通信のクライアント側として動作する際にこのポートを使い切ることがあります。できるだけ多くの処

注19　以前は「Well known ports」と呼ばれていました。

理を行うためにクライアント側から多くのコネクションを生成して接続しようとする際にEphemeral Portsを使い潰してしまいます。

説明のため、今回の設定値を極端に小さくします。利用できるポートを32768番ポートから32769番ポートまでに設定した上で、curlコマンドを用いてHTTP通信を行います。

```
# net.ipv4.ip_local_port_rangeの設定を極端に小さくする
$ sudo sysctl -w net.ipv4.ip_local_port_range="32768 32769"
net.ipv4.ip_local_port_range = 32768 32769

# curlコマンドで何度かgihyo.jpに接続すると、エラーが出力される
$ curl -vvv https://gihyo.jp
*   Trying 104.22.58.251:443...
* TCP_NODELAY set
* Immediate connect fail for 104.22.58.251: Cannot assign requested address
*   Trying 172.67.22.15:443...
* TCP_NODELAY set
* Immediate connect fail for 172.67.22.15: Cannot assign requested address
*   Trying 104.22.59.251:443...
* TCP_NODELAY set
* Immediate connect fail for 104.22.59.251: Cannot assign requested address
* Closing connection 0
curl: (7) Couldn't connect to server
```

ローカルポートを割り当てることに失敗するため、`Cannot assign requested address`というエラーが出力されました。利用可能なポートが2つだけ存在しているため、curlコマンドを複数回実行することでポートの確保に成功しHTTPリクエストが成功したり、ポートが確保できずHTTPリクエストが失敗したりする様子が確認できます。今回は説明のため極端に小さくしましたが、デフォルトの設定でもポート数が足りなくなる場合があります。

System Portsを始めとして、これらのポート番号はIANAによって定義されています。IANAの定義によると、0〜1023番ポートが「System Ports」、1024〜49151が「User Ports」、49152〜65535が「Dynamic and/or Private Ports」と呼ばれています。ポートが不足している環境においてはデフォルト設定より多くのポートを利用したいため、System Portsを除いたポート範囲である1024〜65535番ポートをEphemeral Portsとして割り当てを行います[20]。

```
# 一時的に書き換える場合はsysctl -wコマンドで変更ができる
$ sudo sysctl -w net.ipv4.ip_local_port_range="1024 65535"
net.ipv4.ip_local_port_range = 1024 65535
$ sysctl net.ipv4.ip_local_port_range
net.ipv4.ip_local_port_range = 1024      65535
```

注20 MySQLなどは3306番ポートを利用するため、実務ではもう少し狭い範囲を利用するか、net.ipv4.ip_local_reserved_portsなどで衝突を回避する設定を入れます。

```
# 恒久的に書き換える場合は/etc/sysctl.conf、または/etc/sysctl.d/配下のファイルに記載する
# 今回も、/etc/sysctl.confの最終行に設定を追加した
$ tail /etc/sysctl.conf

###############################################################
# Magic system request Key
# 0=disable, 1=enable all, >1 bitmask of sysrq functions
# See https://www.kernel.org/doc/html/latest/admin-guide/sysrq.html
# for what other values do
#kernel.sysrq=438

net.core.somaxconn=8192
net.ipv4.ip_local_port_range=1024 65535

# sysctl -pコマンドで設定を更新する
$ sudo sysctl -p
net.core.somaxconn = 8192
net.ipv4.ip_local_port_range = 1024 65535
```

　これにより利用できるポート範囲が増え、ポート不足をある程度回避できます。なお、設定するパラメータとしてはipv4という文字列があるためIPv4における通信のみの設定と思われるかもしれませんが、現在はIPv6においてもこのパラメータを参照しています。

　また、同じホスト内の別プロセスへの通信に対しては**UNIX domain socket**を利用することもできます。具体的にはWebサーバーから同じサーバーに存在するWebアプリケーションへの接続やデータベースサーバーへの接続が該当します。

　net.core.somaxconnの項目でも取り上げましたが、Webサーバーが通信を待ち受ける際にはlisten(2)を用いてソケットを生成し接続を待ちます。このとき通常であればTCPの80番ポートへの接続を待機することが多いですが、**ソケットファイル**という特殊なファイルを生成し、そのファイルを通して接続を待機することもできます。リスト1にnginxの設定ファイルで80番ポートではなく、UNIX domain socketを用いる例を示します。

リスト1　UNIX domain socketを用いた例

```
server {
  ## 80番ポートで接続を待機する際の設定 ( # を付けてコメントアウト済)
  # listen 80;

  ## /var/run/nginx.sock で接続を待機する際の設定
  listen unix:/var/run/nginx.sock;

<以下略>
```

　この設定を利用した場合に、curlコマンドを用いてHTTPリクエストを送る例を以下に示します。

```
$ curl --unix-socket /var/run/nginx.sock example.com
```

　このように UNIX domain socketを用いることで、サーバーのポートを消費せずに通信を行うことができます。ソケットファイルに接続するため同じホスト内での通信でしか利用できないという制約はありますが、ポートへの接続と比較して「どのポートが利用可能か」などの処理を回避できます。そのため、パフォーマンス面でも利点が多く、利用できるパターンであれば利用することを推奨します。

　private-isuにおける、nginxとWebアプリケーション間の接続においても UNIX domain socketを利用できます。private-isuの初期状態では、Webアプリケーションは`0.0.0.0:8080`を listen(2) し、nginxが受け取ったリクエストを`http://localhost:8080`にプロキシする構成となっています。

　次に、nginxとwebapp間の接続に UNIX domain socketを利用する設定例を紹介します。はじめに、Webアプリケーション側の設定を変更し、`/tmp/webapp.sock`[注21]にて listen(2) するように変更します。Ruby実装では、`unicorn_config.rb`に設定があります。初期状態では、リスト2のようになっています。

リスト2　unicorn_config.rbにある設定

```
worker_processes 1
preload_app true
listen "0.0.0.0:8080"
```

　`listen`という項目が該当します。リスト3のように書き換え、listen(2) する先を `/tmp/webapp.sock`へ変更します。

リスト3　/tmp/webapp.sockに変更

```
worker_processes 1
preload_app true
listen "/tmp/webapp.sock"
```

　この状態でアプリケーションを再起動することにより、ソケットファイルが作成されます。

```
$ ls -l /tmp/webapp.sock
srwxrwxrwx 1 isucon isucon 0 Feb  3 16:22 /tmp/webapp.sock
```

　Go実装ではapp.go内で`http.ListenAndServe()`関数によって listen(2) するアドレスを指定してい

注21　/tmpディレクトリはどのユーザでも読み書きすることができるため、ソケットファイルを設置する場合にどのユーザからでもアクセスできるようになることから非推奨となっているLinuxディストリビューションも存在します。今回は簡易に説明するため/tmpを利用しますが、本番運用時は/runなどの適切なディレクトリを利用し適切な権限管理を行ってください。

ます。初期状態を以下に示します。

```
log.Fatal(http.ListenAndServe(":8080", mux))
```

　リスト4のように、この実装を書き換えます。例示のため、再起動時の再作成処理など一部処理を省略しています。

リスト4　Go実装を書き換える

```
## "/tmp/webapp.sock" で listen(2) する
listener, err := net.Listen("unix", "/tmp/webapp.sock")
if err != nil {
        log.Fatalf("Failed to listen on /tmp/webapp.sock: %s.", err)
}
defer func() {
        err := listener.Close()
        if err != nil {
                log.Fatalf("Failed to close listener: %s.", err)
        }
}()

## systemdなどから送信されるシグナルを受け取る
c := make(chan os.Signal, 2)
signal.Notify(c, os.Interrupt, syscall.SIGTERM)
go func() {
        <-c
        err := listener.Close()
        if err != nil {
                log.Fatalf("Failed to close listener: %s.", err)
        }
}()

log.Fatal(http.Serve(listener, mux))
```

　このように書き換えた上でWebアプリケーションを再起動することで、Ruby実装と同様に /tmp/webapp.sock でlisten(2) を行います。nginxではproxy_passによって、http://localhost:8080 にプロキシする設定となっています。

　初期状態の当該設定をリスト5に示します。

リスト5　初期状態の設定

```
server {
<省略>
  location / {
```

```
    proxy_set_header Host $host;
    proxy_set_header X-Real-IP $remote_addr;
    proxy_set_header X-Forwarded-For $proxy_add_x_forwarded_for;
    proxy_pass http://localhost:8080;
  }
}
```

upstreamディレクティブによって /tmp/webapp.sock をアップストリームサーバーとして指定し、UNIX domain socketに接続します。リスト6に修正を加えた設定を示します。

リスト6 /tmp/webapp.sock をアップストリームサーバーとして指定した設定

```
upstream webapp {
  server unix:/tmp/webapp.sock;
}


server {
<省略>
  location / {
    proxy_set_header Host $host;
    proxy_set_header X-Real-IP $remote_addr;
    proxy_set_header X-Forwarded-For $proxy_add_x_forwarded_for;
    proxy_pass http://webapp;
  }
}
```

上記の設定を加えた上でnginxを再起動することで、nginxとWebアプリケーション間の通信がUNIX domain socketを介して行われ、一定の高速化を見込めます。

9-9 MTU（Maximum Transmission Unit）

カーネルパラメータ以外にも、Webアプリケーションのチューニングに有用なパラメータはいくつか存在します。一例として、MTUを紹介します。MTUは、**そのネットワークインターフェースから送信できる最大サイズ**です。MTUに設定した値よりも大きなパケットを送信する際には、MTUのサイズまで分割して送信します。

IEEE 802.3で定められたEthernetの最大サイズに由来して、MTUの最大サイズは長らく1500byteとされてきました。しかし、通信速度が高速化しやり取りするファイルサイズも大きくなる中で1500byteまで分割して送信するのは分割のコストが大きくなります。そのため、MTUを1500byteよりも大きくしてスループットを向上させる「Jumbo Frame」と呼ばれるものが提唱されました。いく

つかの種類や定義が存在していますが、一般的にはMTUを9000byteまで拡張させることを指します。

現在のMTU設定は、`ip link`コマンドで確認できます。次に実行例を示します。

```
# enp0s3のMTUを調べる
$ ip link show enp0s3
2: enp0s3: <BROADCAST,MULTICAST,UP,LOWER_UP> mtu 1500 qdisc fq_codel state UP mode DEFAULT group default ↩
qlen 1000
    link/ether 02:00:8e:6c:42:51 brd ff:ff:ff:ff:ff:ff
```

`mtu 1500`という表記があるため、このインターフェースではMTUが1500に設定されていることが分かりました。一時的にMTUを変更するのであれば、確認した時と同じく`ip link`コマンドで変更できます。次に、MTUを9000byteに設定するコマンドの実行例を示します。

```
# enp0s3のMTUを9000byteに設定する
$ sudo ip link set enp0s3 mtu 9000
# 再度、enp0s3のMTUを確認する
$ ip link show enp0s3
2: enp0s3: <BROADCAST,MULTICAST,UP,LOWER_UP> mtu 9000 qdisc fq_codel state UP mode DEFAULT group default ↩
qlen 1000
    link/ether 02:00:8e:6c:42:51 brd ff:ff:ff:ff:ff:ff
```

9

`mtu 9000`という表記に変わり、MTUが9000byteに変更できたことが確認できました。

`ip link`コマンドでは再起動した場合に設定が消えてしまうため、恒久的な設定を行う必要があります。いくつか方法はありますが、udevを用いた方法を紹介します。udevはLinux Kernelにおけるデバイス管理ツールです。さまざまなルールを書くことでデバイスに対する設定を変更できます。非常に多くの機能を持つため、今回は詳細なルールの書き方についての説明は割愛します。今回は、「enp0s3という名前のインターフェースが接続されたら、そのインターフェースのMTUを9000byteに設定する」というルールを設定します[注22]。この設定により、恒久的にenp0s3のMTUを変更できます。

```
$ cat /etc/udev/rules.d/10-network.rules
ACTION=="add", SUBSYSTEM=="net", KERNEL=="enp0s3", ATTR{mtu}="9000"
```

また、TCPにおいても**MSS**（Maximum Segment Size）という技術でMTUに近い形での分割送信を行っています。

しかし、Webサービスを提供する上でMTU/MSSの設定はあまり大きな効果を得ることができま

注22　本来はenp0s3のようなLinux Kernelによって決定した名前ではなく、インターフェースのユニークなIDを利用するべきです。今回は説明のため、この名称を利用しています。

せん。MTUはパケットをやり取りするクライアントとサーバー、そしてその経路にあるネットワーク機器までの全てで設定が行われる必要があるためです。仮にサーバーのMTUを9000byteに、経路にあるネットワーク機器がMTU 1500byteになっていた場合は、経路上のネットワーク機器によって1500byteまでパケットの分割が行われます（図5）。

図5　Jumbo Frameを用いても経路上のネットワーク機器でパケットは分割される

このような状況が発生してしまうと無駄な分割が発生してしまうため、結果としては非効率になってしまいます。多くの場合においては、MTUの設定はOSの定めるデフォルト設定を利用するべきでしょう。ちなみに、Amazon Web Services向けに提供されているLinuxである「Amazon Linux 2」では、デフォルトのMTU設定値が9001byteにされています。catatsuy/private-isuにおけるAMIから起動された環境で、実際に確認するコマンドを次に示します。

```
# ens3のMTU設定値を確認する
$ ip link show ens3
2: ens3: <BROADCAST,MULTICAST,UP,LOWER_UP> mtu 9001 qdisc mq state UP mode DEFAULT group default qlen 1000
    link/ether 0e:b3:a5:b8:37:bf brd ff:ff:ff:ff:ff:ff
```

Amazon Web Services内で利用されている機器にはMTU 9001byteが設定されており、効率的に送受信できるのではないかと思われます。インターネット経由など、外部への通信に関しては1500byteに設定される旨がドキュメント[注23]に記載されています。現在は1500byteがインターネットにおいて一般的ではありますが、将来的にはより大きなMTUでインターネット上のトラフィックが処理される時代がくるのかもしれません。

注23　https://docs.aws.amazon.com/ja_jp/AWSEC2/latest/UserGuide/network_mtu.html

その他のカーネルパラメータ

今回いくつかのカーネルパラメータを紹介しましたが、それ以外にもLinux Kernelには多くのパラメータが定義されており、さまざまな挙動を変更することが可能です。現在、設定されているカーネルパラメータは、sysctl -aコマンドで確認できます。

```
$ sudo sysctl -a | head -n 3
abi.vsyscall32 = 1
debug.exception-trace = 1
debug.kprobes-optimization = 1
```

また、これらのパラメータは適宜増減されたり、デフォルト値が変更される場合もあります。前述したとおり、net.core.somaxconnはLinux 2.4.25（2004年リリース）から長らく128がデフォルト設定でしたが、Linux 5.4（2019年リリース）から4096まで引き上げられました。過去のWebアプリケーションを運用する際に頻出であったnet.ipv4.tcp_tw_recycleというカーネルパラメータは、Linux 4.12（2017年リリース）に削除されました。カーネルパラメータに限った話ではありませんが、何がどのようなパラメータであるのかを理解し、適宜アップデートを確認すべきでしょう。

9-10 ┃ まとめ

本章では、以下のことを学びました。

- Linux Kernelにおける基本的な概念
- Linuxにおけるネットワークやストレージなどのリソース管理
- カーネルパラメータなどOSにおけるパラメータを変更することによるチューニング
- 具体的に遭遇することの多いトラブルとそれに対するチューニング

具体的にLinuxが行っていることは非常に大きく、数千万行もある非常に大きなアプリケーションです。それゆえにとっつきにくい、調べづらい印象を持つことも多くあるかもしれません。

しかし、冒頭に書いたとおりチューニングの流れはどのレイヤーでも変わりません。今回紹介した概念やその調査方法をもとに、Linuxなどの低レイヤーへのチューニングに対する障壁が少しでも下がれば幸いです。

9

OSの基礎知識とチューニング

Appendix

付録

 private-isu の攻略実践

 ベンチマーカーの実装

private-isu の攻略実践

　本付録では、本書でチューニング対象の Web サービスとして取り上げた github.com/
catatsuy/private-isu（以下、private-isu）に対して、本書中で紹介しているチューニング
技法を適用した結果を紹介します。private-isu に付属しているベンチマーカーを実行しな
がら、3 章以降で紹介したテクニックを適用した結果、そのスコアがどう変わったかをみて
いきます。

　初期状態で 650 点ほどだったスコアは、本書で紹介したチューニングを順次適用した結果、
最終的には約 32 万点、約 500 倍に向上します。ISUCON においてどのようにボトルネック
を発見し、解消してスコアを上げていくのか、1 つの具体例として参考にしてください。

A-1 　用意した競技用環境

　Amazon Web Services（以下、AWS）東京リージョン（ap-northeast-1）で、競技用インスタンスと
ベンチマーカーインスタンスを次のスペックで 1 台ずつ起動しました。各インスタンスは同一の
Availability Zone（AZ）に配置しています。

- 競技用インスタンス
  - C6i.large
  - CPU 2 コア
  - Memory 4GB
  - Network 最大 12.5Gbps
- ベンチマーカーインスタンス
  - C6i.xlarge
  - CPU 4 コア
  - Memory 8GB
  - Network 最大 12.5Gbps

　各インスタンスを起動するためのマシンイメージ（Amazon Machine Image、AMI）は、private-isu
のリポジトリに掲載されているものを使用しています。private-isu の Web アプリケーションには

RubyとGoの実装が含まれていますが、本付録ではRuby実装を使用します。

A-2 ベンチマーカーの実行方法

起動したベンチマーカーインスタンス上で、isuconユーザーで次のコマンドを実行しました。

```
$ cd /home/isucon/private_isu.git/benchmarker
$ ./bin/benchmarker -u ./userdata -t http://{競技用インスタンスのIPアドレス}/
```

ベンチマーカーの実行が終了すると、次のようなメッセージがJSON形式で出力されます（実際には1行）。

```
{
  "pass": true,
  "score": 645,
  "success": 582,
  "fail": 2,
  "messages": ["リクエストがタイムアウトしました (POST /login)"]
}
```

JSONの各要素の意味は、表1の通りです。

表1　JSONの各要素の意味

要素	意味
pass	trueまたはfalse。ベンチマーク実行が所定の条件を満たして成功した場合はtrue
score	ベンチマークスコア。この数値を向上させることが目標です
success	成功したHTTPリクエスト数
fail	失敗したHTTPリクエスト数
messages	失敗したHTTPリクエストについての情報

ベンチマークスコアはベンチマーカーが発行したHTTPリクエスト数を元に、次のルールで係数を加味した点数を合計して算出されます。

- GETリクエストの成功数×1点
- 画像アップロード以外のPOSTリクエストの成功数×2点
- 画像アップロードのPOSTリクエストの成功数×5点

- HTTPステータスコード500番台もしくはタイムアウトしたリクエストの数 × -20点
- それ以外のリクエスト失敗（ステータスコードが想定外など）数 × -10点

基本的には、リクエストを多く処理すればするほど高得点になります。投稿系の処理を多く処理すれば係数によってより高得点になりますし、処理に失敗すると減点されることになります。このスコアは一定時間内にリクエストを処理した数を元にしているため、ソフトウェアが同一であってもハードウェアの性能が異なる場合にはスコアが変わります。異なる環境で得られたスコア同士は、直接比較できないことに注意してください。

A-3 　各章の技法を適用する

用意した競技用環境に対して、本書の各章で紹介したチューニング技法を適用していきます。その結果、スコアが何点になったのか、サーバーリソースの使用状況や各種ログの解析結果を合わせて掲載します。技法は本書中の掲載順に関係なく、その時点で存在しているボトルネックを解消できると思われるものを適宜適用していきます。

▌初期状態（約650点）

ISUCONでもそれ以外のパフォーマンスチューニングでも、環境に手を加える前にまず初期状態で負荷試験（ベンチマーク）を実行します。最初にどのようなスコアが得られるか、その時のサーバーのリソースの使用状況はどうなっているかを観察するのが重要です。この初期状態が全ての基準になります。競技用インスタンスを起動して、何も手を加えずにベンチマークを実行した結果は次のようになりました。

```
{"pass":true,"score":652,"success":587,"fail":2,"messages":["リクエストがタイムアウトしました ↩
(POST /login)"]}
```

private-isu の初期状態では、HTTPレスポンスを規定のタイムアウト時間（10秒）以内に返却できないことがあります。そのため、数件のfailが発生することがあります。このベンチマークを実行している間に、競技用インスタンス上でtopコマンドを実行した結果は次のようになりました（抜粋）。

```
%Cpu(s): 49.7 us,  0.7 sy,  0.0 ni, 49.7 id,  0.0 wa,  0.0 hi,  0.0 si,  0.0 st

   PID USER      PR  NI    VIRT    RES    SHR S  %CPU  %MEM    TIME+ COMMAND
  3516 mysql     20   0 3934964 617936  38960 S  97.0  15.7  0:30.74 mysqld
 12832 isucon    20   0  125784  60548   9184 S   3.3   1.5  0:00.56 bundle
```

この競技用インスタンスでは、CPUを2コア使用できます。MySQL（mysqld）のプロセスがCPUを約100%（2コアのうち1コア相当）使用しています。Rubyのアプリケーションサーバー（bundleと表示されているプロセス）は3%程度のCPUしか使用していません。インスタンス全体では、2コアあるうちのほぼ1コア分がidle状態になっています。topコマンドによるモニタリングについて詳細は2章4節「手動でのモニタリング」と3章4節「負荷試験中の負荷を観察する」を参照してください。3章でも紹介したとおり、まずは多くのCPUを使っていてボトルネックとなっていると思われるMySQLの処理を軽減することが第一歩となります。

commentsテーブルにインデックスを追加する（約7,000点）

3章4節「スロークエリログを解析する」ではMySQLのスロークエリログを出力し、mysqldumpslowコマンドで解析しました。解析の結果、大量の行を読み込んでいるSQLクエリを発見したため、そのテーブルに対してインデックスを追加して検索を高速にする手法を紹介しました。

最初に、MySQLのスロークエリログを有効にします。/etc/mysql/mysql.conf.d/mysqld.cnfに次の3行を追加してsystemctl restart mysqlを実行し、MySQLを再起動します。

```
slow_query_log = 1
slow_query_log_file = /var/log/mysql/mysql-slow.log
long_query_time = 0
```

commentsテーブルのpost_idカラムに対して、インデックスを追加しましょう。詳細は、3章4節「スロークエリログを解析する」と5章3節「インデックスでデータベースを速くする」を参照してください。

```
mysql> ALTER TABLE comments ADD INDEX post_id_idx (post_id, created_at DESC);
Query OK, 0 rows affected (0.51 sec)
Records: 0  Duplicates: 0  Warnings: 0
```

commentsテーブルに対してpost_id_idxインデックスを追加後にベンチマークを行った結果は、次のようになりました。

```
{"pass":true,"score":7114,"success":6095,"fail":0,"messages":[]}
```

スコアは約650点から約7,000点へ、10倍以上向上し、リクエストの失敗もなくなりました。ベンチマーク実行中のtopコマンドの結果は、次のようになっていました。

```
%Cpu(s): 38.9 us,  8.3 sy,  0.0 ni, 46.6 id,  5.2 wa,  0.0 hi,  1.0 si,  0.0 st

    PID USER      PR  NI    VIRT    RES    SHR S  %CPU  %MEM     TIME+ COMMAND
 114153 isucon    20   0  150396  86332   8676 R  48.0   2.2   0:16.65 bundle
  56491 mysql     20   0 1787596 604308  38452 S  41.3  15.3   4:17.12 mysqld
 114125 www-data  20   0   58388   6228   4132 S   4.0   0.2   0:01.23 nginx
```

　MySQLのCPU使用率が下がり、アプリケーションサーバー(bundle)のCPU使用率が上がっています。しかし、インスタンス全体ではCPU2コアのうち、1コアしか使えていない状態のままです。理由については、3章5節「サーバーの処理能力を全て使えているか確認する」で解説しています。

unicorn workerプロセスを4にする（約15,000点）

　3章5節「複数のCPUを有効に利用するための設定」にあるとおり、2コアあるCPUを有効に活用するため、アプリケーションサーバーのworkerプロセスを4プロセスに変更してみましょう。webapp/ruby/unicorn_config.rbを編集し、worker_processesを4に修正します（リスト1）。編集後はrootユーザーでsystemctl restart isu-ruby.serviceを実行して、アプリケーションサーバーを再起動します。

リスト1　編集したunicorn_config.rb

```
worker_processes 4
preload_app true
listen "0.0.0.0:8080"
```

　この修正により、スコアは約15,000点に向上しました。

```
{"pass":true,"score":14745,"success":13432,"fail":0,"messages":[]}
```

　topコマンドではアプリケーションサーバーのプロセス(bundle)が4プロセス起動し、均等にCPUを使っていることが分かります。インスタンス全体ではidleが全体の0.5%になり、ほぼ全てのCPUを使えている状態になりました。

```
%Cpu(s): 85.5 us, 11.8 sy,  0.0 ni,  0.5 id,  0.3 wa,  0.0 hi,  1.8 si,  0.0 st

    PID USER      PR  NI    VIRT    RES    SHR S  %CPU  %MEM     TIME+ COMMAND
  56491 mysql     20   0 1787596 606684  38452 S  77.7  15.4   5:33.79 mysqld
 119998 isucon    20   0  168792 104096   8260 R  27.0   2.6   0:20.12 bundle
 119996 isucon    20   0  194928 130760   8132 S  26.7   3.3   0:19.74 bundle
 119995 isucon    20   0  162064  96232   8132 R  23.3   2.4   0:20.89 bundle
 119997 isucon    20   0  165788 100584   8276 S  23.3   2.5   0:20.28 bundle
 114125 www-data  20   0   58592   6384   4044 R   8.3   0.2   0:08.21 nginx
```

Webサービスを構成しているコンポーネント単位でみると、MySQLのCPU使用率は77%ですがアプリケーションサーバー4プロセスの合計は100%を超えました。初期状態で圧倒的にCPUを使っていたMySQLから、アプリケーションサーバーへボトルネックが移動しているのが伺えます。また、Webサーバー兼リバースプロキシのnginxも8%程度のCPUを使うようになり、処理が増えているようです。

次のボトルネックを探すために、アクセスログを解析ツールalpで解析してみましょう。詳細は、3章2節「alpを使ったログ解析方法」を参照してください。本付録内で特筆しない場合、alpでの解析に設定するオプションは次の例と同一です。URLを正規表現でグループ化し、URLとメソッドごとにリクエスト数、レスポンスタイムの最小、平均、最大、合計を計算しています。並び替えはレスポンスタイムの合計が大きいものから降順としています。

```
$ alp json \
  --sort sum -r \
  -m "/posts/[0-9]+,/@\w+,/image/\d+" \
  -o count,method,uri,min,avg,max,sum \
  < /var/log/nginx/access.log


+-------+--------+--------------+-------+-------+-------+---------+
| COUNT | METHOD |     URI      |  MIN  |  AVG  |  MAX  |   SUM   |
+-------+--------+--------------+-------+-------+-------+---------+
| 10127 | GET    | /image/\d+   | 0.004 | 0.026 | 0.288 | 266.829 |
|   887 | GET    | /            | 0.052 | 0.172 | 0.416 | 152.910 |
|  1772 | GET    | /js/.*       | 0.000 | 0.024 | 0.164 |  42.827 |
|   666 | POST   | /login       | 0.040 | 0.053 | 0.212 |  35.480 |
|   160 | GET    | /posts       | 0.072 | 0.176 | 0.308 |  28.182 |
|   886 | GET    | /favicon.ico | 0.000 | 0.028 | 0.212 |  24.400 |
|   799 | GET    | /posts/[0-9]+| 0.000 | 0.031 | 0.152 |  24.388 |
|   211 | GET    | /@\w+        | 0.044 | 0.112 | 0.304 |  23.559 |
```

alpの結果を見ると、アップロードされた画像を配信している/image/以下へのリクエストが圧倒的に多数のようです。また、/js/.*や/favicon.icoなど静的ファイルへのリクエストも上位に来ています。

private-isuの初期実装では、アップロードされた画像のバイナリはMySQLへ保存されます。また、画像を取得するリクエスト（GET /image/\d+）のたびに、アプリケーションサーバーがMySQLから画像を取り出して配信しています。JavaScript、favicon、CSSなどの静的ファイルも、nginxではなくアプリケーションサーバーが配信しています。次は、画像や静的ファイルの配信を改善してみましょう。

■ 静的ファイルを nginx で配信する（17,000 点）

6章「リバースプロキシを利用する」で説明したとおり、静的ファイルはアプリケーションサーバーではなくリバースプロキシ（Webサーバー）から配信するべきです。/favicon.ico、/css/、/js/、/img/ に前方一致する URL を、nginx が静的ファイルとして配信する設定をしましょう。

nginx の設定ファイルに、次のように location ~ ^/(favicon\.ico|css/|js/|img/) を追加します。配信する静的ファイル類は不変なため expires 1d も設定することで、レスポンスヘッダに Cache-Control: max-age=86400 を付与します（リスト2）。詳しくは、8章5節「HTTPヘッダーを活用してクライアント側にキャッシュさせる」を参照してください。

リスト2　/etc/nginx/sites-available/isucon.conf

```
server {
  listen 80;

  client_max_body_size 10m;
  root /home/isucon/private_isu/webapp/public/;

  location ~ ^/(favicon\.ico|css/|js/|img/) {
    root /home/isucon/private_isu/webapp/public/;
    expires 1d;
  }
  # 以下略
```

設定後、nginx を再起動してから得られたスコアは約17,000点になりました。

```
{"pass":true,"score":17117,"success":15860,"fail":0,"messages":[]}
```

スコアの向上はそれほど大きくありませんが、alp での解析結果では静的ファイルの集計結果が上位から下位に移動しています。静的ファイルをアプリケーションサーバーから配信している状態では /js/.* は平均レスポンスタイムが0.024秒、最大が0.164秒でした。nginx で配信するようになって、すべて 0.000 秒となりました。これは nginx のログに出力される $req_time が msec 精度なので、1msec 未満の場合は 0.000 と表現するためです。

```
+-------+--------+-------------+-------+-------+-------+---------+
| COUNT | METHOD |     URI     |  MIN  |  AVG  |  MAX  |   SUM   |
+-------+--------+-------------+-------+-------+-------+---------+
| 10752 | GET    | /image/\d+  | 0.000 | 0.030 | 0.300 | 326.708 |
|   849 | GET    | /           | 0.048 | 0.180 | 0.444 | 152.639 |
(略)
|  1424 | GET    | /favicon.ico| 0.000 | 0.000 | 0.000 |   0.000 |
```

```
| 2850 | GET | /js/.*  | 0.000 | 0.000 | 0.000 |  0.000 |
| 1424 | GET | /css/.* | 0.000 | 0.000 | 0.000 |  0.000 |
+------+-----+---------+-------+-------+-------+--------+
```

アップロード画像を静的ファイル化する（約22,000点）

private-isuの初期状態は、ユーザーがアップロードした画像データのバイナリがMySQLに保存されます。これらの画像を配信する場合は、アプリケーションサーバーがMySQLから取得したバイナリを一旦メモリに載せてからHTTPレスポンスを返しています。

画像などはアプリケーションサーバーを介さずに静的ファイルとして配信したほうがよいため、アプリケーションとnginxの設定を次のように改変します（リスト3、リスト4）。詳細は、8章4節「静的ファイル配信をリバースプロキシから直接配信する」を参照してください。

1. アプリケーションサーバーはアップロードされた画像をインスタンス上のファイルとして保存する。
2. 画像の配信時は、以下のようにする。
    ⅰ. 最初にリクエストを受けるnginxは、ファイルがあればそのまま配信する。
    ⅱ. ファイルがなければ、アプリケーションサーバーへリバースプロキシする。
    ⅲ. アプリケーションサーバーはMySQLから画像を取得し、ファイルとして保存した上でレスポンスを返す。

このように実装することで、MySQLに存在する全ての画像を一度にファイル化する必要がなくなります。新しくアップロードされたファイルは最初から静的ファイルに保存されますし、MySQLにある古い画像は配信されるタイミングで静的ファイルに変換されます。つまり、Webサービスを稼働したまま順次静的ファイルに移行できるのです。

リスト3　アップロード画像を順次静的ファイルに移行するアプリケーションの改修差分

```
 require 'rack-flash'
 require 'shellwords'
 require 'rack/session/dalli'
+require 'fileutils'

 module Isuconp
   class App < Sinatra::Base
@@ -14,6 +15,8 @@ module Isuconp

     POSTS_PER_PAGE = 20

+    IMAGE_DIR = File.expand_path('../../public/image', __FILE__)
+
     helpers do
```

```
      def config
        @config ||= {
@@ -303,34 +306,38 @@ module Isuconp
      end

      if params['file']
-       mime = ''
+       mime, ext = '', ''
        # 投稿のContent-Typeからファイルのタイプを決定する
        if params["file"][:type].include? "jpeg"
-         mime = "image/jpeg"
+         mime, ext = "image/jpeg", "jpg"
        elsif params["file"][:type].include? "png"
-         mime = "image/png"
+         mime, ext = "image/png", "png"
        elsif params["file"][:type].include? "gif"
-         mime = "image/gif"
+         mime, ext = "image/gif", "gif"
        else
          flash[:notice] = '投稿できる画像形式はjpgとpngとgifだけです'
          redirect '/', 302
        end

-       if params['file'][:tempfile].read.length > UPLOAD_LIMIT
+       if params['file'][:tempfile].size > UPLOAD_LIMIT
          flash[:notice] = 'ファイルサイズが大きすぎます'
          redirect '/', 302
        end

-       params['file'][:tempfile].rewind
        query = 'INSERT INTO `posts` (`user_id`, `mime`, `imgdata`, `body`) VALUES (?,?,?,?)'
        db.prepare(query).execute(
          me[:id],
          mime,
-         params["file"][:tempfile].read,
+         '', # バイナリは保存しない
          params["body"],
        )
        pid = db.last_id

+       # アップロードされたテンポラリファイルをmvして配信ディレクトリに移動
+       imgfile = IMAGE_DIR + "/#{pid}.#{ext}"
+       FileUtils.mv(params['file'][:tempfile], imgfile)
+       FileUtils.chmod(0644, imgfile)
+
        redirect "/posts/#{pid}", 302
      else
        flash[:notice] = '画像が必須です'
@@ -349,6 +356,12 @@ module Isuconp
```

```
          (params[:ext] == "png" && post[:mime] == "image/png") ||
          (params[:ext] == "gif" && post[:mime] == "image/gif")
        headers['Content-Type'] = post[:mime]
+
+       # 取得されたタイミングでファイルに書き出す
+       imgfile = IMAGE_DIR + "/#{post[:id]}.#{params[:ext]}"
+       f = File.open(imgfile, "w")
+       f.write(post[:imgdata])
+       f.close()
        return post[:imgdata]
      end
```

リスト4 /image/以下の静的ファイルがあれば配信、なければアプリケーションサーバーにリバースプロキシするnginx の設定（抜粋）

```
location /image/ {
  root /home/isucon/private_isu/webapp/public/;
  expires 1d;
  try_files $uri @app;
}

location @app {
  internal;
  proxy_pass http://localhost:8080;
}
```

アクセスログの解析結果は次のようになりました。静的ファイル化を行う前に一番上に表示されていた GET /image\d+ の平均レスポンスタイムは0.030秒でしたが、静的ファイル化後は0.002秒となりました。処理が高速になった分、リクエスト回数は約1万回から2万回へ増加しましたが、合計の処理時間は326秒から48秒まで低下し、順位が低下しています。

COUNT	METHOD	URI	MIN	AVG	MAX	SUM
954	GET	/	0.052	0.269	0.428	256.304
410	GET	/posts	0.048	0.266	0.440	108.886
544	GET	/posts/[0-9]+	0.004	0.138	0.300	75.144
485	POST	/login	0.004	0.153	0.300	74.230
22549	GET	/image/\d+	0.000	0.002	0.276	48.803
112	GET	/@\w+	0.024	0.215	0.332	24.107
176	GET	/login	0.000	0.123	0.228	21.644
94	POST	/	0.004	0.143	0.244	13.483

A

private-isu の攻略実践

GET / を解析する

　ここからはアクセスログの解析結果で最上位の GET / に対してチューニングを進めていきます。この時点で MySQL が出力したスロークエリログを pt-query-digest で解析すると、posts テーブルに対するクエリが支配的なことが分かります。pt-query-digest について詳しくは、5 章 2 節「pt-query-digest によるスロークエリログの分析」を参照してください。

```
# Rank Query ID                         Response time  Calls  R/Call V/M    Item
# ==== ================================ ============== ====== ====== ===== ====
#    1 0x1CD48AE21E9C97BE44D0B06...     41.2711 45.1%    917  0.0450 0.00  SELECT posts
#    2 0x7A12D0C8F433684C3027353...     18.4145 20.1%    390  0.0472 0.00  SELECT posts
#    3 0x396201721CD58410E070DA9...      7.9219  8.7%  74279  0.0001 0.00  SELECT users
#    4 0xDA556F9115773A1A99AA016...      7.5912  8.3% 133634  0.0001 0.00  ADMIN PREPARE
#    5 0xCDEB1AFF2AE2BE51B2ED5CF...      4.8307  5.3%    114  0.0424 0.00  SELECT comments
#    6 0x624863D30DAC59FA1684928...      3.7560  4.1%  27821  0.0001 0.00  SELECT comments
#    7 0x422390B42D4DD86C7539A5F...      2.9990  3.3%  28412  0.0001 0.00  SELECT comments
#    8 0xE83DA93257C7B787C67B1B0...      1.6537  1.8%    114  0.0145 0.00  SELECT posts
# MISC 0xMISC                            3.0253  3.3% 135570  0.0000  0.0  <18 ITEMS>
```

　最上位のクエリは、posts テーブルに対して ORDER BY created_at を指定している次のクエリでした。このクエリは GET / でも発行されています。

```
SELECT `id`, `user_id`, `body`, `created_at`, `mime` FROM `posts` ORDER BY `created_at` DESC
```

　このクエリは WHERE 句や LIMIT 句を指定していないため、posts テーブルの全行を取得します。posts テーブルには初期状態で 1 万行が存在するため、本当に全行取得してから処理する必要があるのか、アプリケーションのコードを確認してみましょう。

　GET / を処理するアプリケーションのコードは、リスト 5 のようになっています。ここで当該のクエリが発行されているのが確認できます。

リスト 5　GET / を処理するアプリケーションのコード

```
get '/' do
  me = get_session_user()

  results = db.query('SELECT `id`, `user_id`, `body`, `created_at`, `mime` FROM `posts` ORDER BY 🔁
`created_at` DESC')
  posts = make_posts(results)

  erb :index, layout: :layout, locals: { posts: posts, me: me }
end
```

　アプリケーション内ではMySQLから投稿を全件取得しています。しかし、private-isuのトップページには、最新の投稿から順に20件しか表示されていません。20件に制限するロジックは、アプリケーションで定義している make_posts 関数に記述されています。

　make_posts 関数は、渡された results（ここでは posts テーブルの全行）をループし、その中でusers テーブルにクエリして投稿したユーザーの情報を取得します。そして、users.del_flg が0の場合のみ、返却する結果の配列に追加しています。返却する結果が POSTS_PER_PAGE（定数で20と定義されている）件に達したらループを抜けて、関数から結果を返します（リスト6）。

リスト6　make_posts 関数の定義（抜粋）

```
def make_posts(results, all_comments: false)
  posts = []
  results.to_a.each do |post|
    # （中略）

    # usersテーブルにクエリする
    post[:user] = db.prepare('SELECT * FROM `users` WHERE `id` = ?').execute(
      post[:user_id]
    ).first

    # users.del_flg == 0 の行だけ結果に追加
    posts.push(post) if post[:user][:del_flg] == 0

    # 結果が20行集まったらループを抜ける
    break if posts.length >= POSTS_PER_PAGE
  end
  posts
end
```

　現状のアルゴリズムでは make_posts の中でユーザー（users）の情報を1件ずつ取得してから、結果に追加する条件（users.del_flg）を判断しています。最終的に必要な結果は20件ですが、必要な件数が得られることを事前に判断できないため posts から全行を取得する必要があります。この処理を改善できれば、1万行ある posts テーブルを全行取得する必要はなくなります。

postsとusersをJOINして必要な行数だけ取得する（約90,000点）

　make_posts 関数にはループを回るたびに users テーブルへクエリを発行する、いわゆるN+1問題があります。これを解消するために、posts テーブルと users テーブルをJOINします。さらにLIMIT句を指定して、必要な行数のみを取得するようにしましょう（リスト7、リスト8）。詳しくは、5章4節「JOINを使ったN+1の解消」を参照してください。

リスト7　元のクエリ

```
SELECT `id`, `user_id`, `body`, `created_at`, `mime` FROM `posts` ORDER BY `created_at` DESC
```

リスト8　JOIN と LIMIT を使った改善後のクエリ

```
SELECT p.id, p.user_id, p.body, p.created_at, p.mime, u.account_name
FROM `posts` AS p JOIN `users` AS u ON (p.user_id=u.id)
WHERE u.del_flg=0
ORDER BY p.created_at DESC
LIMIT 20
```

　しかし、この改善後のクエリの実行計画を EXPLAIN で確認したところ、posts テーブルを1万行読み込んでしまうことが分かりました（rows: 10151）。現時点では posts テーブルにはプライマリキー以外のインデックスがないため、ORDER BY created_at DESC という並べ替えをするために全行を走査してソートする必要があるためです。

```
mysql> EXPLAIN SELECT p.id, p.user_id, p.body, p.created_at, p.mime, u.account_name
    -> FROM `posts` AS p JOIN `users` AS u ON (p.user_id=u.id)
    -> WHERE u.del_flg=0 ORDER BY p.created_at DESC LIMIT 20\G
*************************** 1. row ***************************
           id: 1
  select_type: SIMPLE
        table: p
   partitions: NULL
         type: ALL
possible_keys: NULL
          key: NULL
      key_len: NULL
          ref: NULL
         rows: 10151
     filtered: 100.00
        Extra: Using filesort
*************************** 2. row ***************************
           id: 1
  select_type: SIMPLE
        table: u
   partitions: NULL
         type: eq_ref
possible_keys: PRIMARY
          key: PRIMARY
      key_len: 4
          ref: isuconp.p.user_id
         rows: 1
     filtered: 10.00
        Extra: Using where
```

　ここでは ORDER BY created_at DESC LIMIT を高速に処理するため「ORDER BY 狙いのインデックス」を追加します。

```
mysql> ALTER TABLE posts ADD INDEX posts_order_idx (created_at DESC);
Query OK, 0 rows affected (0.08 sec)
Records: 0  Duplicates: 0  Warnings: 0
```

　posts_order_idx を追加した後の EXPLAIN は次のようになり、posts テーブルは200行程度の読み取りで処理できる見積もりとなりました（rows: 199）。

```
mysql> EXPLAIN SELECT p.id, p.user_id, p.body, p.created_at, p.mime, u.account_name
    ->     FROM `posts` AS p JOIN `users` AS u ON (p.user_id=u.id)
    ->     WHERE u.del_flg=0 ORDER BY p.created_at DESC LIMIT 20\G
*************************** 1. row ***************************
           id: 1
  select_type: SIMPLE
        table: p
   partitions: NULL
         type: index
possible_keys: NULL
          key: posts_order_idx
      key_len: 4
          ref: NULL
         rows: 199
     filtered: 100.00
        Extra: NULL
*************************** 2. row ***************************
           id: 1
  select_type: SIMPLE
        table: u
   partitions: NULL
         type: eq_ref
possible_keys: PRIMARY
          key: PRIMARY
      key_len: 4
          ref: isuconp.p.user_id
         rows: 1
     filtered: 10.00
        Extra: Using where
```

　クエリを修正したため、クエリの結果を使用するアプリケーションコードも修正する必要があります。

- make_posts 関数内で必要な users テーブルの情報は先に JOIN して取得してあるため、ループ内から SELECT * FROM users を発行するコードは削除できます（リスト9）

- あらかじめ users.del_flg=0 の行のみをクエリで取得しているため、del_flg の条件をみるコードも不要です
- クエリの時点で LIMIT 句により必要な行数だけを取得しているため、必要な行数が揃ったらループを抜ける処理も不要になりました

リスト9　make_posts 関数の変更差分

```
-            post[:user] = db.prepare('SELECT * FROM `users` WHERE `id` = ?').execute(
-              post[:user_id]
-            ).first
+            post[:user] = {
+              account_name: post[:account_name],
+            }

-            posts.push(post) if post[:user][:del_flg] == 0
-            break if posts.length >= POSTS_PER_PAGE
+            posts.push(post)
          end
```

リスト10　GET / の処理の変更差分

```
    get '/' do
      me = get_session_user()

-      results = db.query('SELECT `id`, `user_id`, `body`, `created_at`, `mime` FROM `posts` ORDER BY ↵
`created_at` DESC')
+      results = db.query(
+        "SELECT p.id, p.user_id, p.body, p.created_at, p.mime, u.account_name
+         FROM `posts` AS p JOIN `users` AS u ON (p.user_id=u.id)
+         WHERE u.del_flg=0
+         ORDER BY p.created_at DESC
+         LIMIT #{POSTS_PER_PAGE}"
+      )
      posts = make_posts(results)

      erb :index, layout: :layout, locals: { posts: posts, me: me }
```

make_posts 関数はアプリケーション内で4箇所使用されています。全ての箇所で make_posts 関数へ渡す前に JOIN するようクエリを修正した結果（リスト10）、スコアは一気にこれまでの4倍以上に向上し、90,000点を超えました。

{"pass":true,"score":91831,"success":89169,"fail":0,"messages":[]}

アクセスログの解析結果でも、GET / の平均レスポンスタイムが改善前の 0.269 秒から 0.069 秒へ、

約1/4になっていることが確認できました。

```
+-------+--------+-------------+-------+-------+-------+---------+
| COUNT | METHOD |     URI     |  MIN  |  AVG  |  MAX  |   SUM   |
+-------+--------+-------------+-------+-------+-------+---------+
|  3058 | GET    | /           | 0.016 | 0.069 | 0.200 | 212.392 |
|  1080 | GET    | /posts      | 0.020 | 0.099 | 0.180 | 107.300 |
|  1632 | GET    | /posts/[0-9]+| 0.000 | 0.052 | 0.108 | 84.071 |
|  1398 | POST   | /login      | 0.004 | 0.059 | 0.168 | 82.704 |
|   287 | GET    | /@\w+       | 0.044 | 0.162 | 0.224 | 46.534 |
| 69602 | GET    | /image/\d+  | 0.000 | 0.000 | 0.096 | 24.223 |
|   526 | GET    | /login      | 0.008 | 0.045 | 0.108 | 23.732 |
|   264 | POST   | /           | 0.008 | 0.064 | 0.172 | 17.023 |
```

ベンチマーカーが使用するファイルディスクリプタ上限を増加させる

スコアが10万点程度まで上がると、ベンチマーカーが実行中に次のようなエラーを出力することがあります。

```
Get "http://10.0.1.13/": dial tcp 10.0.1.13:80: socket: too many open files
```

Webサービスが高速に大量のレスポンスを返せるようになると、ベンチマーカー側もそれに応じて高速に大量のリクエストを送信します。そのため、システムで許可されている一度に開けるファイルディスクリプタ数（nofile、デフォルト値1024）を超えてしまい、エラーとなっています。詳細は、9章7節「Linuxにおける効率的なシステム設定」を参照してください。

too many open filesが発生した場合は、ベンチマーカーインスタンスで/etc/security/limits.confに次の行を追記して、isuconユーザーが一度に開けるファイルディスクリプタ数を増やしてください。この例では、10000まで許可する設定をしています（リスト11）。

リスト11 /etc/security/limits.confに追記する内容
```
isucon  hard  nofile  10000
isucon  soft  nofile  10000
```

一度ログアウトしてログインしなおすことで、設定が反映されます。ulimit -nを実行して、/etc/security/limits.conf内で指定した10000が表示されることを確認してください。

```
$ ulimit -n
10000
```

プリペアドステートメントを改善する（約110,000点）

この時点での pt-query-digest による解析結果は、次のようになりました。これまで支配的だった posts テーブルへのクエリは上位から姿を消し、ADMIN PREPARE というクエリが最上位に来ています。このクエリは、サーバーサイドプリペアドステートメントに使用されるクエリです。プリペアドステートメントについて、詳しくは5章5節にある「プリペアドステートメントと Go 言語における接続設定」を参照してください。

```
# Profile
# Rank Query ID                          Response time  Calls  R/Call V/M  Item
# ==== ============================= ============= ====== ====== ===== ====
#    1 0xDA556F9115773A1A99AA016...  20.7699 22.5% 284970 0.0001  0.00 ADMIN PREPARE
#    2 0x624863D30DAC59FA1684928...  15.8084 17.1%  85678 0.0002  0.00 SELECT comments
#    3 0x396201721CD58410E070DA9...  12.6552 13.7% 103612 0.0001  0.00 SELECT users
#    4 0xCDEB1AFF2AE2BE51B2ED5CF...  11.9600 12.9%    287 0.0417  0.00 SELECT comments
#    5 0x422390B42D4DD86C7539A5F...  11.8908 12.9%  87310 0.0001  0.00 SELECT comments
#    6 0xE6E0F474A8109A0BC32E841...   9.7305 10.5%    287 0.0339  0.00 SELECT posts users
#    7 0xC9383ACA6FF14C29E819735...   1.4244  1.5%    287 0.0050  0.00 SELECT posts
#    8 0x07890000813C4CC7111FD2D...   1.3622  1.5% 282619 0.0000  0.00 ADMIN CLOSE STMT
#    9 0xF06FD3ADA7166D538F52A2D...   1.2488  1.4%   3058 0.0004  0.00 SELECT posts users
#   10 0x26489ECBE26887E480CA806...   1.0840  1.2%    190 0.0057  0.02 INSERT users
# MISC 0xMISC                         4.5269  4.9%   7321 0.0006  0.0 <17 ITEMS>
```

ここでは、サーバーサイドのプリペアドステートメントを使用しないようにアプリケーションを変更します。private-isu の Ruby 実装は、mysql2 gem[注1] を利用しています。mysql2-cs-bind gem[注2] を利用することで、サーバーサイドのプリペアドステートメントを使用せずにクエリを実行できます。

1. Gemfile に gem "mysql2-cs-bind" を追記して bundle install を実行
2. require 'mysql2' を require 'mysql2-cs-bind' に変更
3. db.prepare(sql).execute(param) を db.xquery(sql, param) に修正

アプリケーションのコードは、リスト 12 のように変更します。

注1　https://rubygems.org/gems/mysql2
注2　https://rubygems.org/gems/mysql2-cs-bind

リスト12 prepare.executeをxqueryに変更する差分

```
- user = db.prepare('SELECT * FROM `users` WHERE `account_name` = ? AND `del_flg` = 0').execute(
-   params[:account_name]
- ).first
+ user = db.xquery('SELECT * FROM `users` WHERE `account_name` = ? AND `del_flg` = 0',
+   params[:account_name]
+ ).first
```

サーバーサイドのプリペアドステートメントをやめた結果、スコアは約11万点まで向上しました。

```
{"pass":true,"score":110333,"success":107373,"fail":0,"messages":[]}
```

`pt-query-digest`の結果からも、`ADMIN PREPARE`が消えたことを確認できます。

```
# Profile
# Rank Query ID                       Response time  Calls  R/Call V/M   Item
# ==== ============================== ============= ====== ====== ===== ====
#    1 0x624863D30DAC59FA1684928...   22.5774 23.4%  96341 0.0002  0.00 SELECT comments
#    2 0x396201721CD58410E070DA9...   20.2824 21.0% 119539 0.0002  0.00 SELECT users
#    3 0x422390B42D4DD86C7539A5F...   17.5790 18.2%  98166 0.0002  0.00 SELECT comments
#    4 0xCDEB1AFF2AE2BE51B2ED5CF...   14.6265 15.2%    315 0.0464  0.01 SELECT comments
#    5 0xE6E0F474A8109A0BC32E841...   11.7505 12.2%    315 0.0373  0.01 SELECT posts users
#    6 0xC9383ACA6FF14C29E819735...    1.8162  1.9%    315 0.0058  0.00 SELECT posts
#    7 0x26489ECBE26887E480CA806...    1.3146  1.4%    200 0.0066  0.03 INSERT users
#    8 0xF06FD3ADA7166D538F52A2D...    1.1384  1.2%   3373 0.0003  0.00 SELECT posts users
#    9 0x9F2038550F51B0A3AB05CA5...    1.0207  1.1%    161 0.0063  0.03 INSERT comments
# MISC 0xMISC                          4.2558  4.4%   7924 0.0005   0.0 <16 ITEMS>
```

commentsテーブルへインデックスを追加する（約115,000点）

　現時点での`pt-query-digest`のRank上位3つは、`Calls`に表示されている数から分かるように発行回数が非常に多いものの、`R/Call`（クエリ1回あたりの所要時間）は0.2msec程度と高速なクエリです。既に十分高速なクエリをインデックスなどのチューニングによって、さらに高速にするのは困難です。これを改善するためには、大量にクエリを発行しているアプリケーションのロジックを修正する必要があります。

　対して4位のクエリは、発行回数は少ないものの1回のクエリに50msec程度掛かっていることが分かります。このクエリは実際には次のようなものです。

```
SELECT COUNT(*) AS count FROM `comments` WHERE `user_id` = '382'
```

このクエリをEXPLAINして実行計画を確認したところ、インデックスがないためフルスキャンになっていました。詳しくは、5章3節「クラスターインデックスの構成とクラスターインデックスでのインデックスチューニング」を参照してください。

commentsテーブルのuser_idカラムに対して、インデックスを追加してクエリを高速化してみましょう。

```
mysql> ALTER TABLE `comments` ADD INDEX `idx_user_id` (`user_id`);
Query OK, 0 rows affected (0.39 sec)
Records: 0  Duplicates: 0  Warnings: 0
```

インデックスを追加した結果、スコアは約5,000点向上しました。

```
{"pass":true,"score":114631,"success":111646,"fail":0,"messages":[]}
```

この結果から分かるとおり、pt-query-digestで最上位に来ている（ボトルネックになっている）クエリをそのままにしてそれより下位のクエリを改善しても、性能の向上はそれほど大きくありません。大きく性能を改善するには上位のクエリに対するチューニングが必要です。

postsからのN+1クエリ結果をキャッシュする（約180,000点）

現時点のpt-query-digestの上位3つは、1回の実行（R/Call）は高速（0.0002 = 0.2msec）ですが、発行回数（Calls）が大変多いクエリです。

```
# Rank Query ID                          Response time  Calls  R/Call V/M    Item
# ==== ============================= ============= ====== ====== ===== ====
#    1 0x624863D30DAC59FA1684928...  22.5774 23.4%  96341 0.0002  0.00 SELECT comments
#    2 0x396201721CD58410E070DA9...  20.2824 21.0% 119539 0.0002  0.00 SELECT users
#    3 0x422390B42D4DD86C7539A5F...  17.5790 18.2%  98166 0.0002  0.00 SELECT comments
```

これらのクエリは、実際には次のようなものです。

```
SELECT * FROM `comments` WHERE `post_id` = '9459' ORDER BY `created_at` DESC LIMIT 3
SELECT * FROM `users` WHERE `id` = '64'
SELECT COUNT(*) AS `count` FROM `comments` WHERE `post_id` = '9981'
```

このクエリは全て、make_posts関数の中でループを回るたびに発行されているN+1クエリです。先にN+1を解消したpostsとusersの例では、それぞれのテーブルの行が1対1に対応していました。そのため、2つのテーブルをJOINすることで容易にN+1を解決できました。

しかし今回は、1つの投稿（posts）に対して複数のコメント（comments）を得る必要があります。これをJOINで解決するには1対他で結合した結果を得ることになりますが、postsに対応するcommentsの行数は不定なため、取得する必要があるpostsテーブルの行数を事前にLIMIT句で制限できません。

サブクエリを利用したり複数のクエリに分割することでSQLだけでの解決も可能ですが、ここでは一例としてキャッシュで性能を改善してみましょう。キャッシュについての詳細は、7章を参照してください。キャッシュ戦略は次の通りとします。

- キャッシュにはmemcachedを使用する
- make_posts関数のループ中でmemcachedに問い合わせ、キャッシュがあればそれを使う。なければその場でMySQLにクエリしてmemcachedにキャッシュを作成する
- キャッシュのTTLは10秒
- 投稿ごとのコメント数をキャッシュするキーはcomments.{posts.id}.count
- 投稿ごとのコメントをキャッシュするキーは
  - ・コメント全件：comments.{posts.id}.true
  - ・コメント最新3件：comments.{posts.id}.false
- ある投稿に関するコメントのキャッシュは、その投稿に対してコメントが投稿されたタイミングで破棄する

make_posts関数の中でキャッシュを扱うコードは、リスト13のようになりました。ただし、このコードでは依然としてループの中でmemcachedの参照をしているため、memcachedへのN+1自体はまだ残っている状態です。詳しくは、5章4節「データベース以外にもあるN+1問題」を参照してください。

A

private-isuの攻略実践

リスト13　make_postsの中でキャッシュを扱うコードの例

```ruby
def make_posts(results, all_comments: false)
  posts = []
  results.to_a.each do |post|
    # 投稿ごとのコメント数をmemcachedからget
    cached_comments_count = memcached.get("comments.#{post[:id]}.count")
    if cached_comments_count
      # キャッシュが存在したらそれを使う
      post[:comment_count] = cached_comments_count.to_i
    else
      # 存在しなかったらMySQLにクエリ
      post[:comment_count] = db.xquery('SELECT COUNT(*) AS `count` FROM `comments` WHERE `post_id` = ?',
        post[:id]
      ).first[:count]
      # memcachedにset(TTL 10s)
      memcached.set("comments.#{post[:id]}.count", post[:comment_count], 10)
    end
```

```
  # 投稿ごとのコメントをmemcachedからget
  cached_comments = memcached.get("comments.#{post[:id]}.#{all_comments.to_s}")
  if cached_comments
    # キャッシュが存在したらそれを使う
    post[:comments] = cached_comments
  else
    # 存在しなかったらMySQLにクエリ JOINで1クエリで取得する
    query = 'SELECT c.`comment`, c.`created_at`, u.`account_name`
             FROM `comments` c JOIN `users` u
             ON c.`user_id`=u.`id`
             WHERE c.`post_id` = ? ORDER BY c.`created_at` DESC'
    unless all_comments
      query += ' LIMIT 3'
    end
    comments = db.xquery(query, post[:id]).to_a
    comments.each do |comment|
      comment[:user] = { account_name: comment[:account_name] }
    end
    post[:comments] = comments.reverse
    # memcachedにset(TTL 10s)
    memcached.set("comments.#{post[:id]}.#{all_comments.to_s}", post[:comments], 10)
  end

  post[:user] = {
    account_name: post[:account_name],
  }

  posts.push(post)
end
```

N+1になっていたMySQLへのクエリ結果をmemcachedにキャッシュしたところ、スコアは6万点以上増加し18万点を超えました。やはり上位のボトルネックを解消することが、大きく性能を改善するポイントです。

{"pass":true,"score":181121,"success":177029,"fail":0,"messages":[]}

pt-query-digest の結果は以下です。

```
# Profile
# Rank Query ID                          Response time Calls R/Call V/M    Ite
# ==== =============================== ============= ===== ====== ===== ===
#    1 0xE6E0F474A8109A0BC32E8415B...  17.4006 52.7%   659 0.0264  0.00 SELECT posts users
#    2 0xC9383ACA6FF14C29E819735F0...   2.2666  6.9%   659 0.0034  0.00 SELECT posts
#    3 0x112E2062ED5F42DC18C1C3895...   1.9661  6.0%  7617 0.0003  0.00 SELECT comments users
#    4 0xF06FD3ADA7166D538F52A2D91...   1.6574  5.0%  5909 0.0003  0.00 SELECT posts users
```

```
#   5 0x422390B42D4DD86C7539A5F45...  1.4950  4.5%  7841 0.0002  0.00 SELECT comments
#   6 0x9F2038550F51B0A3AB05CA526...  1.2791  3.9%   305 0.0042  0.00 INSERT comments
```

　これまで10万回程度実行されていた修正前の上位3クエリは、実行回数が7000回程度に減ったため3〜5位まで順位を下げ、ボトルネックではなくなりました。ベンチマーク実行中のtopコマンドの状態を見てみましょう。

```
%Cpu(s): 67.4 us, 20.9 sy,  0.0 ni,  4.0 id,  0.7 wa,  0.0 hi,  7.0 si,  0.0 st

   PID USER      PR  NI    VIRT    RES    SHR S  %CPU  %MEM     TIME+ COMMAND
199597 mysql     20   0 1888404 690104  33576 S  36.0  17.5  13:00.85 mysqld
418824 isucon    20   0  121028  53724   8616 R  25.3   1.4   0:04.54 bundle
418825 isucon    20   0  116344  49060   8616 S  23.3   1.2   0:04.53 bundle
418823 isucon    20   0  121892  54852   8616 R  20.3   1.4   0:04.53 bundle
418822 isucon    20   0  120616  52860   8616 S  19.7   1.3   0:04.39 bundle
418794 www-data  20   0   58672   6992   4524 S  17.0   0.2   0:03.32 nginx
   461 memcache  20   0  435044  31564   2044 S  13.3   0.8   1:00.70 memcached
418795 www-data  20   0   58372   6660   4524 S   3.7   0.2   0:00.81 nginx
```

　private-isuを構成しているコンポーネントのMySQL、アプリケーション、nginx、memcachedのどれか1つが突出することなく、それぞれCPUを使っていることが見て取れます。どのプロセスも突出してリソースを使っていないのは、すなわちボトルネックが少ない状態ということです。

適切なインデックスが使えないクエリを解決する（約200,000点）

　N+1になっていたため大量に発行されていたMySQLへのクエリ結果をmemcachedにキャッシュした結果、次のクエリがpt-query-digesstの解析で1位に浮上しました。他の全てのクエリは平均5msec未満で処理が完了していますが、このクエリだけはまだ平均26msecも掛かっています。

```
SELECT p.id, p.user_id, p.body, p.mime, p.created_at, u.account_name
  FROM `posts` AS p JOIN `users` AS u ON (p.user_id=u.id)
  WHERE p.user_id='85' AND u.del_flg=0
  ORDER BY p.created_at DESC
  LIMIT 20
```

　現時点でpostsテーブルにはposts_order_idx (created_at DESC)というインデックスが1つだけ存在しています。このインデックスは、クエリのORDER BY p.created_at DESCという並べ替えを最適化するために使用されています。俗に「ORDER BY狙いのインデックス」と呼ばれるものです。詳細は、5章3節「多すぎるインデックスの作成によるアンチパターン」を参照してください。このクエリは、

次のように動作します。

1. postsテーブルの行をcreated_atの降順インデックスを使用して順番に取得
2. posts.user_idが特定の値（ここでは85）である行に対して、対応するusersテーブルの行を取得
3. users.del_flgが0ならば結果に採用する
4. 結果が20行集まったところで処理を打ち切る

つまりこのクエリはpostsテーブルを最新のものから順に、特定のuser_idを持つ行が20行見つかるまで辿り続けます。すぐに該当する行が20行見つかれば問題はありませんが、WHERE句に指定されたuser_idを持った行が20行未満しか存在しない場合は、最終的にpostsテーブルを全行走査することになります。

このクエリではuser_idで絞り込んでからcreate_atで並べ替えるための複合インデックスを作成すると効率がよさそうです。(user_id, created_at DESC)のインデックスを追加してみましょう。

```
mysql> ALTER TABLE `posts` ADD INDEX `posts_user_idx` (`user_id`,`created_at` DESC);
Query OK, 0 rows affected (0.09 sec)
Records: 0  Duplicates: 0  Warnings: 0
```

しかし、このインデックスを追加した状態でベンチマークを実行すると、スコアは約6万点まで大きく下がってしまいました。

```
{"pass":true,"score":62351,"success":60458,"fail":0,"messages":[]}
```

実行中のtopコマンドの様子は次のようになっていました。これまで各コンポーネントがCPUを分け合っていた状態から、MySQLのCPUが突出するようになってしまいました。

```
%Cpu(s): 87.0 us,  8.7 sy,  0.0 ni,  1.5 id,  0.2 wa,  0.0 hi,  2.7 si,  0.0 st

    PID USER      PR  NI    VIRT    RES    SHR S  %CPU  %MEM     TIME+ COMMAND
 199597 mysql     20   0 1888404 686668  30084 S 144.5  17.4  13:46.45 mysqld
 418822 isucon    20   0  120528  53484   8616 S   9.3   1.4   0:14.95 bundle
 418824 isucon    20   0  126080  58172   8616 S   7.3   1.5   0:15.22 bundle
 418823 isucon    20   0  127004  59804   8616 R   6.6   1.5   0:14.77 bundle
 418825 isucon    20   0  121488  54264   8616 S   6.6   1.4   0:14.71 bundle
 418794 www-data  20   0   58664   6956   4524 S   5.3   0.2   0:11.13 nginx
    461 memcache  20   0  435044  31564   2044 S   4.7   0.8   1:07.24 memcached
 418795 www-data  20   0   58244   6532   4524 S   0.7   0.2   0:02.61 nginx
```

　この現象はなぜ発生したのでしょうか。詳細は、5章5節「FORCE INDEX と STRAIGHT_JOIN」で解説しています。

　postsテーブルにインデックスを追加した結果、postsテーブルには複数のインデックスが存在する状態になりました。MySQLのオプティマイザは統計情報を元に、複数あるインデックスからもっとも効率のよいと判断したインデックスを使った実行計画を採用します。しかしオプティマイザが判断を誤ると、実際には効率の悪いインデックスを採用してしまうことがあります。

　オプティマイザが効率のよいインデックスを選択するように指示するため、JOINしているクエリにFORCE INDEXを追加しましょう。今回問題となったクエリに対して、FORCE INDEXを指定すると次のようになります。

```
SELECT p.id, p.user_id, p.body, p.mime, p.created_at, u.account_name
  FROM `posts` AS p FORCE INDEX(`posts_user_idx`) JOIN `users` AS u ON (p.user_id=u.id)
  WHERE p.user_id='85' AND u.del_flg=0
  ORDER BY p.created_at DESC
  LIMIT 20
```

　FORCE INDEXを追加した結果、スコアは約20万点になりました。

```
{"pass":true,"score":199604,"success":195122,"fail":0,"messages":[]}
```

　pt-query-digestの結果でも、どれか一種類のクエリが突出せず、全てのクエリが平均5msec以下で実行されていることが分かります。

```
# Profile
# Rank Query ID                         Response time  Calls R/Call V/M   Ite
# ==== ================================ ============= ===== ====== ===== ===
#    1 0x9F2038550F51B0A3AB05CA526...     1.6227 12.4%   381 0.0043  0.00 INSERT comments
#    2 0xDE8A081EC1ABB7D6B96721C4A...     1.6221 12.4%  9023 0.0002  0.00 SELECT comments users
#    3 0xF06FD3ADA7166D538F52A2D91...     1.5633 11.9%  6606 0.0002  0.00 SELECT posts users
#    4 0x26489ECBE26887E480CA8067F...     1.4099 10.8%   330 0.0043  0.00 INSERT users
#    5 0x422390B42D4DD86C7539A5F45...     1.2651  9.7%  9254 0.0001  0.00 SELECT comments
#    6 0x4887D538DB6F2026DBA4C0E23...     1.0787  8.2%  4933 0.0002  0.00 SELECT comments users
#    7 0x009A61E5EFBD5A5E4097914B4...     1.0280  7.8%   228 0.0045  0.00 INSERT posts
#    8 0xEB805C8D357C3FC8377D10503...     1.0174  7.8%  3220 0.0003  0.00 SELECT posts users
#    9 0x243668FEACB8754B20BF55633...     0.7970  6.1%  5242 0.0002  0.00 SELECT posts users
#   10 0x396201721CD58410E070DA942...     0.4576  3.5%  4150 0.0001  0.00 SELECT users
#   11 0xA047A0D0BA167343E5B367867...     0.3392  2.6%  2655 0.0001  0.00 SELECT users
#   12 0xC37F2207FE2E699A3A976F5EB...     0.2109  1.6%   844 0.0002  0.00 SELECT comments
#   13 0x1D5417A0D00E20D4557EB4C98...     0.1950  1.5%   844 0.0002  0.00 SELECT posts users
# MISC 0xMISC                             0.4889  3.7%  2892 0.0002   0.0 <12 ITEMS>
```

　ここまでのチューニングの結果、実行中の top コマンドの結果では、ついに MySQL が一番 CPU を使っているプロセスではなくなりました。

```
%Cpu(s): 67.8 us, 21.9 sy,  0.0 ni,  2.7 id,  0.5 wa,  0.0 hi,  7.1 si,  0.0 st

    PID USER       PR  NI    VIRT    RES    SHR S  %CPU  %MEM     TIME+ COMMAND
 462244 isucon     20   0  124980  55376   8400 R  27.2   1.4   0:18.21 bundle
 462246 isucon     20   0  123484  55972   8400 S  25.9   1.4   0:18.03 bundle
 462245 isucon     20   0  120868  53792   8400 S  24.6   1.4   0:18.20 bundle
 462247 isucon     20   0  121168  53956   8400 S  23.3   1.4   0:18.45 bundle
 199597 mysql      20   0 1888404 677372  20788 S  20.3  17.2  15:19.63 mysqld
 462217 www-data   20   0   58632   6924   4524 R  18.9   0.2   0:13.17 nginx
    461 memcache   20   0  437100  33676   2044 S  14.6   0.9   1:28.38 memcached
 462216 www-data   20   0   58584   6876   4524 S   4.7   0.2   0:03.75 nginx
```

外部コマンド呼び出しをやめる（約240,000点）

　MySQL の最適化が進んだ結果、アプリケーションサーバーがボトルネックになってきたようです。alp でアクセスログを解析し「平均レスポンスタイム」が大きなものから並べてみましょう（--sort avg）。

```
+-------+--------+-------------+-------+-------+-------+---------+
| COUNT | METHOD |     URI     |  MIN  |  AVG  |  MAX  |   SUM   |
+-------+--------+-------------+-------+-------+-------+---------+
|   326 | POST   | /register   | 0.012 | 0.056 | 0.096 |  18.279 |
|  2615 | POST   | /login      | 0.004 | 0.046 | 0.108 | 119.562 |
|     1 | GET    | /initialize | 0.040 | 0.040 | 0.040 |   0.040 |
|   448 | POST   | /           | 0.004 | 0.039 | 0.084 |  17.484 |
|   835 | GET    | /@\w+       | 0.012 | 0.034 | 0.068 |  28.019 |
|  3190 | GET    | /posts      | 0.004 | 0.029 | 0.084 |  92.090 |
|  6527 | GET    | /           | 0.004 | 0.027 | 0.104 | 173.897 |
```

　POST /register と POST /login が上位に来ました。この URL は、ユーザーの登録処理とログイン処理を行うものです。

　private-isu の初期実装では、登録とログイン処理時に必要なパスワードのハッシュ値を算出するため、外部コマンド（openssl コマンド）を呼び出しています。外部コマンド呼び出しはパフォーマンス上の問題が起きやすいため、ライブラリを使用するように修正します。詳細は 8 章 1 節「外部コマンド実行ではなく、ライブラリを利用する」を参照してください。実際に修正したコードの差分は次です。

```
+require 'openssl'

def digest(src)
-         # opensslのバージョンによっては (stdin)= というのがつくので取る
-         `printf "%s" #{Shellwords.shellescape(src)} | openssl dgst -sha512 | sed 's/^.*= //'`.strip
+         return OpenSSL::Digest::SHA512.hexdigest(src)
end
```

わずか2行の修正ですが、スコアは20万点から24万点まで向上しました。

{"pass":true,"score":242906,"success":235686,"fail":0,"messages":[]}

アクセスログの解析結果でも、平均50msec程度掛かっていた処理が20msec以下に短縮されていることが確認できました。

```
+--------+--------+-----------+-------+-------+-------+---------+
| COUNT  | METHOD |    URI    |  MIN  |  AVG  |  MAX  |   SUM   |
+--------+--------+-----------+-------+-------+-------+---------+
|    582 | POST   | /register | 0.004 | 0.019 | 0.060 |  10.916 |
|   4096 | POST   | /login    | 0.004 | 0.015 | 0.060 |  62.528 |
```

MySQLの設定を調整する（約255,000点）

現時点のpt-query-digestの結果は、次のようになっています。

```
# Profile
# Rank Query ID                           Response time Calls R/Call V/M  Item
# ==== ============================= ============= ===== ====== ===== ====
#    1 0x26489ECBE26887E480CA8067...   2.6611 14.9%   582 0.0046  0.00 INSERT users
#    2 0x9F2038550F51B0A3AB05CA52...   2.4228 13.6%   542 0.0045  0.00 INSERT comments
#    3 0xDE8A081EC1ABB7D6B96721C4...   2.0272 11.4% 11222 0.0002  0.00 SELECT comments users
#    4 0xF06FD3ADA7166D538F52A2D9...   1.9429 10.9%  8122 0.0002  0.00 SELECT posts users
#    5 0x422390B42D4DD86C7539A5F4...   1.6045  9.0% 11589 0.0001  0.00 SELECT comments
#    6 0x009A61E5EFBD5A5E4097914B...   1.4872  8.3%   337 0.0044  0.00 INSERT posts
```

INSERTクエリが平均5msec程度掛かっているため、最上位に来ています。

ここまでで実施したMySQLの設定変更はスロークエリログを出力するようにしただけで、それ以外はデフォルト設定のままでした。5章5節コラム「IO負荷の高いデータベースの場合」を参考に、MySQLの設定を調整してINSERTのパフォーマンスが向上するか試してみましょう。次の設定を

/etc/mysql/mysql.conf.d/mysqld.conf に追加し、MySQL を再起動します。

```
# コミットごとに更新データをログに書き、1秒ごとにログをフラッシュ
innodb_flush_log_at_trx_commit = 2
# バイナリログを無効化する
disable-log-bin = 1
```

スコアは僅かに向上し、25万点を超えました。

```
{"pass":true,"score":251994,"success":244419,"fail":0,"messages":[]}
```

pt-query-digest の結果では上位から INSERT クエリがなくなり、上位全てのクエリが平均1msec 未満で処理できるようになったことが分かります。

```
# Profile
# Rank Query ID                          Response time Calls R/Call V/M   Item
# ==== ============================= ============= ===== ====== ===== ====
#    1 0xDE8A081EC1ABB7D6B96721C4...  2.0424 17.7% 11613 0.0002  0.00 SELECT comments users
#    2 0xF06FD3ADA7166D538F52A2D9...  1.9629 17.0%  8552 0.0002  0.00 SELECT posts users
#    3 0x422390B42D4DD86C7539A5F4...  1.6039 13.9% 12027 0.0001  0.00 SELECT comments
#    4 0x4887D538DB6F2026DBA4C0E2...  1.3054 11.3%  6102 0.0002  0.00 SELECT comments users
#    5 0xEB805C8D357C3FC8377D1050...  0.9984  8.6%  3320 0.0003  0.00 SELECT posts users
#    6 0x243668FEACB8754B20BF5563...  0.9705  8.4%  6652 0.0001  0.00 SELECT posts users
#    7 0x396201721CD58410E070DA94...  0.7266  6.3%  6816 0.0001  0.00 SELECT users
#    8 0xA047A0D0BA167343E5B36786...  0.5344  4.6%  4333 0.0001  0.00 SELECT users
#    9 0xC37F2207FE2E699A3A976F5E...  0.2861  2.5%  1157 0.0002  0.00 SELECT comments
#   10 0x1D5417A0D00E20D4557EB4C9...  0.2538  2.2%  1157 0.0002  0.00 SELECT posts users
#   11 0xCDEB1AFF2AE2BE51B2ED5CF0...  0.1764  1.5%  1157 0.0002  0.00 SELECT comments
#   12 0x82E4B026FA27240AB4BB2E77...  0.1459  1.3%  1157 0.0001  0.00 SELECT users
# MISC 0xMISC                         0.5500  4.8%  3376 0.0002   0.0 <13 ITEMS>
```

ここまでは解析のために、スロークエリログを全てのクエリについて出力する設定になっていました。しかし、全てのクエリをログに出力することで MySQL の負荷は多少上がります。

スロークエリログを無効化して、性能が変化するかを確認してみましょう。slow_query_log = 0 に変更して MySQL を再起動します。スロークエリログを出力する負荷を取り除いた結果、スコアは4,000点ほど向上しました。

```
{"pass":true,"score":255176,"success":247623,"fail":0,"messages":[]}
```

memcachedへのN+1を解消する（約300,000点）

「postsからのN+1クエリ結果をキャッシュ（約180,000点）」の項では、MySQLへのN+1クエリを
キャッシュして性能を改善しました。しかし、MySQLへのクエリがmemcachedへのリクエストに代
わっただけで、memcachedへのN+1問題は残っている状態でした。memcachedには、一度のリクエ
ストで複数の値を取得するget_multiというコマンドがあります。これを使用して、更にmemcached
へのN+1を解消してみましょう。詳細は、5章4節「N+1の見つけ方と解決方法」を参照してください。

あらかじめmemcachedから取得したい値のキーを配列に構築しておき、ループの前にget_
multi(keys)を実行して結果をまとめて取得します。ループの中ではその値を参照するだけで済むので、
ループを回るたびにmemcachedへリクエストを送信することを抑制できます（リスト14）。

リスト14　memcachedへget_multiしてN+1を解消するコード例

```ruby
def make_posts(results, all_comments: false)
  posts = []
  # posts.idをあらかじめ取り出してキャッシュのキーを一覧にする
  count_keys = results.to_a.map{|post| "comments.#{post[:id]}.count"}

  # get_multiで複数のキーを一度に取得する
  cached_counts = memcached.get_multi(count_keys)

  # ループを回る
  results.to_a.each do |post|
    # 取得済みのキャッシュがあればそれを使う
    if cached_counts["comments.#{post[:id]}.count"]
      post[:comment_count] = cached_counts["comments.#{post[:id]}.count"].to_i
    else
      # 存在しなかったらMySQLにクエリ
      post[:comment_count] = db.xquery('SELECT COUNT(*) AS `count` FROM `comments` WHERE `post_id` = ?',
        post[:id]
      ).first[:count]
      # memcachedにset(TTL 10s)
      memcached.set("comments.#{post[:id]}.count", post[:comment_count], 10)
    end
  end
```

memcachedへのN+1を解消したところ、スコアは約30万点まで向上しました。

{"pass":true,"score":299273,"success":290530,"fail":0,"messages":[]}

アクセスログの解析結果は次のようになりました。全てのエンドポイントで平均レスポンスタイム
が31msec以下、最長でも72msecになりました。

A

private-isuの攻略実践

```
+--------+--------+------------------+-------+-------+-------+---------+
| COUNT  | METHOD |       URI        |  MIN  |  AVG  |  MAX  |   SUM   |
+--------+--------+------------------+-------+-------+-------+---------+
|    792 | POST   | /                | 0.004 | 0.031 | 0.072 |  24.624 |
|   1303 | GET    | /@\w+            | 0.008 | 0.027 | 0.060 |  34.607 |
|   3870 | GET    | /posts           | 0.004 | 0.023 | 0.056 |  88.875 |
|   9918 | GET    | /                | 0.004 | 0.020 | 0.092 | 196.407 |
|   7440 | GET    | /posts/[0-9]+    | 0.004 | 0.014 | 0.036 | 103.269 |
|    673 | POST   | /comment         | 0.004 | 0.013 | 0.032 |   9.064 |
|   4989 | POST   | /login           | 0.004 | 0.013 | 0.032 |  62.427 |
|    928 | GET    | /logout          | 0.004 | 0.012 | 0.028 |  11.512 |
|    740 | POST   | /register        | 0.004 | 0.012 | 0.028 |   9.075 |
|    740 | GET    | /admin/banned    | 0.004 | 0.012 | 0.028 |   9.056 |
|   1856 | GET    | /login           | 0.000 | 0.012 | 0.028 |  22.447 |
|      1 | GET    | /initialize      | 0.012 | 0.012 | 0.012 |   0.012 |
| 229998 | GET    | /image/\d+       | 0.000 | 0.000 | 0.008 |   0.268 |
|  27948 | GET    | /js/.*           | 0.000 | 0.000 | 0.000 |   0.000 |
|  13974 | GET    | /css/.*          | 0.000 | 0.000 | 0.000 |   0.000 |
|  13974 | GET    | /favicon.ico     | 0.000 | 0.000 | 0.000 |   0.000 |
+--------+--------+------------------+-------+-------+-------+---------+
```

▌ RubyのYJITを有効にする（約320,000点）

　Ruby 3.1から導入された、YJITと呼ばれるJIT（just-in-time）コンパイラを有効にして、パフォーマンスが向上するかどうか確認してみましょう。YJITは、rubyのコマンドラインオプションを設定することで有効になります。unicornでは実行ファイルの1行目にrubyコマンドが指定されているため、ここに--yjitを追加し（リスト15）、再起動します。envコマンドへ-Sオプションを追加しているのは、rubyコマンドに--yjitを引数として渡すためです。-Sを指定しない場合は、ruby --yjitという名前のコマンドを呼び出そうとしてエラーになってしまいます。

リスト15 /home/isucon/.local/ruby/bin/unicorn の差分

```
- #!/usr/bin/env ruby
+ #!/usr/bin/env -S ruby --yjit
```

　再起動後のベンチマークでは、スコアが32万点まで向上することが確認できました。

```
{"pass":true,"score":320905,"success":311483,"fail":0,"messages":[]}
```

　初期状態は約650点だったことを思い出してください。ここまでのチューニングの積み重ねで、最終的にはスコアが約500倍になりました！

▌最初に作成したインデックスを削除してみる（約10,000点）

ここまで、多くのチューニングを積み重ねて性能を改善してきました。最後に、一番最初にチューニングとして実施したcommentsテーブルへのインデックス追加がなかった場合、どのような結果になるのかを確認してみましょう。最初のインデックス追加以外のチューニングは、全て実施した状態です。インデックスを削除してベンチマークを実行してみます。

```
mysql> ALTER TABLE `comments` DROP INDEX `post_id_idx`;
Query OK, 0 rows affected (0.01 sec)
Records: 0  Duplicates: 0  Warnings: 0
```

なんと、スコアはインデックス削除前の32万点から、1万点まで下がってしまいました。

```
{"pass":true,"score":10764,"success":10391,"fail":0,"messages":[]}
```

アクセスログの解析結果でも、平均レスポンスタイムが3秒を超えているエンドポイントがあります。インデックスを削除する前にはGET /postsの平均レスポンスタイムは23msecだったので、レイテンシが100倍以上悪化したことになります。

```
+-------+--------+-------------+-------+-------+-------+---------+
| COUNT | METHOD |     URI     |  MIN  |  AVG  |  MAX  |   SUM   |
+-------+--------+-------------+-------+-------+-------+---------+
|    37 | GET    | /posts      | 0.936 | 3.364 | 4.900 | 124.462 |
|    31 | GET    | /@\w+       | 0.960 | 2.645 | 5.928 |  81.991 |
|   182 | GET    | /posts/[0-9]+ | 0.060 | 0.606 | 3.552 | 110.229 |
|   388 | GET    | /           | 0.004 | 0.566 | 3.584 | 219.738 |
|    26 | POST   | /register   | 0.020 | 0.557 | 2.408 |  14.483 |
```

実行中のtopコマンドでもMySQLが大量にCPUを使い、他のプロセスが満足に動作できない状態が観察されました。

```
%Cpu(s): 98.8 us,  0.8 sy,  0.0 ni,  0.0 id,  0.0 wa,  0.0 hi,  0.3 si,  0.0 st

   PID USER      PR  NI    VIRT    RES    SHR S  %CPU %MEM     TIME+ COMMAND
522324 mysql     20   0 1791668 426820  34964 S 193.0 10.8   1:26.21 mysqld
522918 isucon    20   0  116028  48504   8856 S   2.3  1.2   0:00.19 bundle
522894 www-data  20   0   58240   6304   4192 S   1.3  0.2   0:00.10 nginx
522919 isucon    20   0  117336  49960   8856 S   1.3  1.3   0:00.20 bundle
522917 isucon    20   0  120692  52192   8856 S   1.0  1.3   0:00.23 bundle
```

　初期状態からcommentsテーブルにインデックスを作成した状態のスコアは約7,000点でした。最終状態からインデックスを削除した1万点とは1.4倍程度の差しかありません。最初の大きなボトルネックに対してインデックスを作成したことによる性能への影響と、その後32万点に到達するまでいくつもチューニングを積み重ねた行為の影響は大差ない、ということです。

　この実験で分かるとおり、一カ所でも大きなボトルネックが存在していると、システム全体の性能が大きく上がることは決してありません。ある特定のWebサービスの性能を改善したい場合は、そのサービスに存在している固有のボトルネックを見つけて、解消する必要があります。実際に存在しているボトルネックを解消せずに、他の事例において効果的だった手段だけをいくら積み重ねても効果は薄いのです。

A-4 ｜ まとめ

　private-isuに対して本書で取り上げた各種チューニングを適用したところ、スコアにして500倍の性能向上を達成できました。最後までチューニングを進めた状態で、実行中のtopコマンドは次のようになっています。

```
%Cpu(s): 76.2 us, 15.5 sy,  0.0 ni,  0.8 id,  0.0 wa,  0.0 hi,  7.5 si,  0.0 st

  PID USER      PR  NI    VIRT    RES    SHR S  %CPU  %MEM    TIME+ COMMAND
522603 isucon   20   0  127304  60820   8880 R  33.9   1.5  0:45.89 bundle
522604 isucon   20   0  128628  61592   8880 S  33.2   1.6  0:47.07 bundle
522605 isucon   20   0  128592  61792   8880 S  32.6   1.6  0:46.72 bundle
522606 isucon   20   0  128652  61300   8880 R  31.6   1.6  0:45.81 bundle
522576 www-data 20   0   58700   6952   4524 R  24.3   0.2  0:34.14 nginx
522324 mysql    20   0 1787580 422996  34496 S  23.6  10.7  0:48.77 mysqld
  461 memcache  20   0  515484  46600   2044 S  10.3   1.2  2:51.98 memcached
522577 www-data 20   0   58428   6748   4524 S   7.6   0.2  0:11.16 nginx
```

　初期状態では、サーバーの2コアのうち1コアをMySQLが専有している状態で、650点しか出ていませんでした。最終状態ではMySQLはその4分の1のCPU使用率で、500倍のスコアを達成しています。Webサービスを構成するコンポーネントの中で、MySQLのようなRDBMSはスケールアウトが困難なミドルウェアです。それ以外のアプリケーションサーバーやリバースプロキシなどは状態を長時間持たないため、複数台のサーバーを並べることで容易にスケールアウトができます。

　つまりこの状態であれば、1台のMySQLのままでも限界まで大きな余裕があります。アプリケーションサーバーを別に用意してスケールアウトすれば、さらなるスループットの向上も見込めるでしょう。

ベンチマーカーの実装

本付録では、4章で作成した負荷試験とは別の、実際にISUCONで使われるベンチマーカーの設計と実装について解説します。対象読者はこれまでのチューニングに関わるアプリケーション実装者たちとは打って変わって、ISUCONの作問を行ってみたい方や社内ISUCONのベンチマーカー実装担当になった方、オリジナルのISUCONベンチマーカーを作ってみたい方です。少々ニッチな趣味ですが、過去のISUCON問題のベンチマーカーを読み解けるようになるとISUCONという競技に対する感覚や、パフォーマンス悪化を引き起こすボトルネックはどこに埋まりやすいのかの理解が進みます。ベンチマーカーの実装はまさにISUCON問題におけるボトルネック集といってもよく、よいベンチマーカーほど効率的に競技対象のWebサービスに点在するボトルネックを引き出します。

本付録では、まずベンチマーカーが持つべき機能や実装のパターンについて学んだ後、Go言語を用いてベンチマーカーを実装します。本付録内では、Go言語の言語機能そのものなどについては解説しないため、Go言語そのものに慣れていない場合は事前にGo言語公式の「A Tour of Go」[注1]や『プログラミング言語Go』[注2]を読んで、Go言語の使い方を把握しておいてください。

また、本付録では他用語との混同を避けるため、ISUCONにおいて問題に回答し実装に取り組む参加者あるいはチームのことを選手、ISUCONの出題を行う人を作問者、競技当日に選手からの問い合わせに答えたり競技状況を注視しながら運営を行ったりする人を作問者も含み大会運営と表記します。

B-1　ISUCONのベンチマーカーは何をするのか

ISUCONでは競技開始時に選手へサービスを構成するソースコード、実行環境、競技ポータルでのベンチマーカーの実行権限やレギュレーションが与えられます。Webサービスは複数の言語での実装例が組み込まれており、どの言語の実装を使っても構いません。実行環境はレギュレーションによって台数や環境が制限されますが、制限内であればどのような構成にしても構いません。これらの制約内で動作する選手の実装に対しての負荷試験はもちろんベンチマーカーの重要な役割ですが、ISUCONのベンチマーカーに求められる役割はその他にも存在します。

注1　https://go.dev/tour
注2　アラン・ドノバン、ブライアン・カーニハン著／柴田芳樹訳『プログラミング言語Go』丸善出版、2016年

負荷試験ツールとしてのベンチマーカー

ISUCONはWebサービスの高速化技術を競う大会なので、当然に選手たちはその高速化技術を競います。ベンチマーカーはその高速化されていくサービスに常に適切な負荷を与え続ける必要があります。一般的な負荷試験は、想定されるユーザー数やリクエスト頻度に従って設計されたテストシナリオを実行し、Webサービスがその負荷に耐えうるかを検証します。しかし、ISUCONベンチマーカーは選手の実装が高速になればより大きな負荷をかけ、選手の実装が耐えられなさそうであればそれ以上の負荷をむやみにかけることを避けるような実装をします。ISUCONにおけるベンチマーカーは負荷試験ツールですが、大きな負荷に耐えうるかではなく、どれだけの負荷を捌けるかという計測器としてのベンチマーカーだからです。

また、一般的な負荷試験のように想定したテストシナリオを用意して実装した場合はリクエスト数やユーザー数に上限が生まれてしまい、そのテストシナリオに完全に耐えうる実装が複数の選手から出た場合は順位を決めることができません。どちらの選手もベンチマーカーが生み出す負荷をすべて処理している以上、同数の負荷でどちらの実装が優位かを比較する手段がないためです。

このような事情により、ISUCONにおけるベンチマーカーは一定時間内でどれだけの負荷を生み出すかという上限は定められず、選手の実装が耐える最大量の負荷を生み出すように設計されます。実際に選手がどれほどサービスを高速化するか事前に判明しないため、ベンチマーカーはできる限り高速な実装に対応することが求められます。

高い負荷を与えるために非常に多くのリクエストを生成したり、大量のデータを書き込んだりすることはベンチマーカー自身が保持する検証用のデータも多くなることと同義なので、ベンチマーカーが検証に費やす時間も増大します。事前に選手がどのような実装を提供してくるかを予想しきることは困難ですが、作問者に想定される限りのチューニングを施した実装を用意してもらうことで、負荷を与えてもベンチマーカーに余裕があるかを確認できます。

Webサービス実装のE2Eテストとしてのベンチマーカー

前述した通り、ISUCONでは複数の言語による実装例が提供されており、これらを参考実装と呼びます。なぜ参考実装が複数の言語で提供されているかというと、競技に参加するにあたって特定の言語のみでは参加できる人が限られてしまうためです。もちろん、ISUCONでは外形上の挙動を維持した上でレギュレーションが遵守されていればどんな実装も許されるため、好きな言語でフルスクラッチで実装することもできます。

最低限の動作が保証されている参考実装のある言語とない言語では難易度に大きく隔たりが生まれてしまうため、大会運営はできる限り多くの言語で参考実装を提供します。private-isuもGo、PHP、Rubyでの参考実装が提供されており、これらのうちどれか一つが扱えれば問題にチャレンジできるようになっています。参考実装を用意する際、どれかの言語だけは動かないなどといった事態を防ぐ

べく作問者は参考実装をできる限り同じ実装に揃えるよう努力します。ですが、言語によって書き方に差異があったり、利用できるライブラリに差があったりするため、まったく同じ構成のソースコードにすることは困難です。

そういった状況で、ベンチマーカーは作問者向けの E2E テスト[注3] ツールとして機能します。ベンチマーカーの検証に成功しているかを確認することでマーカーの保証する検証の通過を確認することで、その言語での参考実装が他参考実装と同機能を提供したとみなすので、ベンチマーカーの検証に不備があれば参考実装で移植漏れが発生する原因になります。

また、ISUCON 競技では選手が自由に実装を変更できるため、チート行為と呼ばれるような実装で不正にスコアを上昇させる行為を防ぐ必要があります。たとえば、サービスに登録されているすべてのデータが閲覧できるページを不正にキャッシュして常に同じデータを返すようにすれば、そのデータ取得分の計算コストが減るためスコアは大きく上昇しますが、それではサービスの機能を維持しているとは言えません。もしベンチマーカーがそのレスポンスを何も検証せず、単に URL へアクセスして負荷をかけることだけの実装になっている場合、この行為は露見せず選手は不正に高いスコアを獲得してしまいます。意図した不正ではないとしても、検証しなければ選手が間違った実装をしてしまったとき、自身の実装が規定を違反し結果的に不正していることに気づく手段が 1 つ失われてしまいます。

ベンチマーカーは高負荷を与えることで選手の Web サービス実装の性能を測定するものですが、同時に選手あるいは参考実装が規定に沿った実装を行っているかを確認する E2E としての機能を期待されるのです。

E2E テスト

　一般的に E2E テストでは、Puppeteer[注4] などのヘッドレスブラウザを用いて実際のユーザーの挙動を再現します。これは E2E テストの対象としてフロントエンドの JavaScript の挙動も対象としているからであり、ヘッドレスブラウザを利用することは自然ですし、必須だと言えるでしょう。

　ですが、ISUCON 作問における E2E テストはあくまで参考実装が各種エンドポイントを正しく実装されているかの検査が主なので、フロントエンドのテストは含めず、HTTP リクエストとそのレスポンス内容の検査に終始します。そのため、単なる HTTP リクエストを送るだけではオーバースペックなヘッドレスブラウザは利用されません。将来的にフロントエンドまで含めたチューニングが開催されるようなことがあれば、ベンチマーカーを作るためのツールにヘッドレスブラウザが入ることになるかもしれません。

注3　End To End テスト。システム全体を通して行うテストのこと。
注4　https://github.com/puppeteer/puppeteer

スコアとエラーを提供する情報源としてのベンチマーカー

　ISUCONはサービスを高速化する技術を選手間で競う大会ですので、ある選手が別の選手より優れていることを比較する手段が必要になります。実装コードの流麗さを競う大会であれば審査員による選評がその比較根拠となるでしょうし、省メモリ化を競う大会であれば利用しているメモリ容量の差がその比較根拠となるでしょう。ISUCONは順位が決定され、たった1組の選手が優勝者として選出される大会であるため、優位性の比較には定量的な評価基準が定められているべきだとすれば、その比較根拠となるスコアを算出するのがベンチマーカーです。

　ベンチマーカーは送受信したリクエストとその検証の成否により、独自のロジックによってスコアを算出します。選手は算出されたスコアを別選手のスコアと比較し、自身が何位に相当するかを把握できます。

　選手の情報源として提供されるレギュレーションやマニュアルにはスコアの算出規則が表記されている場合が多いため、ベンチマーカーはこの算出規則に従ってスコアを算出する必要があります。スコアの算出方法は問題によって様々です。単純に検証を通過したリクエスト数の合計をスコアとして記録する場合もあれば、ユーザーストーリーにちなんだ一連のテストシナリオを実行できた回数をスコアの根拠として計算する場合もあります。検証の失敗によって記録されるエラーも種類によって減点として扱われたり、非常に重要な機能が提供されていないとして失格とし、スコアは0点として記録されたりするものがあります。検証の失敗やエラーによる減点を考えるならば、ベンチマーカーはそのエラーがどのような種類のものかを判別できる仕組みを持っている必要があり、その数も正確に記録されている必要があります。

　また、選手が自身の実装において何を間違っていたか把握できなければ、検証を通過するような修正は困難です。必須ということはありませんが、限られた時間をできる限り実装の高速化に注いでもらえるように、ベンチマーカーが選手へ出力するエラーはできる限り発生箇所がわかりやすく、その原因を類推しやすいものであることが望ましいでしょう。

　大会運営が選手の改善内容を大まかに把握することで出題意図と違った解法やチート行為が行われていないかなどの類推のため、スコア算出根拠を計算前の状態で出力するような機能を実装する場合もあります。ISUCON10やISUCON11では各シナリオ内にスコアタグと呼ばれるカウンターを仕込み、スコアタグごとのカウントからスコアを計算する仕組みにすることで、選手がどういったシナリオをクリアして得点を獲得しているのかをわかりやすく把握できるようにしました。これらエラーの詳細やスコアタグといった情報をどこまで選手に開示するかによって、実装の難易度や選手が競技中にパフォーマンス計測に当てる時間の増減に影響するため、作問者は慎重に情報を公開する範囲を定める必要があります。作問者自身に提供される情報を増やすことで運営の手助けになるので、これらの情報を計測、提供する情報源としての実装もベンチマーカーにとって非常に重要な機能であり、ベンチマーカーを設計する際に気にかけておくとよいでしょう。

ベンチマーカーに求められる振る舞いに気をつける

ここまでベンチマーカーに期待する役割を3つ紹介しましたが、これらを満たし、過不足のないベンチマーカーを記述することは非常に難しいです。本付録のようにライブラリなどを活用しつつ自身で実装する場合であっても、ライブラリは問題特有のロジックは存在しないために自身で実装する必要があります。また、4章で紹介されるようなベンチマークツールを用いてのシナリオ実装であっても、ISUCONベンチマーカーに求められる機能を満たすように作るのは至難の業です。実装の正しさを判定したり、点数の計算根拠を示したりするベンチマーカーは、バグがあれば競技の続行が不可能になることもあるため、作問者が行う作業の中でも特に神経を使うものです。後に紹介する頻出パターンなどを覚えることで、できる限り思考の負担を減らし、ロジックの実装に集中する手助けになればと考えています。

成否や順位を計算するベンチマーカーは、いわばISUCONにおける審判を実装するようなものですから、選手たちに開示されているレギュレーションやマニュアルと齟齬があってはいけません。同時に、速度を求められる関係上、何もかも完璧に検証することは難しいので一定以上は検査しないなどの線引も必要です。

ある程度ベンチマーカーの実装が進んだ段階で、実装者と作問者でベンチマーカーの内部実装について読み合わせる会などを行うことでそうした齟齬やバグに気付くチャンスを増やすことができます。そういった際にも、ベンチマーカー実装の前提知識として、本付録が役に立てば幸いです。

B-2 ベンチマーカーに頻出する実装パターン

ここからは実際のコード例を交えてベンチマーカーの実装について解説していきます。Go言語の習得に不安がある場合は、付録冒頭で紹介した資料などを参考にGo言語に慣れておくと良いでしょう。

ベンチマーカーはその性質上ワーカーを大量に起動してリクエストを送ったり、とあるシナリオを繰り返すために一部ループを繰り返したり、検証によって発生したエラーによってベンチマークが中断できるように備えたりするなど、頻出する実装パターンが存在します。これらの実装パターンを先んじて会得しておくことで、他者のベンチマーカーを読み解く際の手助けや自身のベンチマーク実装の足がかりになります。ここで解説するすべての例を必ず利用することはないかもしれませんが、ベンチマーカーの実装パターンを覚えておくことはベンチマーカー実装を志す読者にとって手助けになるでしょう。

context.Context を知る

実際の通信に利用する net/http パッケージや、その他の組み込みパッケージなどISUCONベンチマー

カーにおいて重要なパッケージは様々存在します。そのなかで、なによりも最初に使い方を習得しておくべきパッケージは何かと問われれば、確実にcontextパッケージであると筆者は自信をもってお答えします。

通常のGo言語におけるアプリケーション開発においてもcontextパッケージは重要ですが、ベンチマーカーを実装することにおいてはこれ以上に重要なパッケージはありません。なぜなら、ベンチマーカーはその性質上、大量のgoroutineを起動したり、様々なタイミングでリクエストを実行したりしますが、レギュレーションやマニュアルの規定によりそれらの実行は規定時間通りにすべてが完璧に終了あるいは中断される必要があるのです。HTTPリクエストを送っている途中であればそのリクエストを中断し、リクエスト前であればそのリクエストを送信せずにループを脱出する必要があります。

それらの時間切れや特定時間までの処理、処理の中断などを一手に引き受けるのがcontextパッケージです。ですので、まずはcontextパッケージの使い方をコード例を参考に学んでおきましょう。

context.Context の生成

contextパッケージで空のcontext.Contextを生成する場合、2つの生成手段があります。context.Background()とcontext.TODO()です。これらの関数はどちらも空のcontext.Contextを返すもので、内部の実装上はどちらもcontext.emptyContextが生成されます[注5]。そのため、どちらを使っても動作上の違いはありませんが、主にはcontext.Background()を利用します。

ベンチマーカーでは通常、main関数内にてcontext.Background()でcontext.Contextを1つ生成し、それ以降はそのcontext.Contextを渡していく構造になります。ベンチマーカー実装中に何度もcontext.Contextを都度生成している場合はどこかで処理の中断が途切れる場合があるので注意しましょう。

```go
package main

import (
  "context"
)

func main() {
  // main関数の先頭で新しいcontext.Contextを生成
  ctx := context.Background()

  // context を利用する処理
  ExampleContextFunc(ctx)
}

func ExampleContextFunc(ctx context.Context) {
```

注5　2022年 Go 1.18時点での実装を元に執筆しているため、現在の実装と解説が食い違っている可能性があります。

```
// この関数内では新しいcontext.Contextは生成せず、
// 別関数がcontext.Contextを必要とするなら受け取ったctxを渡す
}
```

context.TODO の使い所

前述の通り、context.Context の生成には主に context.Background を利用すると説明しました。では同じような挙動をする context.TODO は一体いつ使うのかといえば、context.Context に未対応な関数の中で context.Context を必要とする関数を呼び出しをする際などに使います。

ある関数 RequiredContextFunc は第一引数に context.Context を要求しているが、それを呼び出す ContextNotSupportedFunc は context.Context を持っていないため、渡すべき context.Context が存在しないといったケースでは、context.TODO を使うことで context.Background とは違って、明示的に関数を変更し context.Context に対応する必要があることを表現できます。コード内を TODO で検索した際にヒットするような関数名になっているので対応漏れにも気づきやすく、対応の必要があることが他者にも伝わりやすくなっています。

```go
package main

import (
  "context"
)

func main() {
  // context.Contextをサポートしていない関数の呼び出し
  // 本当はこのmain関数内でcontext.Contextを生成して渡したい
  ContextNotSupportedFunc()
}

// 引数にcontext.Contextを取らない関数
// 後ほどcontext.Contextを引数に受け取るように変更される
func ContextNotSupportedFunc() {
  // 渡すべきcontext.Contextがないので一旦暫定的にcontext.TODOで生成して渡す
  RequiredContextFunc(context.TODO())
}

// 引数にcontext.Contextを必要とする関数
func RequiredContextFunc(ctx context.Context) {
}
```

B

context.Context が持つメソッド

　context.Context は非常にシンプルなインターフェースで、4つのメソッドを持ちます。まず、context.Context.Done() です。これは context.Context がキャンセルあるいはデッドラインに到達した際に閉じられるチャネルを返します。主に select で利用することを想定しており、これを利用してループなどを記述することが多いです。

　次に、context.Context.Err() は context.Context がまだ終了していない場合、nil を返します。キャンセルあるいはデッドラインに到達した場合は、その理由となる error を返します。キャンセルされた場合は context.Canceled が返り、デッドラインに到達した場合は context.DeadlineExceeded が返ります。どちらのエラーかによってベンチマーカーに違う挙動をさせるなら注意してください。

　context.Deadline() は、タプルで time.Time と bool が返ります。デッドラインが context.Context に設定されている場合はその時刻と true を返し、設定されていなければ2つめの返り値に false が返ります。ベンチマーカー内部から context.Context のデッドラインを取得することは稀ですが、可変なベンチマーク時間の最後数秒間だけはなにか別のことをしたいといった特殊な挙動をさせたい場合には役に立つでしょう。

　context.Value(key) は key に対応付けられた値が context.Context に設定されていればそれを返します。リクエストスコープ単位などで値を利用する際などに利用すべきで、なにかの関数に対してオプションを渡すといった用途で利用されるべきではありません。利用すべきかの判断が難しいメソッドですが、有効に利用できるケースでは活用しましょう。

context.WithCancel による context.Context の中断

　context.WithCancel(ctx) は引数に context.Context を取り、返り値として新たな context.Context と context.CancelFunc を返します。返された context.CancelFunc を呼び出すことで、context.Context の中断が可能です。context.Context の中断は、context.WithCancel(ctx) で取った親 context.Context の中断が新たに生成された context.Context に伝播しますが、逆はありません。

```go
package main

import (
  "context"
  "fmt"
)

func main() {
  // 一般的に関数内で生成した context.CancelFunc は defer などで確実に context.Context が終了するように書く
  ctxParent, cancelParent := context.WithCancel(context.Background())
  defer cancelParent()
```

```
  ctxChild, cancelChild := context.WithCancel(ctxParent)
  defer cancelChild()

  // 親 context.Contextの中断は子 context.Contextにも伝播する
  // context.CancelFunc は何度呼び出してもよい(2度目以降の呼び出しは何もしない)
  cancelParent()
  // 親 context.Contextに中断が伝播しないことを確認する場合は直上1行をコメントアウトして、直下1行の
コメントアウトを解除する
  // cancelChild()

  // context.Canceledが返る。子 context.Contextのcontext.CancelFuncを実行しただけの場合はnil
  fmt.Printf("parent.Err is %v\n", ctxParent.Err())
  // => parent.Err is context canceled

  // 親 context.Contextの中断が伝播し、子 context.Contextでもcontext.Canceledになる
  fmt.Printf("child.Err is %v\n", ctxChild.Err())
  // => child.Err is context canceled
}
```

context.WithTimeout(ctx, d)とcontext.WithDeadline(ctx, t)による時限式の context.Contextの中断

context.Contextを中断させる方法は明示的にcontext.CancelFuncを呼び出すだけではありません。10秒以上の時間がかかれば処理を中断するといったユースケースでもcontextパッケージは有効です。

現在時刻から相対的な時間でデッドラインを設定するにはcontext.WithTimeout(ctx, d)を利用し、絶対時間でデッドラインを設定するにはcontext.WithDeadline(ctx, t)を利用します。ベンチマーカーでは主にタイムアウトや一定時間以上処理をしないために利用することが多いです。

また、これらのデッドライン設定関数はcontext.CancelFuncも生成します。関数内で新たに生成されたcontext.CancelFuncをdeferで呼び出さないとメモリリークしてしまうので、必ず呼び出すようにしましょう。

```
package main

import (
  "context"
  "fmt"
  "time"
)

func main() {
  ctxMain := context.Background()

  go func() {
    // 5秒後にタイムアウトするcontext.Contextを生成
```

```go
    ctxTimeout, cancelTimeout := context.WithTimeout(ctxMain, 5 * time.Second)
    // context.CancelFuncを呼び出して解放するのを忘れないように
    defer cancelTimeout()

    // context.Context の終了を待つ
    <-ctxTimeout.Done()

    // ちょうど5秒後に出力
    fmt.Println("timeout!")
  }()

  go func() {
    // 3秒後にタイムアウトするcontext.Contextを生成
    ctxDeadline, cancelDeadline := context.WithDeadline(
      ctxMain,
      // 現在時刻に3秒足す
      time.Now().Add(3 * time.Second),
    )
    // context.CancelFuncを呼び出して解放するのを忘れないように
    defer cancelDeadline()

    // context.Contextの終了を待つ
    <-ctxDeadline.Done()

    // ちょうど3秒後に出力
    fmt.Println("deadline!")
  }()

  // 10秒間毎秒ごとに n sec...と標準出力に表示するコード
  for i := 0; i < 10; i++ {
    fmt.Printf("%d sec...\n", i)
    time.Sleep(1 * time.Second)
  }
}
```

timeとcontextによるループのパターン

　contextパッケージの使い方がわかると、ベンチマーカーで頻出するループのパターンが読めてきます。条件なしのforで無限ループにしつつ、context.Contextが中断されていればループを脱出するようなコードは以下のような例になります。

```go
package main

import (
  "context"
  "fmt"
  "time"
```

```
)

func main() {
  // 5秒でタイムアウトするcontext.Contextを作る
  ctx, cancel := context.WithTimeout(context.Background(), 5 * time.Second)
  defer cancel()

L: // ループ脱出用のラベル
  for {
    // ループごとに出力
    fmt.Println("loop")

    select {
      // ctxが終了していればLラベルまで脱出してforループを抜ける
      // 単にbreakと書くとselectのbreakになってしまい無限ループが継続するので注意
      case <-ctx.Done():
        break L
      // ctxが終了していなければ1秒待つ
      default:
        time.Sleep(1 * time.Second)
    }
  }
}
```

　上記のコード例ではループごとに1秒間time.Sleep(d)を入れていましたが、このスリープの最中にcontext.Contextが終了してしまうと、余計に1ループ実行されることになってしまいます。そういったケースを防ぐためにはループ後の待ち時間処理にtime.Sleep(d)ではなく、time.After(d)を使うのがよいでしょう。

```
package main

import (
  "context"
  "fmt"
  "time"
)

func main() {
  // 5.5秒でタイムアウトするcontext.Contextを作る
  ctx, cancel := context.WithTimeout(context.Background(), 5 * time.Second + 500 * time.Millisecond)
  defer cancel()

  i := 0

L: // ループ脱出用のラベル
  for {
    // ループごとに出力
```

```
// time.Afterならloop 5までしか出力されないが、time.Sleepの場合1つ余計にloop 6まで出力される
fmt.Printf("loop %d\n", i)
i++

select {
  // ctxが終了していればLラベルまで脱出してforループを抜ける
  // 単にbreakと書くとselectのbreakになってしまい無限ループが継続するので注意
  case <-ctx.Done():
    break L
  // ctxが終了していなければ1秒待つが、チャネルの受信にしているので先にctxが終了すればそちらが実行される
  case <-time.After(1 * time.Second):

  // time.Sleepで待つ例
  // default:
  //    time.Sleep(1 * time.Second)
  }
 }
}
```

　いままでの例ではループごとに1秒の待ち時間を設定していましたが、このループ内で3秒以上かかるなどの重い処理が実行されている場合、1ループの時間は1秒と3秒で合計4秒になってしまいます。1ループにかかる時間が安定しないとベンチマーク時間内にループが何度実行されるかの予測が曖昧になったりして、想定していた回数分ループが実行されないなどのケースがありえます。そういった場合は1ループの制限時間をループ先頭で time.After(d) を用いて、1ループにかかるべき時間と、残った時間での待ち合わせをするとよいでしょう。

```
package main

import (
  "context"
  "fmt"
  "time"
)

func main() {
  // 10秒でタイムアウトするcontext.Contextを作る
  ctx, cancel := context.WithTimeout(context.Background(), 10 * time.Second)
  defer cancel()

  go LoopWithBefore(ctx)
  go LoopWithAfter(ctx)

  <-ctx.Done()
}

// ループの最初でtime.Afterを生成して待ち合わせるパターン
```

```go
// HeavyProcessに1.5秒かかるが、1ループの時間は3秒に収まっている
func LoopWithBefore(ctx context.Context) {
  // ループ前の時間を取得
  beforeLoop := time.Now()
  for {
    // 1ループの持ち時間を先頭で設定
    loopTimer := time.After(3 * time.Second)

    // 1.5秒かかる処理
    HeavyProcess(ctx, "BEFORE")

    select {
      case <-ctx.Done():
        return
      // 先頭で生成したtime.Afterを使って待ち合わせする
      case <-loopTimer:
        // 1ループにかかった時間を標準出力に表示して、beforeLoopに現在時刻を設定
        fmt.Printf("[BEFORE] loop duration: %.2fs\n", time.Now().Sub(beforeLoop).Seconds())
        beforeLoop = time.Now()
    }
  }
}

// ループの最後でtime.Afterを生成して待ち合わせるパターン
// HeavyProcessで1.5秒かかり、その上で3秒待つため、1ループの時間は合計4.5秒になっている
func LoopWithAfter(ctx context.Context) {
  beforeLoop := time.Now()
  for {
    // 1.5秒かかる処理
    HeavyProcess(ctx, "AFTER")

    select {
      case <-ctx.Done():
        return
      // この場で生成したtime.Afterを使って待ち合わせする
      case <-time.After(3 * time.Second):
        // 1ループにかかった時間を標準出力に表示して、beforeLoopに現在時刻を設定
        fmt.Printf("[AFTER] loop duration: %.2fs\n", time.Now().Sub(beforeLoop).Seconds())
        beforeLoop = time.Now()
    }
  }
}

// どちらのループから呼び出されたのかを表示しつつ、1.5秒待つ
func HeavyProcess(ctx context.Context, pattern string) {
  fmt.Printf("[%s] Heavy Process\n", pattern)
  time.Sleep(1 * time.Second + 500 * time.Millisecond)
}
```

B
ベンチマーカーの実装

time.After(d) を生成する箇所によって1ループの時間が変わるため、時間による待ち合わせのコー　**309**

ドを書く時にはそのコードが意図する待ち合わせの時間はどのような基準で守られるべきものかを意識しましょう。

3秒ごとにリクエストを送信しますとマニュアルに明記されている場合、選手はレスポンスに何秒かかっても3秒間に1度リクエストが送信されることを期待するため、`LoopWithBefore()`のように1ループが3秒間で実行されるようにして3秒毎に処理がなされるようにすべきです。

リクエスト毎に3秒の間隔を設けますとマニュアルに明記されている場合、選手はレスポンスしてから3秒間はリクエストがこないことを期待するため、`LoopWithAfter()`のように処理後に3秒の待ち時間を設定すべきです。1ループにかかる時間が安定しなくなりますが、マニュアルに沿った実装をしましょう（あるいはループの時間が安定しなくなることを理由にマニュアルを変更すべきです）。

体感的に1ループの処理時間が変わることがわかりにくい方は、図1を参考にしてください。`HeavyProcess()`で1.5秒かかる前で`time.After(d)`を生成するか、そのあとで生成するかによって1ループの実行時間が変わることを理解する手助けになるはずです。

図1　time.Afterの生成位置による1ループ時間の違い

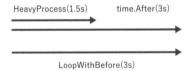

LoopWithBefore の 1 ループにかかる時間

LoopWithAfter の 1 ループにかかる時間

sync パッケージの利用

Go言語の標準パッケージである`sync`には、並列プログラミングで便利なパーツが揃っています。本付録では紹介しない`sync.Cond`や`sync.Once`など、少し理解が難しいものもありますが、使えるようになっておくと必要になったシーンで強力な効果を発揮するパッケージです。ここでは代表的かつベンチマーカーでの利用シーンが多い3つの構造体について解説します。

sync.WaitGroupによる待ち合わせ

`sync.WaitGroup`は複数の処理を待ちあわせるのに便利な構造体です。チャネルによって複数の

goroutineを待ち合わせるなどももちろんできますが、そうした処理を自分で実装するよりもずっと簡単に待ち合わせを記述できます。

　使い方は簡単で、待ち合わせる処理の数だけsync.WaitGroup.Add(n)し、1つの処理が終わるたびにsync.WaitGroup.Done()を呼び出します。すべての処理実行を待ちたい場所でsync.WaitGroup.Wait()を呼び出すことで、その箇所にてすべての処理の終了を待つブロッキングが発生します。

```go
package main

import (
  "fmt"
  "sync"
  "time"
)

func main() {
  // sync.WaitGroupの生成
  wg := &sync.WaitGroup{}

  // このコード例では待ち合わせする処理が2つなのが確定しているので、wg.Addの引数に2を渡しています
  // wg.Addした数以上wg.Doneを呼び出すとpanicが発生するので気をつけてください
  wg.Add(2)

  // ループ中でgoroutineを生成する場合などは各生成時にwg.Add(1)を呼び出すとよいでしょう
  // wg.Add(1)
  go func() {
    // よくある間違いとしてgoroutineの中でwg.Add(1)してしまうケースがありますが
    // その場合 goroutineが起動する前にwg.Wait()に到達してまう場合があるので
    // goroutineの中でwg.Add(1)しないように注意

    // 処理が終了し関数を抜ける際に確実にwg.Doneされるように先頭でdeferを使ってwg.Doneを呼び出しています
    defer wg.Done()

    // 5秒間毎秒標準出力へ表示
    for i := 0; i < 5; i++ {
      fmt.Printf("wg 1: %d / 5\n", i+1)
      time.Sleep(1 * time.Second)
    }
  }()

  // wg.Add(1)
  go func() {
    // 処理が終了し関数を抜ける際に確実にwg.Doneされるように先頭でdeferを使ってwg.Doneを呼び出しています
    defer wg.Done()

    // 5秒間毎秒標準出力へ表示
    for i := 0; i < 5; i++ {
      fmt.Printf("wg 2: %d / 5\n", i+1)
```

```
    time.Sleep(1 * time.Second)
  }
}()

// ここで2つのgoroutineが終了して wg.Doneが呼び出されるのを待っています
// wg.Waitの返り値はなく、チャネルで終了通知の受信などはできないため気をつけてください
wg.Wait()

fmt.Println("wg: done")
}
```

sync.Mutexとsync.RWMutexによる読み書きのロック

　ベンチマーカーは高速かつ並列にデータを生成し、それを検証のために保持しておくケースがほとんどです。その上、それらの保持されたデータはgoroutine間で共有されたメモリ領域に保持していなくては検証時にデータが揃わないため別々のgoroutineから同じ場所に書き込まれます。そうした際にgoroutine間で読み書きのロックを取らない場合、データの整合性が失われ正しい検証ができなくなってしまいます。

　そういったケースを回避するため、syncパッケージで提供されているsync.Mutexやsync.RWMutexを利用すると良いでしょう。2つの構造体は似たような機能を提供しますが、sync.Mutexは単純な排他制御を提供するのに比べてsync.RWMutexは読み書き双方の排他制御を提供します。

　まずはsync.Mutexによる排他制御を見てみましょう。以下のコード例はシンプルに排他制御を行うことで、別々のgoroutineから1つの共通したスライスへ要素を追加している例です。

```go
package main

import (
  "fmt"
  "sync"
)

func main() {
  // intのスライスを生成
  userIDs := []int{}
  // sync.Mutexを生成
  userIDsLock := &sync.Mutex{}

  // 処理の待ち合わせに利用するsync.WaitGroupの生成
  wg := &sync.WaitGroup{}

  for i := 0; i < 20; i++ {
    wg.Add(1)
    go func(id int) {
      defer wg.Done()
```

```
        // userIDsへの書き込みの競合を防ぐためにロック
        // 別のgoroutineですでにロックされている場合はそのロックが解除するまでここで処理がブロック
        userIDsLock.Lock()
        // データをスライスへ追加
        userIDs = append(userIDs, id)
        // ロックの解除
        userIDsLock.Unlock()
    }(i)
}

// すべての追加処理を待つ
wg.Wait()

// 追加されたすべての値を表示
// goroutineは開始した順に実行される訳ではないので、実行するたびに追加順が違っている
fmt.Printf("userIDs: %v\n", userIDs)
}
```

sync.RWMutex は、前述した sync.Mutex のようなロックに加えて読み取りロックも提供します。読み取りロック同士は競合しませんが、書き込みロックは互いも読み取りロックもブロックします。読み取りだけのロックを取ることで別々な箇所からの読み込みは並列にしつつ、書き込みをブロックしてデータの整合性を保つことができます。同じデータを元に複数の検証を実行したいがそれらの処理は並列で行いたい、かつ検証中に別 goroutine がデータを追加する可能性がある場合などでレースコンディションを起こさないためにも非常に重要な機能です。コード例は、https://github.com/tatsujin-web-performance/tatsujin-web-performance/blob/main/appendix-B/example/99-4-3-2-rwmutex/main.go を参照してください。

sync.WaitGroup や sync.Mutex を値渡しすることで発生するデッドロックや panic

　Go言語公式のパッケージドキュメントの例では sync.WaitGroup などは var wg sync.WaitGroup のようにしてゼロ値の値型として生成するような書き方をしています。本付録のコード例では、&sync.WaitGroup{} のように書くことでゼロ値の sync.WaitGroup の参照型として生成しています。どちらが正解ということはありませんが、筆者は後者の書き方をお勧めしています。

　理由は簡単で、sync.WaitGroup や sync.Mutex を参照渡しではなく値渡しするとコピーされてしまい待ち合わせやロックが正しく動作しません。panic やデッドロックを引き起こすケースもありますが、最悪の場合は試験動作中に発見できず、本番で原因不明のエラーとなる場合もあります。実際に sync.Mutex を値渡ししてしまったためにデッドロックを引き起こすコード例は、以下のようになります。

```
package main
```

```go
import (
  "fmt"
  "sync"
  "time"
)

func main() {
  // sync.Mutexを値として生成
  var mu sync.Mutex

  // muをロック
  mu.Lock()

  // 1秒後にmuをアンロック
  go func() {
    <-time.After(1 * time.Second)
    mu.Unlock()
  }()

  // 値渡しだとコピーされてしまい1秒後のUnlockが関数呼び出し先のmuに伝わらないため、
  // 関数内のLockがいつまでも解除されずdeadlockとしてGoランタイムが強制終了
  LockWithValue(mu)

  // 参照渡しの場合は1秒後のUnlockが期待通り関数内のmuに伝わるため、
  // deadlockは発生せず、1秒後にmutex unlockedが標準出力に表示されてプログラムが正常終了
  // LockWithReference(&mu)

  fmt.Println("mutex unlocked")
}

// 値渡しでsync.Mutexを受け取る関数
func LockWithValue(mu sync.Mutex) {
  mu.Lock()
  mu.Unlock()
}

// 参照渡しでsync.Mutexを受け取る関数
func LockWithReference(mu *sync.Mutex) {
  mu.Lock()
  mu.Unlock()
}
```

　ロック範囲によってはsync.Mutexやsync.RWMutexを関数の引数として渡したくなることもあるかもしれませんが、その際に値渡しが起こらないよう気をつける必要があります。これらはコンパイル時には発覚せず、実行時になってやっと気付けるエラーです。コードを静的解析してsync.Mutexを値として受け取っている関数を探すなどの手法も取れますが、難易度が高いためにお勧めしていません。

これらのことを避けるため、筆者は関数内で sync.Mutex や sync.WaitGroup を生成する際には参照型として生成するように推奨しています。

逆に、構造体のフィールドとして sync.Mutex をもたせたい場合は参照型として定義すると今度は初期化を忘れた際に nil になってしまい、こちらも panic の原因になってしまいます。構造体のフィールドとして sync.Mutex をもたせる場合は、値型のフィールドとして定義する方が意図せぬ panic を避けることができるでしょう。

sync/atomic パッケージの利用

前項では同じメモリ領域への書き込みのブロックに sync.Mutex を利用しましたが、書き込むメモリ領域の対象が数値であればもっと手軽にレースコンディションを排除しつつアトミックな読み書きができます。sync/atomic パッケージで提供される関数群は、各数値型ごとに操作を提供します。実行回数のカウンタなどを作成する際に非常に役立つパッケージです。

sync/atomic で利用できる数値へのアトミックな操作関数は表1の5つです。＊の部分は各数値の型名（Int32 や Uint64 など）になります。

表1　sync/atomic で利用できる操作関数

操作関数	説明
sync/atomic.Store*(addr, val)	第一引数 addr のメモリ領域に第二引数 val を書き込む
sync/atomic.Load*(addr)	第一引数 addr のメモリ領域から数値を読み取り返却する
sync/atomic.Swap*(addr, val)	第一引数 addr のメモリ領域に第二引数 val を書き込み、現在のメモリ領域 addr に設定されている値を返す
sync/atomic.Add*(addr, val)	第一引数 addr のメモリ領域に第二引数 val を加算し、その値を返す
sync/atomic.CompareAndSwap*(addr, old, new)	第一引数 addr のメモリ領域の値が old と等しければ new の値を書き込み true を返す。値が合致しない場合は書き換えず false を返す

少し複雑な例になりますが、これらの関数群を利用したコード例が https://github.com/tatsujin-web-performance/tatsujin-web-performance/blob/main/appendix-B/example/99-4-4-atomic/main.go にあります。このコード例を参照しながら、以下の説明を読んでください。

最初にまず10で初期化した後、1秒毎に現在の値をアトミックに取得し標準出力に表示します。別の goroutine では0.1秒ごとに1ずつ値が加算されていきますが、0.01秒ごとに50かチェックし、50だったならば値を0にリセットしています。10秒でこのプログラムは終了しますが、実行中に SIGUSR1 シグナルをプロセスへ送ることで任意のタイミングで値を0に戻す事ができる例です。

sync/atomic では任意のポインタに対してアトミックな操作を行う関数群も提供していますが、それらを利用すると interface{} 型になってしまい、値を読み取ったのちに型キャストを都度行う必要

があります。構造体内のフィールドでレースコンディションを防ぐのであれば構造体そのものに
sync.Mutex や sync.RWMutex をもたせてレースコンディションを防ぐとよいでしょう。

Functional Option パターン

いくつかのライブラリでは、構造体を新たに生成する関数が可変長の関数型引数をとるような設計
になっているものがあります。これらの実装パターンを Functional Option パターンと呼びます。一
般的に構造体のフィールドを変更したい場合は直接書き込むか初期化時にフィールドの値を設定する
ことで実現しますが、Functional Option パターンを用いることで、生成時に初期化関数内でデフォル
トの値や構造体の未公開のフィールドを正しく設定しつつ、利用者が柔軟に設定できるようにします。

Functional Option パターンの役立つコード例が https://github.com/tatsujin-web-performance/
tatsujin-web-performance/blob/main/appendix-B/example/99-4-5-functionalOption/main.go にあり
ます。

例として User を管理する構造体 Users を考えてみましょう。この構造体の主な機能としては User を
複数持ちます。この際、リスト形式とマップ形式の二重に管理されており、特定のインデックスで
User を取得するメソッドと ID から User を取得するメソッドを持ち、他にも User 数を取得するメソッ
ドや追加順に各 User に対して処理を実行する ForEach を持ちます。

この構造体を生成する際、User の生成方式は利用者側で制御できるようにしつつ、デフォルトでは
シーケンシャルな ID で指定数 User を生成するオプションと、ランダムな ID で指定数 User を生成す
るオプションを提供できるようにする、といったケースで Functional Option パターンが役立ちます。
構造体の内部に重要なメンバを持つが、その初期化は正しい手順で行われるべき場合など、自身でア
プリケーションを実装する時にも役立つパターンなので活用できるようになると、コードの幅が広が
ります。

B-3　private-isu を対象としたベンチマーカーの実装

ここでは実際に本書でチューニング対象の例としてきた private-isu を対象にしたベンチマーカーを
実装していきます。これからはコード例が長くなりすぎてしまうため、別途リポジトリ上のソースコー
ドを参照しつつ解説します。筆者が開発した ISUCON ベンチマーカー用ライブラリ isucandar[注6] を使っ
て実装されているので、ライブラリの情報も併せて参考にするとコードが読みやすいです。ソースコー
ドは、https://github.com/rosylilly/private-isu-benchmarker/ にて公開されているので、随時そちらの
リポジトリと見比べながら読み進めてください。

注6　https://github.com/isucon/isucandar

入出力を設計する

挙動を変えるためにオプションを与えたり実行結果のログを表示したりするのは、通常のアプリケーションと同様にベンチマーカーにとっても重要な機能です。どのように入力をえて、どのように出力するのかを決めておくのは重要でしょう。

今回実装するベンチマーカーは1回の起動につき1回のベンチマークを実行し、その終了時にアプリケーションとしても終了するベンチマーカーを作ります。大会ポータルとの通信をどのように行うのかは別のプロセスに任せることにして、ベンチマーカーはシンプルなアプリケーションとして実装します。また、ベンチマーカーが想定より長い時間稼働し続けている場合の強制停止などもその別プロセスに任せます。以降、こうした処理を担ってくれる別プロセスをスーパーバイザと呼びます（図2）。

図2 ポータルとスーパーバイザとベンチマーカーの関係

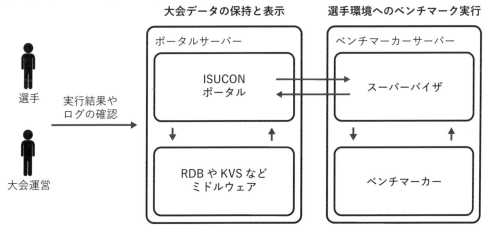

大会の構成次第ですが、選手専用のベンチマーカーサーバーが用意されず、ベンチマーク実行の度にベンチマーカープールからベンチマーカーが割り当てられる場合があります。その場合はベンチマークごとに別の選手が持つ環境へとベンチマークを実行できるようになっている必要がありますし、手元で開発する際の簡便さも鑑みて、今回作るベンチマーカーの設定方法はファイルではなくオプション引数を採用します。

出力に関しては、選手に向けて公開する情報と大会運営向けのより詳細な実行ログの双方が求められます。それらは選手向けの情報を標準出力に表示し、大会運営向けの情報を標準エラー出力に表示するようにしておきます。スーパーバイザはベンチマーカーを起動後、それらの標準出力を受け取り、ポータルへ実行ログとして送信します。

なぜ標準出力を選手向けにし、標準エラー出力を大会運営向けにするかといえば、意図せぬpanicによってベンチマーカーが停止した際、そのpanicログが出力されるのは標準エラー出力であるため

B

です。Go言語はerror型に標準ではスタックトレースを持ちませんが[注7]、panicによるログにはスタックトレースも同時に出力されるため関数名などから選手が不正にベンチマーカー内部の構造を類推できてしまいます。

ログの実装

Go言語には様々なログライブラリが存在します。代表的なものでは、zap[注8]やgoogle/logger[注9]などが有名でしょう。今回実装するベンチマーカーではそこまで高度なログ機能は必要ないので、標準パッケージであるlogを採用します。logはパッケージ関数としてlog.Printfなどを持ちますが、ログレベルによる出力先の切り替えなどの機能は持っていないので、選手向けと大会運営向けに情報を出し分けたい需要から、今回は2つのlog.Loggerをグローバル変数として持つことで使い分けし、パッケージグローバルなlog.Printfなどの関数は利用しません。

log.Loggerを生成するlog.Newは第一引数にio.Writerを取り、第二引数にログにつけるプレフィックス、第三引数に各種フラグを取ります。

第一引数はos.Stdoutとos.Stderrを指定し、第二引数のプレフィックスは見分けのつきやすいように大会運営へのログにだけつけておくとよいでしょう。第三引数を設定すると時刻や呼び出し元のファイル名を付与できるようになります。標準ではlog.Ldate|log.Ltimeになっていますが、ベンチマーカーの性質上、日をまたいだ実行になることは稀なのでlog.Ldateは不要で、ベンチマーカーは1秒の間に大量の処理を行ったりやリクエストを送る事情から秒単位では情報不足になりそうなのでlog.Lmicrosecondsを追加することをお薦めしています。

```go
// main.go
var (
        // 選手向け情報を出力するロガー
        ContestantLogger = log.New(os.Stdout, "", log.Ltime|log.Lmicroseconds)
        // 大会運営向け情報を出力するロガー
        AdminLogger = log.New(os.Stderr, "[ADMIN] ", log.Ltime|log.Lmicroseconds)
)
```

ベンチマーカーに与えられるオプションの設定

起動時にはコマンドライン引数としてオプションを受け取り動作に反映する仕組みにしましょう。ベンチマーク先を決定する引数や開発時に使うフラグを定義して、Optionとして保持します。大会運営向けにコピーアンドペーストで同設定として実行できるような出力ができる関数をOptionに用意しておくことで、エラーの再現やバグの原因調査に役立てることができます。

注7　2022年 Go 1.18時点での情報です。現在、Go 2に向けてスタックトレースをerror型に持たせる議論が進んでいます。
注8　https://github.com/uber-go/zap
注9　https://github.com/google/logger

Option.String は標準パッケージの `fmt.Stringer` インターフェースに沿うように実装することで、`log.Logger.Print` に Option を渡した時に自動的に String関数で出力された文字列が使われるようになります。

```go
// main.go

// 各オプションのデフォルト値
const (
  DefaultTargetHost            = "localhost:8080"
  DefaultRequestTimeout        = 3 * time.Second
  DefaultInitializeRequestTimeout = 10 * time.Second
  DefaultExitErrorOnFail       = true
)

func main() {
  ...

        // ベンチマークオプションの生成
        option := Option{}

        // 各フラグとベンチマークオプションのフィールドを紐付ける
        flag.StringVar(&option.TargetHost, "target-host", DefaultTargetHost, "Benchmark target host ↵
with port")
        flag.DurationVar(&option.RequestTimeout, "request-timeout", DefaultRequestTimeout, "Default ↵
request timeout")
        flag.DurationVar(&option.InitializeRequestTimeout, "initialize-request-timeout", ↵
DefaultInitializeRequestTimeout, "Initialize request timeout")
        flag.BoolVar(&option.ExitErrorOnFail, "exit-error-on-fail", DefaultExitErrorOnFail, "Exit ↵
with error if benchmark fails")

        // コマンドライン引数のパースを実行
        // この時点で各フィールドに値が設定されます
        flag.Parse()

        // 現在の設定を大会運営向けロガーに出力
        AdminLogger.Print(option)

  ...
}

// option.go

// ベンチマークオプションを保持する構造体
type Option struct {
        TargetHost               string
        RequestTimeout           time.Duration
        InitializeRequestTimeout time.Duration
```

B

```
            ExitErrorOnFail          bool
}

// fmt.Stringerインターフェースを実装
// log.Printなどに渡した際、このメソッドが実装されていれば返した文字列が出力される
func (o Option) String() string {
        args := []string{
                "benchmarker",
                fmt.Sprintf("--target-host=%s", o.TargetHost),
                fmt.Sprintf("--request-timeout=%s", o.RequestTimeout.String()),
                fmt.Sprintf("--initialize-request-timeout=%s", o.InitializeRequestTimeout.String()),
                fmt.Sprintf("--exit-error-on-fail=%v", o.ExitErrorOnFail),
        }

        return strings.Join(args, " ")
}
```

fmt.Stringer と fmt.GoStringer を実装する

　fmt.Print や log.Print などの関数は引数に interface{} を取り、その際に渡された構造体に fmt.Stringer インターフェースを満たすように String で文字列を返すように実装されていれば、その関数を利用して文字列として出力します。同様に fmt.GoStringer を満たしている場合は、fmt.Printf や log.Printf の第一引数で %#v に対応する構造体として渡した際にその実装を利用した文字列を表示します。

　ログ出力位置ごとに都度 fmt.Sprintf などを利用して表記の整形をしていると、場所によって別々の表記になってしまい混乱の原因につながる場合があります。そのため、余裕があれば出力の必要があるような構造体は、fmt.Stringer インターフェースを満たすようにしておくと便利です。ベンチマーカー以外を実装する際にも役立つインターフェースです。

```
package main

import (
  "fmt"
)

// fmt.Stringerを満たすDog構造体
type Dog struct {
  Name string
  Age  int
}

// fmt.Stringer.Stringの実装
func (d *Dog) String() string {
  return fmt.Sprintf("Dog: %s (%d)", d.Name, d.Age)
```

```
}

// fmt.GoStringerは実装されていないので標準の挙動が使われる
// func (d *Dog) GoString() string {
//     // TODO: Implmenet fmt.GoStringer
// }

// fmt.Stringerとfmt.GoStringerを満たすCat構造体
type Cat struct {
    Name string
    Age  int
}

// fmt.Stringer.Stringの実装
func (c *Cat) String() string {
    return fmt.Sprintf("(=^_^=) Cat: %s(%d)", c.Name, c.Age)
}

// fmt.GoStringer.GoStringの実装
func (c *Cat) GoString() string {
    return fmt.Sprintf("(=^_^=) &Cat{%#v, %#v}", c.Name, c.Age)
}

func main() {
    // Dogの生成
    dog := &Dog{Name:"coco", Age:5}

    // Catの生成
    cat := &Cat{Name:"nana", Age:3}

    fmt.Println(dog) // => Dog: coco (5)
    fmt.Println(cat) // => (=^_^=) Cat: nana(3)

    fmt.Printf("%#v\n", dog) // => &main.Dog{Name:"coco", Age:5}
    fmt.Printf("%#v\n", cat) // => (=^_^=) &Cat{"nana", 3}
}
```

▌データを持つ

　ログの出力準備やフラグが取れるように準備が終わったら、ベンチマーカーが検証やリクエストに利用するためにprivate-isuのデータをベンチマーカーが保持できるように構造体を実装しましょう。private-isuには、UserとPostとCommentの3つのデータが存在します。CommentはUserとPostに紐付き、PostはUserに紐付きます（図3）。

図3 private-isu の ER 図

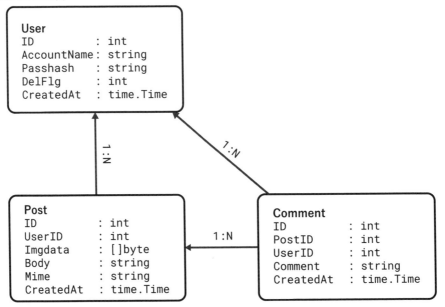

これらのデータに対応する構造体を作り、検証時に備えた関連データの持ち方についても実装していきます。

モデルに対応する構造体を定義する

モデル構造に対応した構造体をベンチマーカー内部に実装しますが、いくつかそのままのデータとしては持たない部分があります。User では Passhash でパスワードをハッシュしたものを保存しますが、ベンチマーカーにハッシュは不要なので持たず、ログイン処理などのためにハッシュ化される前のパスワードを持つようにします。Post では Imgdata をバイト列で持つのが参考実装の初期状態ですが、バイト列をそのままベンチマーカー内に持つとメモリ使用量の観点からみても検証時に利用する観点から考えても大きいため、ベンチマーカー上のデータとしては画像データの SHA1 ハッシュ値を持つように変更します。また、各構造体は別々の場所から更新される可能性があるため内部に sync. RWMutex を持たせておきます。

```go
// model.go

// Userの構造体
// 後ほどJSON化したダンプデータから読み込めるようにタグを付与しています
type User struct {
  ID          int     `json:"id"`
  AccountName string  `json:"account_name"`
  Password    string  `json:"password"`
```

```go
  Authority    int        `json:"authority"`
  DeleteFlag   int        `json:"del_flg"`
  CreatedAt    time.Time `json:"created_at"`
}


// Postの構造体
// 後ほどJSON化したダンプデータから読み込めるようにタグを付与しています
type Post struct {
  ID         int        `json:"id"`
  Mime       string     `json:"mime"`
  Body       string     `json:"body"`
  ImgdataHash string    `json:"imgdata_hash"`
  UserID     int        `json:"user_id"`
  CreatedAt  time.Time `json:"created_at"`
}


// Commentの構造体
// 後ほどJSON化したダンプデータから読み込めるようにタグを付与しています
type Comment struct {
  ID         int        `json:"id"`
  Comment    string     `json:"comment"`
  CreatedAt time.Time `json:"created_at"`
  PostID     int        `json:"post_id"`
  UserID     int        `json:"user_id"`
}
```

モデルの集合を持つ構造体を定義する

　各ページの検証時に正しいデータが表示されているかを検証するために、モデルの集合を管理する構造体を用意します。private-isuはサービス内部においてCreatedAtを用いて降順ソートになっているため、CreatedAtの降順でソートされたリストとIDで直引きできるようにIDとモデルが対になったマップの両方として管理します。3つのモデルすべてで流用する集合を扱う構造体ですので、Go言語バージョン1.18から導入されたジェネリクスを使って実装します。

```go
// set.go

// Setの対象となるモデルのインターフェース
type Model interface {
  GetID() string
  GetCreatedAt() time.Time
}


// モデルの集合を表す構造体
// Set.Get(id)でIDからモデルを取る
// Set.At(index)で先頭からindex番目のモデルを取る
// Set.Add(model)で集合にモデルを追加
```

```
type Set[T Model] struct {
  mu    sync.RWMutex
  list []T
  dict map[int]T
}

// 先頭からindex番目のモデルを取るメソッド
func (s *Set[T]) At(index int) T {
  ...
}

// IDからモデルを取るメソッド
func (s *Set[T]) Get(id int) (T, bool) {
  ...
}

// Setにモデルを追加するメソッド
// 追加時にCreatedAtでソート済みの位置に追加
// CreatedAtが重複したらIDで昇順
func (s *Set[T]) Add(model T) bool {
  ...
}
```

初期データのロード

　private-isu は初期状態である程度のデータを持っています。ベンチマーカーは検証のためにサービスと同一の初期データを持っている必要があるので、ベンチマーカー起動時に初期データをロードできるようにしましょう。先程モデルに対応する構造体を定義した際に json のタグをつけていたのはこのためです。ベンチマーカーはダンプデータのディレクトリを引数に取るようにし、ディレクトリ内に定められた命名規則の JSON 形式のダンプファイルから初期状態を作り出します。

```
// dump.go

// JSON形式のダンプファイルからモデルの集合をロード
func (s *Set[T]) LoadJSON(jsonFile string) error {
  ...

  // JSON形式としてデコード
  decoder := json.NewDecoder(file)
  if err := decoder.Decode(&models); err != nil {
    return err
  }

  // デコードしたモデルを先頭から順にSetに追加
  for _, model := range models {
    if !s.Add(model) {
```

```
        return fmt.Errorf("Unexpected error on dump loading: %v", model)
    }
  }
}
```

初期化処理を実装する

　接続先のオプションやモデルができたので、private-isuへリクエストを送ってみましょう。private-isuは競技用のメンテナンスエンドポイントとして GET /initialize を持ちます。このエンドポイントにリクエストが来た時、Webサービスはそれまでに書き込まれたデータの一切を消去し初期の状態に戻す必要があり、ベンチマーカーがロードする初期状態のダンプデータと同じ状態になっていることが期待されます。ここではリクエストを送信するユーザーエージェントの生成、それを用いたリクエストの送信までを行います。

リクエストを送信するユーザーエージェントの生成

　リクエストの送信には isucandar/agent.Agent（以降、agent.Agent と表記）を用いますが、接続先の情報やリクエストタイムアウトの時間を持っているのは Option 構造体なので、Option 構造体がagent.Agent を生成するようにします。

```go
// option.go

// Optionの内容に沿ったagent.Agentを生成
func (o Option) NewAgent(forInitialize bool) (*agent.Agent, error) {
  agentOptions := []agent.AgentOption{
    // リクエストのベースURLはOption.TargetHostかつHTTP
    agent.WithBaseURL(fmt.Sprintf("http://%s/", o.TargetHost)),
    // agent.DefaultTransportを都度クローンして利用
    agent.WithCloneTransport(agent.DefaultTransport),
  }

  // initialize用のagent.Agentはタイムアウト時間が違うのでオプションを調整
  if forInitialize {
    agentOptions = append(agentOptions, agent.WithTimeout(o.InitializeRequestTimeout))
  } else {
    agentOptions = append(agentOptions, agent.WithTimeout(o.RequestTimeout))
  }

  // オプションに従ってagent.Agentを生成
  return agent.NewAgent(agentOptions...)
}
```

B

ベンチマーカーの実装

リクエストの送信

ユーザーエージェントを生成する準備が整ったらさっそくリクエストを送信しましょう。`agent.Agent` は、`agent.Agent.Get` という GET リクエストを生成するヘルパーメソッドを持っています。使い方は第一引数にリクエストしたい URL パスを渡すだけです。リクエストが生成できたら `agent.Agent.Do` に生成したリクエストを渡し、Web サービスへ実際にリクエストを送信してみましょう。このコードを試しに動かす場合には、ベンチマーカーの `Option.TargetHost` で指定したホスト名で実際に private-isu のサービスが立ち上がっている必要があることに注意してください。以降、特に注釈のない場合は private-isu が起動されているものとして解説します。

```go
// action.go

// GET /initializeを送信
// 第一引数にcontext.contextを取ることで外からリクエストをキャンセルできるようにしている
func GetInitializeAction(ctx context.Context, ag *agent.Agent) (*http.Response, error) {
  // リクエストを生成
  req, err := ag.GET("/initialize")
  if err != nil {
    return nil, err
  }

  // リクエストを実行
  return ag.Do(ctx, req)
}
```

レスポンスの検証

ベンチマーカーの起動時に `GET /initialize` は実行されますが、このエンドポイントのレスポンスが不正な場合、以降のベンチマークは正常に実行できないことが予想されます。そのため `GetInitializeAction` の返り値を使ってレスポンスを検証し、エラーであればベンチマーカーが実行を続けないようにする必要があります。

`GET /initialize` は検証すべきレスポンスボディなどもないため、ステータスコードが `200 OK` かどうかのみを検証します。ここでは単一の検証しか実行しませんが、他エンドポイントではステータスコードだけの検証ではなく 1 つのレスポンスに複数の検証を実行することが予想されます。そのため、いまのうちに複数の検証をまとめておける `ValidationError` 構造体も定義しておき、後ほどのために `isucandar/failure` パッケージを使って各種エラーにエラーコードを付与しておくことで、エラーを判別できるようにしておきます。

```go
// validation.go

// 複数のエラーを持つ構造体
```

```
// 1度の検証で複数のエラーが含まれる場合があるため
type ValidationError struct {
  Errors []error
}

// ValidationErrorが空かを判定
func (v ValidationError) IsEmpty() bool {
  ...
}

// レスポンスを検証するバリデータ関数の型
type ResponseValidator func(*http.Response) error

// レスポンスを検証する関数
// 複数のバリデータ関数を受け取ってすべてでレスポンスを検証し、ValidationErrorを返す
func ValidateResponse(res *http.Response, validators ...ResponseValidator) ValidationError {
  ...
}

// ステータスコードコードを検証するバリデータ関数を返す高階関数
// 例: ValidateResponse(res, WithStatusCode(200))
func WithStatusCode(statusCode int) ResponseValidator {
  return func(r *http.Response) error {
    if r.StatusCode != statusCode {
      // ステータスコードが一致しなければ HTTP メソッド、URL パス、期待したステータスコード、実際のステータス
コードを持つ
      // エラーを返す
      return failure.NewError(
        ErrInvalidStatusCode,
        fmt.Errorf(
          "%s %s : expected(%d) != actual(%d)",
          r.Request.Method,
          r.Request.URL.Path,
          statusCode,
          r.StatusCode,
        ),
      )
    }
    return nil
  }
}
```

ベンチマーカーへの組み込み

　ユーザーエージェントが生成でき、リクエストを送信できるようになり、レスポンスの検証まで準備できました。いよいよベンチマーカーへ組み込みをし実際に起動してみます。

　リクエスト送信とその検証をベンチマーカーに組み込むには、isucandar.Benchmark を利用します。

isucandar.Benchmark は以下の機能を持ちます。

- 各ステップに登録された関数をステップごとに並列に実行する
  - ステップは Prepare（事前準備）、Load（負荷試験）、Validation（検証）の3種類
    - Prepare: 負荷試験前の初期データの準備や、アプリケーションの初期化コマンドの実行を担う
    - Load: 負荷試験そのものを担う
    - Validation: 負荷試験中には実施できない時間のかかる検証や、すべての書き込みリクエスト終了後にだけ実行できるような検証を行う
  - ステップの登録にはインターフェースを満たす構造体を追加するか、各ステップに直接関数を追加する2種類の方法が選べる
  - ステップは順番に実行され、前ステップでエラーが発生していた場合は次のステップが実行されない
- 各ステップでエラーとスコアを収集できる
  - 複数のエラーを登録したり、各リクエストの送受信時に検証に成功したらスコアを追加できる
- エラーに対するフックが定義できる
  - 起こってはいけないことが期待されるエラーを検知した時にpanicさせることでベンチマークを即時停止できる

後の検証のため、すべてのデータを持ち、Option を持つ Scenario 構造体を定義し、isucandar.Benchmark.AddScenario に対応するインターフェースを満たす実装をします。

```go
// validation.go

// isucandar.BenchmarkStepに自身の持つエラーをすべて追加

func (v ValidationError) Add(step *isucandar.BenchmarkStep) {
  for _, err := range v.Errors {
    if err != nil {
      // 中身がValidationErrorなら展開
      if ve, ok := err.(ValidationError); ok {
        ve.Add(step)
      } else {
        step.AddError(err)
      }
    }
  }
}

// scenario.go

// シナリオレベルで発生するエラーコードの定義
```

```go
const (
  ErrFailedLoadJSON failure.StringCode = "load-json"
  ErrCannotNewAgent failure.StringCode = "agent"
  ErrInvalidRequest failure.StringCode = "request"
)


// オプションと全データを持つシナリオ構造体
type Scenario struct {
  Option    Option
  Users     UserSet
  Posts     PostSet
  Comments  CommentSet
}


// isucandar.PrepeareScenarioを満たすメソッド
// isucandar.BenchmarkのPrepareステップで実行される
func (s *Scenario) Prepare(ctx context.Context, step *isucandar.BenchmarkStep) error {
  // Userのダンプデータをロード
  if err := s.Users.LoadJSON("./dump/users.json"); err != nil {

    ...

    // Postのダンプデータをロード
  if err := s.Posts.LoadJSON("./dump/posts.json"); err != nil {

    ...

    // Commentのダンプデータをロード
  if err := s.Comments.LoadJSON("./dump/comments.json"); err != nil {

    ...

    // GET /initializeへのリクエストを実行
  res, err := GetInitializeAction(ctx, ag)

    ...

    // レスポンスを検証
  ValidateResponse(
    res,
    // ステータスコードが200であることを検証
    WithStatusCode(200),
  ).Add(step)

  ...
}


// isucandar.PrepeareScenarioを満たすメソッド
// isucandar.BenchmarkのLoadステップで実行される
```

B

ベ
ン
チ
マ
ー
カ
ー
の
実
装

```go
func (s *Scenario) Load(ctx context.Context, step *isucandar.BenchmarkStep) error {
  ...
}

// main.go

func main() {
  ...

  // シナリオの生成
  scenario := &Scenario{
    Option: option,
  }

  // ベンチマークの生成
  benchmark, err := isucandar.NewBenchmark(
    // isucandar.Benchmarkはステップ内のpanicを自動でrecoverする機能があるが、今回は利用しない
    isucandar.WithoutPanicRecover(),
    // 負荷試験の時間は1分間
    isucandar.WithLoadTimeout(1*time.Minute),
  )

  ...

  // ベンチマークにシナリオを追加
  benchmark.AddScenario(scenario)

  // mainで最上位のcontext.Contextを生成
  ctx, cancel := context.WithCancel(context.Background())
  defer cancel()

  // ベンチマーク開始
  result := benchmark.Start(ctx)

  // エラーをすべて表示
  for _, err := range result.Errors.All() {
    // 選手向けにエラーメッセージが表示される
    ContestantLogger.Printf("%v", err)
    // 大会運営向けにスタックトレース付きエラーメッセージが表示される
    AdminLogger.Printf("%+v", err)
  }

  ...
}
```

　長かったですが、これでベンチマーカーが初期化リクエストをprivate-isuへ送信し、各種テストを
実行していく用意が整いました！以降は各処理を実装していきます。

ログインする処理を作る

既存のユーザーから適当なユーザーを選び、ログインページ（GET /login）からログインを実行するシナリオを作ります。この際、正しい入力でリクエストを送信すればログインに成功しますが、そうでない場合は失敗します。失敗するケースは以下の通りです。

- すでにログイン済みのユーザーセッションでGET /loginをリクエストした
  - HTTPステータスコード302でトップページへリダイレクトする
- アカウント名かパスワード名を間違えた
  - HTTPステータスコード302でログインページへリダイレクトする
  - 「アカウント名かパスワードが間違っています」というエラーが表示される

ログイン処理を正しく実装しているかの確認のため、あえてログインに失敗するリクエストを送信するケースと、正常にログインに成功するケースの2つを作ります。

Userにagent.Agentを持たせる

とあるユーザーとして振る舞うような挙動が必要な場合、Userにagent.Agentが紐付いていた方が便利そうなので、User構造体を拡張してagent.Agentを持てるようにします。単にUserすべてにagent.Agentを持たせるように拡張してもいいのですが、利用されなかった場合はリソースの無駄になってしまいます。そのため、Userに紐付いたsync.RWMutexを使い、必要になったタイミングで生成したものを各ユーザーで使い回すようにしましょう。

```go
// model.go

// Userに紐づくagent.Agent
func (m *User) GetAgent(o Option) (*agent.Agent, error) {
  m.mu.RLock()
  a := m.Agent
  m.mu.RUnlock()

  if a != nil {
    return a, nil
  }

  m.mu.Lock()
  defer m.mu.Unlock()

  a, err := o.NewAgent(false)
  if err != nil {
    return nil, err
```

```
  }
  m.Agent = a

  return a, nil
}
```

成功するログインシナリオを実装する

　まずは純粋に成功するログインシナリオを実装します。Userが持っている User.AccountName と User.Password を素直に private-isu へ送信するだけです。ですが、せっかくなのでログインページにアクセスした際にページのHTMLが読み込んでいる各種アセットについても読み込んで期待しているファイルと変更されていないかを確認しましょう。isucandarにはHTMLをパースして読み込まれているfaviconやJavaScriptなどの各種リソースを自動的に取得してくれる機能が搭載されています。その機能を使って、ログインページにアクセスした上で各種リソースを取得、ログインのPOSTまでを済ませるシナリオを実装します。

```go
// scenario.go:192

// 成功するログインを実行するシナリオ
func (s *Scenario) LoginSuccess(ctx context.Context, step *isucandar.BenchmarkStep, user *User) bool {
  // Userに紐づくユーザーエージェントを取得
  ag, err := user.GetAgent(s.Option)

  ...

  // ログインページへのリクエストを実行
  getRes, err := GetLoginAction(ctx, ag)

  ...

  // レスポンスを検証
  getValidation := ValidateResponse(
    getRes,
    // ステータスコードは200
    WithStatusCode(200),
    // 静的リソースを検証
    WithAssets(ctx, ag),
  )

  ...

  // ログインするリクエストを実行
  postRes, err := PostLoginAction(ctx, ag, user.AccountName, user.Password)

  ...
```

```
// レスポンスを検証
postValidation := ValidateResponse(
  postRes,
  // ステータスコードは302
  WithStatusCode(302),
  // リダイレクト先はトップページ
  WithLocation("/"),
)
```

失敗するログインシナリオを実装する

　成功するログインシナリオが実装できたら、次はあえてパスワードを間違えたログインを実行してみるシナリオを作ります。

　パスワードを間違える場合を想定して、今回は.invalidを本来のパスワードのあとに追加することでユーザーがパスワードを間違えたことを表現します。手順は概ね成功するログインシナリオと変わりありませんが、最後にリダイレクト先へ飛んでエラーメッセージを確認する処理が入っていることに気をつけてください。isucandarのagent.Agentはデフォルトの挙動でリダイレクトを解釈しないので、自分でリダイレクト先へのリクエストを書いて実行する必要があります。

```
// scenario.go:263

// 失敗するログインを実行するシナリオ
func (s *Scenario) LoginFailure(ctx context.Context, step *isucandar.BenchmarkStep, user *User) bool {
  ...

  // ログインするリクエストを実行
  // 本来のパスワードに間違った文字列を後付して間違ったパスワードを作る
  postRes, err := PostLoginAction(ctx, ag, user.AccountName, user.Password+".invalid")

  ...

  // レスポンスを検証
  postValidation := ValidateResponse(
    postRes,
    // ステータスコードは302
    WithStatusCode(302),
    // リダイレクト先はログインページ
    WithLocation("/login"),
  )

  ...

  // リダイレクト先となるログインページの取得
  redirectRes, err := GetLoginAction(ctx, ag)
```

```
...

// レスポンスを検証
redirectValidation := ValidateResponse(
  redirectRes,
  // ステータスコードは200
  WithStatusCode(200),
  // 適切なエラーメッセージが含まれていること
  WithIncludeBody("アカウント名かパスワードが間違っています"),
)
```

画像投稿する処理を作る

ログインのシナリオが完成したので、実際にログインして画像を投稿するシナリオを作ってみます。画像は image パッケージを使うことで、ランダムな白黒ノイズの画像を生成しています（random.go の randomImage）。

private-isu は multipart/form-data の受信に対応していますが、Go 言語標準の mime/multipart にある multipart.Writer.CreateFormFile では付与される MIME ヘッダーが application/octet-stream になってしまうため、独自のコードで追加対応しています。また、トップページの取得時にはログイン済みユーザーとして CSRF トークンを HTML 中から取得し、そのトークンを使って POST する必要があるため、goquery[注10] を使って HTML をパースしてフォームから CSRF トークンを取得していることに注意してください。

```
// scenario.go:367

// 画像を投稿するシナリオ
func (s *Scenario) PostImage(ctx context.Context, step *isucandar.BenchmarkStep, user *User) bool {
  ...

  // トップページへのリクエストを実行
  getRes, err := GetRootAction(ctx, ag)

  ...

  // レスポンスを検証
  getValidation := ValidateResponse(
    getRes,
    // ステータスコードは200
    WithStatusCode(200),
    // CSRFTokenを取得
    WithCSRFToken(user),
```

注10　https://github.com/PuerkitoBio/goquery

```
  )

  ...

  // 画像を投稿
  post := &Post{
    Mime:   "image/png",
    Body:   randomText(),
    UserID: user.ID,
  }
  postRes, err := PostRootAction(ctx, ag, post, user.GetCSRFToken())

  ...

  // レスポンスを検証
  postValidation := ValidateResponse(
    postRes,
    // ステータスコードは302
    WithStatusCode(302),
  )

  ...

  // トップページへ
  redirectRes, err := GetRootAction(ctx, ag)

  ...

  redirectValidation := ValidateResponse(
    redirectRes,
    // ステータスコードは200
    WithStatusCode(200),
    // 投稿した画像も含めリソースを取得
    WithAssets(ctx, ag),
  )
```

トップページを検証する

　トップページの仕様は投稿された画像が時系列順に並んでいることなので、ある投稿の次にそれより新しい投稿時間の投稿が表示されていないかを検証する必要があります。private-isuのトップページは表示するHTMLにcreated_atの値を埋め込んでいるので、goqueryで取得して並び順が正しいかのチェックを行うワーカーを別途用意して実行しましょう。

```
// scenario.go:472

// トップページの並び順を検証するシナリオ
```

```
func (s *Scenario) OrderedIndex(ctx context.Context, step *isucandar.BenchmarkStep, user *User) bool {
 ...

 // トップページへのリクエストを実行
 getRes, err := GetRootAction(ctx, ag)

 ...

 // レスポンスを検証
 getValidation := ValidateResponse(
   getRes,
   // ステータスコードは200
   WithStatusCode(200),
   // Postの並び順を検証
   WithOrderedPosts(),
 )
```

検証の厳密さ

　リクエストを処理する順番はアプリケーションの裁量に任されているため、必ずしもベンチマーカーが送ったリクエストの順序とアプリケーションで書き込まれたデータの順序が一致するとは限りません。ベンチマーカーの順序と同様のものがアプリケーションにあることを期待した検証は厳密すぎるものになり、選手が対応しきれないエラーになってしまうケースになりがちです。並び順の検証などはベンチマーカーのデータに合致しているかではなく、アプリケーションに求められている仕様に沿っているかを検証するように意識するとよいでしょう。

得点を計算する

　各種検証後に付与しておいたスコアタグとエラータグを使って、ベンチマーカーが選手の総得点を出力できるようにします。isucandar/score.Score は各タグに倍率を設定し合計できるようになっているのでタグを活用します。例ではエラーは個数分減点としていますが、各エラーを解析してマイナスの倍率をもつスコアタグを設定してあげることで、より複雑な点数設計やエラーの種類による減点が実装できるでしょう。余裕があったらチャレンジしてみてください。

```
// main.go:80

func main() {
 ...

 // スコアの表示
```

```
  score := SumScore(result)
  ContestantLogger.Printf("score: %d", score)

  // 0点以下(fail)ならエラーで終了
  if option.ExitErrorOnFail && score <= 0 {
    os.Exit(1)
  }
}

func SumScore(result *isucandar.BenchmarkResult) int64 {
  score := result.Score
  // 各タグに倍率を設定
  score.Set(ScoreGETRoot, 1)
  score.Set(ScoreGETLogin, 1)
  score.Set(ScorePOSTLogin, 2)
  score.Set(ScorePOSTRoot, 5)

  // 加点分の合算
  addition := score.Sum()

  // エラーは1つ1点減点
  deduction := len(result.Errors.All())

  // 合計(0を下回ったら0点にする)
  sum := addition - int64(deduction)
  if sum < 0 {
    sum = 0
  }

  return sum
}
```

実際に動かしてみる

ここまでの実装で、ログインして画像を投稿し続けるベンチマーカーが実装できました。実際に動かしてみて、挙動を確認してみてください。スコアも出力されますし、本書で解説しているさまざまなチューニング手法を取り入れていくことで、スコアが上昇していく様子もわかります。伴って、ベンチマーク後のサービスには大量の画像が投稿されている様子も見ることができます。

さらに機能を拡張してコメントやBANシナリオの実装、そしてその検証を行えるようにすることで、より網羅的なベンチマーカーとして成長させることが可能です。ある程度できたところで実際に動かし、狙ったチューニングで期待通りスコアが上昇するかを試しつつベンチマークを改善していく、このループがベンチマーカー実装には欠かせません。ぜひ、ループを回してより高度なベンチマーカーへと成長させてみてください。

B-4　まとめ

　本付録とソースコードを読み解くことで、ベンチマーカーを作成する方法について学びました。より高度なシナリオを書いたり、スコアの計算を複雑にしたりすることで、ベンチマーカーへの理解がより深まります。ぜひ挑戦してみてください。

　過去のベンチマーカー実装事例は、https://github.com/isucon 上に年々増えていくと思われますので、ISUCONが開催された時にはぜひ立ち寄ってみてください。また、有志の方々による社内 ISUCONや学内 ISUCON なども開催され、中にはオリジナルの問題やベンチマーカーを公開している方々もいらっしゃいます。private-isu もその 1 つです。そういった先行事例からベンチマーカーの作り方についてヒントを得ることもできます。新たなベンチマーカーの実装と出会える日を心待ちにしています。ご拝読ありがとうございました。

索引
index

記号・数字

$request_time ·· 60
$upstream_response_time ················ 60

A

ab コマンド (Apache Bench) ················ 65
access_log ·· 59
alp ·· 62
APCu ··· 186
APM ·· 145

B

backlog ··· 253
Brotli ·· 177
B ツリー ··· 132

C

C10K 問題 ·· 168
Cache-Control ···································· 215
CDN ·· 218
CFQ (Completely Fair Queueing)
　スケジューラ ·································· 241
check ·· 104
close ··· 250
Combined Log Format ······················ 47
Cookie ·· 95
CPU 利用率 ·· 243
cURL 関数 ·· 212

E

eBPF (extended Berkeley Packet Filter) ····· 242
evicted items ····································· 201
executor ·· 110
execve (システムコール) ············ 206, 229
EXPLAIN ······································ 79, 133

F

Flame Graphs ····································· 46
FORCE INDEX ···································· 156
fork ··· 206, 229
free ·· 29
fsync ·· 163

G

goroutine ·· 168
gzip ·· 174

H

HDD ·· 234, 241
HPACK ·· 180
HTTP/2 ·· 180
http_req_duration ····························· 97
http_reqs ·· 97
HTTP 条件付きリクエスト ················· 216

I

I/Oスケジューラ	241
InnoDB Buffer Pool	162
Interrupt	232
IN句	150
IOPS	235
Iscogram	53

J

JOIN_ORDERヒント	158
JOIN (INNER JOIN)	153
Jumbo Frame	260

K

k6	94
Key Value Store (KVS)	118
kTLS	180

L

LIKEクエリ	141
Linux Kernel	224
Linux NAPI	233
log_format	59
long_query_time	76
LRU (Least Recently Used) アルゴリズム	118

M

MariaDB	117
masterプロセス	88
Max open files	250
max_connections	161
memcached	118, 185
Microservices	46
MIME Sniffing	221

mq-deadline (Multi-Queue Deadline)
スケジューラ	242
MTU	260
MySQL	116, 251
mysqldumpslow コマンド	77

N

N+1問題	144
NewSQL	119
nginx	170
NIC	225
nice値	245
node_exporter	32
NoSQL	118

O

O_DIRECT	163
open	250
OpenMetrics	35, 36
ORDER BY 狙いのインデックス	140
OS コマンドインジェクション脆弱性	204

P

parseHTML	105
Percona Toolkit	124
PID	228
PostgreSQL	117
Prometheus	31
pt-query-digest	124

R

Redis	118, 185
Requests per second	70
Rows_examined	78, 131
Rows_sent	78
RPS	116

S

sendfile（システムコール） ……………… 182
SET GLOBAL コマンド ……………… 124
SET PERSIST ……………………… 124
SharedArray …………………………… 107
SHOW FULL PROCESSLIST ………… 122, 123
SHOW PROCESSLIST ………………… 121
sleep ……………………………………… 101
SMT ……………………………………… 92
SQLite …………………………………… 117
SQL インジェクション ………………… 160
SSD ……………………… 225, 234, 240, 241
STRAIGHT_JOIN ……………………… 157
Synthetic Montoring ………………… 27
sysctl …………………………………… 254

T

Thundering herd problem …………… 193
Time per request……………………… 70
TLS ……………………………………… 180
TLS 1.3 ………………………………… 180
tmpfs …………………………………… 178
top（コマンド）……………… 29, 74, 120, 243

U

unicorn ………………………………… 87
UNIX domain socket ………………… 257
Using filesort ………………………… 135

V

Virtual Users ………………………… 96
vus ……………………………………… 96

W

worker（プロセス）………………… 88, 167

Z

Zlib ……………………………………… 176
Zopfli …………………………………… 175

あ

アクセスログ…………………………… 47, 58
アップストリームサーバー…………… 260
アラート ………………………………… 24

い

インデックス…………………………… 79

え

エージェント …………………………… 28
エラーログ ……………………………… 48

お

オブジェクトストレージ ……………… 234
オプティマイザ ………………………… 134

か

カーネルパラメータ …………………… 253
外形監視 ………………………………… 27

き

キャッシュヒット率 …………………… 201

く

空間インデックス……………………… 142
クラスターインデックス ……………… 137

こ

コンテキストスイッチ……………………… 232, 247

し

システムコール………………… 224, 225, 253
実行計画…………………………………… 79
シナリオ…………………………………… 95
シナリオテスト…………………………… 28
シングルプロセス・マルチスレッド……… 168

す

スキーマ…………………………………… 79
ストレージ………………………………… 234
ストレステスト…………………………… 99
スループット…………………………… 230, 235
スレッド…………………………………… 230
スロークエリログ……………………… 75, 123

せ

正規表現………………………………… 207
セカンダリインデックス………………… 137
セッション維持………………………… 102

た

多重I/O………………………………… 173

と

同時マルチスレッディング……………… 92

な

内部監視…………………………… 27, 28

に

二分探索………………………………… 132

ね

ネットワーク…………………………… 230

の

ノンブロッキングI/O…………………… 173

は

ハードウェアオフロード……… 233, 234, 242
パケット………………………………… 230
パフォーマンステスト…………………… 99

ひ

非同期I/O……………………………… 174

ふ

ファイルアップロード…………………… 106
ファイルシステム…………… 234, 239, 249
負荷試験…………………… 44, 50, 94
複合インデックス……………………… 135
プライマリインデックス………………… 137
プライマリキー……………………… 79, 137
プリペアドステートメント……………… 160
プロセス………………………………… 228
ブロックサイズ………………………… 236
ブロックストレージ…………………… 239
ブロックデバイス……………………… 239
分散トレーシング……………………… 46

へ

並列度…………………………………… 85

ベンチマーカー ……………………………… 28, 50, 94

ほ

ポート ……………………………………………… 255
ボトルネック ……………………………… 26, 230

ま

マルチプロセス・シングルスレッド …………… 168

み

ミドルウェア ………………………………………… 28

め

メトリクス ………………………………………… 25

も

モニタリング ……………………………………… 24
モニタリンググラフ ……………………………… 25
モニタリングダッシュボード …………………… 25
モニタリングツール ……………………………… 31

ゆ

ユーザ空間 ………………………… 226, 244, 245

ら

ラインプロファイラ ……………………………… 46

り

リレーショナルデータベース ………………… 116

れ

レイテンシ ……………………………… 4, 230, 235
レスポンスタイム ………………………………… 58
レプリケーション ……………………………… 163

ろ

ローテーション …………………………………… 68

◆本書サポートページ
https://gihyo.jp/book/2022/978-4-297-12846-3
本書記載の情報の修正／訂正／補正については、当該 Web ページで行います。

■ Staff
カバーデザイン●西垂水敦・市川さつき（krran）
本文デザイン●トップスタジオデザイン室（徳田久美）
DTP ●株式会社トップスタジオ
担当●小竹香里

達人が教える
Web パフォーマンスチューニング
～ ISUCON から学ぶ高速化の実践

2022 年 6 月 17 日　　初版　第 1 刷発行

著　者　　藤原俊一郎、馬場俊彰、中西建登、
　　　　　長野雅広、金子達哉、草野翔
発行者　　片岡　巌
発行所　　株式会社技術評論社
　　　　　東京都新宿区市谷左内町 21-13
　　　　　電話　　03-3513-6150　販売促進部
　　　　　　　　　03-3513-6160　書籍編集部
印刷・製本　　港北出版印刷株式会社

定価はカバーに表示してあります。

ISBN978-4-297-12846-3　C3055
Printed in Japan

●お問い合わせについて
本書に関するご質問については、記載内容についてのみとさ
せて頂きます。本書の内容以外のご質問には一切お答えでき
ませんので、あらかじめご承知置きください。また、お電話
でのご質問は受け付けておりませんので、書面または FAX、
弊社 Web サイトのお問い合わせフォームをご利用ください。
なお、ご質問の際には、「書籍名」と「該当ページ番号」、「お
客様のパソコンなどの動作環境」、「お名前とご連絡先」を明
記してください。

〒 162-0846
東京都新宿区市谷左内町 21-13
株式会社技術評論社
『達人が教える Web パフォーマンスチューニング
　～ ISUCON から学ぶ高速化の実践』係
FAX　03-3513-6167
URL　https://gihyo.jp/book/2022/
　　　978-4-297-12846-3

お送りいただきましたご質問には、できる限り迅速にお答えを
するよう努力しておりますが、ご質問の内容によってはお答え
するまでに、お時間をいただくこともございます。回答の期日
をご指定いただいても、ご希望にお応えできかねる場合もあり
ますので、あらかじめご了承ください。
ご質問の際に記載いただいた個人情報は質問の返答以外の目的
には使用いたしません。また、質問の返答後は速やかに破棄さ
せていただきます。